今すぐ使えるかんたん

Imasugu Tsukaeru Kantan Series
Google Workspace Kanzen Guidebook

Google Workspace

完全 ガイドブック

困った解決&便利技

田中友尋・栂安賢吾・横山倫洋 著

技術評論社

本書の使い方

- 本書は、Google Workspace の操作に関する質問に、Q&A 方式で回答しています。
- 目次やインデックスの分類を参考にして、知りたい操作のページに進んでください。
- 画面を使った操作の手順を追うだけで、Google Workspace の操作がわかるようになっています。

クエスチョンのタイトルは具体的な質問や疑問を表しています。

クエスチョンという単位ごとに、Google Workspaceの機能や操作について解説しています。

クエスチョンに対する回答を簡潔に表しています。

操作の基本的な流れ以外は、このように番号がない記述になっています。

番号付きの記述で、操作の順番が一目瞭然です。

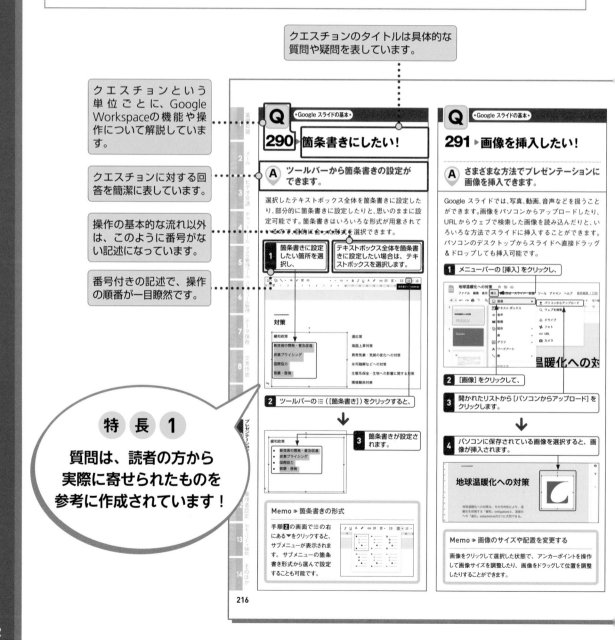

特 長 1

質問は、読者の方から実際に寄せられたものを参考に作成されています！

クエスチョンの分類を
示しています。

目的の操作が探しやすい
ように、ページの両側に
インデックス（見出し）を
表示しています。

Q •Google スライドの基本•

292 ▶ リンクを挿入したい！

A リンクを挿入すると、スライドから直接ウェブページなどに移動できるように
なります。

スライドに挿入するリンクは、ウェブページにリンク
したり、メールアドレスにリンクしたりする使い方の
ほかに、前のスライドに戻る、最初のスライドに戻ると
いう使い方や、特定の文言に合わせたスライドにリンク
するアンカーのような使い方ができます。アンカー
のような使い方は、プレゼンテーションの中を行き来
できるのでとても便利です。

3 URLの文字列にリンクが挿入されます。

メールアドレスのリンクを挿入する

1 リンクを挿入したい
メールアドレスの文
字列を選択し、

2 ツールバーの∞（［リ
ンクを挿入］）をク
リックすると、

3 メールアドレスの
文字列にリンクが
挿入されます。

URL のリンクを挿入する

1 リンクを挿入したいURLを選択し、

2 ツールバーの∞（［リンクを挿入］）
をクリックすると、

特定のスライドへのリンクを挿入する

1 リンクを挿入したい位置にカーソルを合わせ、

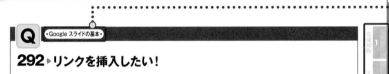

2 ツールバーの∞（［リンクの挿入］）をクリックして、

3 「テキスト」にリンク
テキストを記入し、

4 検索フィールドに
リンクしたいスラ
イドにある文言を
入力すると、

5 リンク可能なリンク先が表示されるので、目的のス
ライドをクリックします。

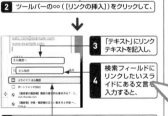

6 ほかのスライドへのリンクが設定されます。

217

3

パソコンの基本操作

●本書の解説は、基本的にマウスを使って操作することを前提としています。
●お使いのパソコンのタッチパッド、タッチ対応モニターを使って操作する場合は、各操作を次のように読み替えてください。

① マウス操作

▼ クリック（左クリック）

クリック（左クリック）の操作は、画面上にある要素やメニューの項目を選択したり、ボタンを押したりする際に使います。

マウスの左ボタンを1回押します。

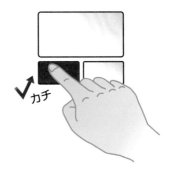

タッチパッドの左ボタン（機種によっては左下の領域）を1回押します。

▼ 右クリック

右クリックの操作は、操作対象に関する特別なメニューを表示する場合などに使います。

マウスの右ボタンを1回押します。

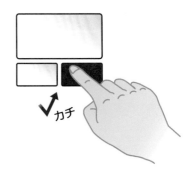

タッチパッドの右ボタン（機種によっては右下の領域）を1回押します。

▼ ダブルクリック

ダブルクリックの操作は、各種アプリを起動したり、ファイルやフォルダーなどを開く際に使います。

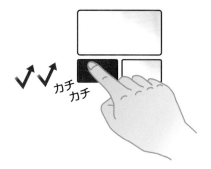

マウスの左ボタンをすばやく2回押します。

タッチパッドの左ボタン（機種によっては左下の領域）をすばやく2回押します。

▼ ドラッグ

ドラッグの操作は、画面上の操作対象を別の場所に移動したり、操作対象のサイズを変更する際などに使います。

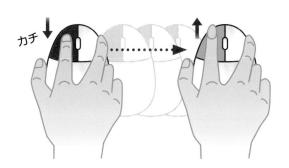

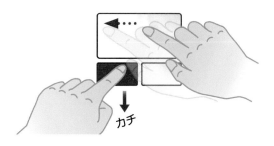

マウスの左ボタンを押したまま、マウスを動かします。目的の操作が完了したら、左ボタンから指を離します。

タッチパッドの左ボタン（機種によっては左下の領域）を押したまま、タッチパッドを指でなぞります。目的の操作が完了したら、左ボタンから指を離します。

ホイールの使い方

ほとんどのマウスには、左ボタンと右ボタンの間にホイールが付いています。ホイールを上下に回転させると、Webページなどの画面を上下にスクロールすることができます。そのほかにも、Ctrl を押しながらホイールを回転させると、画面を拡大／縮小したり、フォルダーのアイコンの大きさを変えたりすることができます。

② 利用する主なキー

▼ 半角／全角キー

半角／全角／漢字

日本語入力と英語入力を切り替えます。

▼ ファンクションキー

F1 ～ F12

12個のキーには、ソフトごとによく使う機能が登録されています。

▼ デリートキー

Delete

文字を消すときに使います。「del」と表示されている場合もあります。

▼ 文字キー

文字を入力します。

▼ バックスペースキー

Back Space

入力位置を示すポインターの直前の文字を1文字削除します。

▼ エンターキー

Enter

変換した文字を決定するときや、改行するときに使います。

▼ オルトキー

Alt

メニューバーのショートカット項目の選択など、ほかのキーと組み合わせて操作を行います。

▼ Windows キー

画面を切り替えたり、<スタート>メニューを表示したりするときに使います。

▼ 方向キー

文字を入力するときや、位置を移動するときに使います。

▼ スペースキー

ひらがなを漢字に変換したり、空白を入れたりするときに使います。

▼ シフトキー

⇧ Shift

文字キーの左上の文字を入力するときは、このキーを使います。

③ タッチ操作

▼ タップ

トン

画面に触れてすぐ離す操作です。ファイルなど何かを選択するときや、決定を行う場合に使用します。マウスでのクリックに当たります。

▼ ダブルタップ

トントン

タップを2回繰り返す操作です。各種アプリを起動したり、ファイルやフォルダーなどを開く際に使用します。マウスでのダブルクリックに当たります。

▼ ホールド

画面に触れたまま長押しする操作です。詳細情報を表示するほか、状況に応じたメニューが開きます。マウスでの右クリックに当たります。

▼ ドラッグ

操作対象をホールドしたまま、画面の上を指でなぞり上下左右に移動します。目的の操作が完了したら、画面から指を離します。

▼ スワイプ／スライド

画面の上を指でなぞる操作です。ページのスクロールなどで使用します。

▼ フリック

画面を指で軽く払う操作です。スワイプと混同しやすいので注意しましょう。

▼ ピンチ／ストレッチ

2本の指で対象に触れたまま指を広げたり狭めたりする操作です。拡大（ストレッチ）／縮小（ピンチ）が行えます。

▼ 回転

2本の指先を対象の上に置き、そのまま両方の指で同時に右または左方向に回転させる操作です。

● Gmailの整理

● Gmailの便利機能

第3章 ビデオ会議「Google Meet」の活用技！

● Google Meetの基本

● **Google Meetの便利機能**

● **Google Meetでセミナー**

第**4**章 チャットツール「スペース」の活用技！

● **スペースの基本**

第**5**章 タスク管理ツール「ToDoリスト」の活用技！

第**6**章 スケジュール管理「カレンダー」の活用技！

● **Google カレンダーの便利機能**

第 **7** 章 データ保存「ドライブ」の活用技！

● Google ドライブの基本

● Google ドライブの便利機能

第8章 文書作成「ドキュメント」の活用技！

● Google ドキュメントの基本

● Google ドキュメントの便利機能

● Google ドキュメントの共有設定

第9章　表計算「スプレッドシート」の活用技！

● Google スプレッドシートの基本

● **Google スプレッドシートの便利機能**

● Google スプレッドシートの共有設定

第10章 プレゼンテーション「スライド」の活用技！

● Google スライドの基本

● Google スライドの便利機能

● Google スライドの共有設定

● Google スライドでプレゼン

第11章 アンケート「フォーム」の活用技！

● Google フォームの基本

● Google フォームの便利機能

● Google フォームの共有設定

● Google フォームの回答

第12章 **管理者設定の活用技！**

● **Google 管理コンソールの便利機能**

● **ユーザーアカウントの管理**

● **アプリケーションの管理**

^{第13章} セキュリティ強化の活用技！

● セキュリティ強化・認証の基本

● セキュリティ強化・認証の便利機能

第14章 そのほかのツールの活用技！

● Google Keep

● Google サイト

Google Workspaceを便利に

もっとGoogle Workspaceを知りたい

Google Workspace の基礎知識

基礎知識 1

メール 2

ビデオ会議 3

チャットツール 4

タスク管理ツール 5

スケジュール管理 6

データ保存 7

文書作成 8

表計算 9

プレゼンテーション 10

アンケート 11

管理者設定 12

セキュリティ強化 13

そのほか 14

Q 001 ▶ Google Workspaceとは？

● Google Workspaceの基本 ●

A Google が提供する グループウェアのことです。

Google Workspace（グーグルワークスペース）とは、Googleが提供するグループウェアのことです。Gmail、Google カレンダー、Google ドライブ、Google ドキュメント、Google スプレッドシートのようなオフィススイートと呼ばれるアプリ群のほか、Google Meet、スペース（Space）のようなコミュニケーションツールなど、さまざまなアプリが含まれています。テレワーク時代に最適化され、社内コミュニケーションを強化することができ、生産性向上も期待できます。また、Googleが誇る最高レベルのセキュリティで、どこにいても安全に仕事ができます。

「Google Workspace」（https://workspace.google.co.jp/）

Memo ▶ サービス名の由来

旧称はGoogle Apps for Business、G Suiteなどと呼ばれていました。名前を変えた理由はG Suiteのコミュニケーションおよびコラボレーションツールの統合性を高めたことに伴い、理念によりふさわしい Google Workspaceに変更したとのことです。G Suiteで利用可能なアプリケーションはGoogle Workspaceでも利用することができます。

Q 002 ▶ Google Workspaceで どんなことができるの？

● Google Workspaceの基本 ●

A 業務連携を高め、 生産性を向上できます。

Google Workspace を利用すると、社内コミュニケーション強化で社内の業務連携を高め、時間的コストの大幅節約で業務の生産性を向上できます。

社内コミュニケーションの強化

Gmail、Google カレンダー、Google Chat、スペースなどのサービスを利用することによって、社内の業務連携を高めることができ、時間的コストを大幅に節約できるため、業務の効率化が実現できます。

生産性の向上

Google ドライブ（第7章参照）、Google ドキュメント（第8章参照）、Google スプレッドシート（第9章参照）、Google スライド（第10章参照）、Google フォーム（第11章参照）などのオフィススイートを利用し、新しいコラボレーション機能の活用で、企業の生産性を向上することができます。

どこでも仕事ができる

Google Workspace はクラウドサービスであるため、インターネットに接続していれば会社や自宅のパソコンからアクセスすることができます。また、スマートフォンやタブレットにも対応しているので、場所やデバイスを選ばずに、どこでも仕事をすることができます。

セキュリティと安全性

Google Workspaceのデータは、すべてGoogleのデータセンターにあるサーバーへ安全に保存されます。パソコンやハードディスクの故障・盗難が発生した場合でも、データを失うことはありません。また、データのアップロード時にウイルスチェックを行うため、ウイルスに感染したり、ウイルスを拡散させてしまう心配もありません。

003 ▶ Google Workspaceの アプリケーションの種類とは？

A Gmail、カレンダー、オンライン ミーティングなどがあります。

Google Workspaceの主なアプリケーションは、Gmail、カレンダー、オンラインミーティング、オフィススイート、ファイルスペースなどがあります。

Gmail

> メールアプリケーションです。

Google カレンダー

> 社内やグループでのスケジュール共有ツールです。

Google Meet

ビデオ会議専用アプリケーションです。

Google ドキュメント、Google スプレッドシート、Google スライド

Google Workspace版のオフィススイートです。

Google ドライブ

> あらゆる形式のファイルを安全に保管できるファイル共有サービスです。

---

004 ▶ Google Workspaceが 利用できるブラウザーは？

A サポート対象のブラウザーは 最新バージョンを推奨しています。

Google Workspaceは、ブラウザーベースで利用するサービスです。Googleでは、対応ブラウザーの最新バージョンの使用を推奨しています。2022年8月現在、主なブラウザーの対応状況は以下のとおりです。

Google Chrome

Google Workspaceのすべての機能に対応しています。

Mozilla Firefox

Gmail、Google カレンダー、Google ドキュメント、Google スプレッドシート、Googleスライドへのオフラインアクセスの機能は非対応です。

Safari

Gmail、Google カレンダー、Google ドキュメント、Google スプレッドシート、Google スライドへのオフラインアクセス、一部のユーザー補助ツールの機能は非対応です。

Microsoft Edge

Gmail、Google カレンダー、Google ドキュメント、Google スプレッドシート、Google スライドへのオフラインアクセス、Gmailのデスクトップ通知、一部のユーザー補助ツールの機能は非対応です。

> **Memo** ▶ サポート対象外のブラウザーを使用した場合
>
> サポート対象外のブラウザーを使用した場合、一部の機能が動作しなかったり、アプリケーションを開けなかったりする場合があります。たとえば、次のようなことが発生する可能性があります。
> ・カレンダーの更新ができない
> ・Gmailの簡易HTML形式のインターフェースが表示される
> ・ドキュメントエディタで図形描画やプレゼンテーションが正しく表示されない

基礎知識 1
メール 2
ビデオ会議 チャットツール 3
タスク管理ツール 4
スケジュール管理 5
データ保存 6
文書作成 7
表計算 8
プレゼンテーション 9
アンケート 10
管理者設定 11
セキュリティ強化 12
そのほか 13
14

基礎知識 1

メール 2

ビデオ会議 3

チャットツール 4

タスク管理ツール 5

スケジュール管理 6

データ保存 7

文書作成 8

表計算 9

プレゼンテーション 10

アンケート 11

管理者設定 12

セキュリティ強化 13

そのほか 14

 Q ● Google Workspaceの基本 ●

005 ▶ Google Workspaceの エディションとは？

A 複数のユーザーがいる場合は、 Businessエディションを利用します。

独自のドメインを所有しており、複数のユーザーがいる場合は、Businessエディションを利用します。Businessエディションは、ビジネスで役立つサービスが数多く用意されています。

Business Starter エディション

Google Workspaceの入門エディションで、1ユーザーあたり30GBのストレージが用意され、ユーザーは最大300人まで利用できます。

Business Standard エディション

ストレージが1ユーザーあたり2TBと拡張されており、会議機能は最大150人まで参加可能です。

Business Plus エディション

ストレージが1ユーザーあたり5TBと拡張されており、会議機能は最大550人まで参加可能です。また、Google Vaultでのデータの保持と電子情報開示などが追加されています。

> 上記3エディションのほか、Enterprise エディションも用意されています。
> 「Google Workspace：お支払いプラン」(https://workspace.google.co.jp/intl/ja/pricing.html)

 Q ● Google Workspaceの基本 ●

006 ▶ Google Workspaceを 無料で利用できる？

A Essentials Starterに 申し込むと、無料で利用できます。

Businessエディション（Q.005参照）の利用には料金がかかりますが、Essentials Starterエディションであれば、無料で利用することができます。Essentials Starterエディションは、同じ組織に属する数人～数十人のチームでの利用を想定しています。会社のドメインなど、仕事用メールアドレスが必要となり、無料で作れるGmailやYahoo!メールなどでは利用できないので注意してください。チームでのやりとりに役立つサービスが無料で利用できますが、有料版のBusinessエディションと異なり、独自ドメインでの利用やGmailは利用できません。

利用できるアプリ

・Google ドライブ（1ユーザーあたり15GB）
・オフィススイート：Google ドキュメント、Google スプレッドシート、Google スライド
・Google Meet（最大25人まで）
・Google Chat

> 「Google Workspace Essentials Starter」(https://workspace.google.com/intl/ja/essentials/)

基礎知識 1

メール 2

ビデオ会議 3

チャットツール 4

タスク管理ツール 5

スケジュール管理 6

データ保存 7

文書作成 8

表計算 9

プレゼンテーション 10

アンケート 11

管理者設定 12

セキュリティ強化 13

そのほか 14

Q

・Google Workspaceの活用・

007 ▶ Google Workspaceを利用開始するには？

A 無料試用を体験し、エディションを選択します。

Google Workspace を利用開始するには、無料試用で Google Workspace を体験し、その後、自社全体で利用するのか、チームで利用するのかを考えてエディションを選択します。エディションが決定したら、現在のシステム体制からGoogle Workspace へと移行していくスケジュールを立てたり、社内の情報共有について課題を整理し、クラウド上で管理するために、どのような機能が必要なのかを検討したりします。その上で、管理担当や運営ドメインなどを決めます。

1 Google Workspace（https://workspace.google.co.jp/）にアクセスし、

あらゆる働き方に対応する
生産性向上とコラボレーションの
ツール。

2 ［無料試用を開始］をクリックします。

3 アカウント設定に必要な基本情報入力画面に進みます。

4 Q.008の手順**1**へ進みます。

Q

・Google Workspaceの活用・

008 ▶ Google Workspaceの管理アカウントを作成するには？

A 利用開始時に登録したメールアドレスが管理アカウントになります。

Google Workspace で管理アカウントを作成するためには、基本情報が必要です。利用開始時に入力した基本情報は、そのまま管理アカウントの情報として登録されます。ビジネス名や連絡先など登録した基本情報をあとで修正することができます。

1 Q.007手順**3**の画面を表示します。

2 ［ビジネス名］［自分を含む従業員の数］［地域］を入力、設定し、

3 ［次へ］をクリックします。

4 ［姓］［名］［現在のメールアドレス］を入力して、　この連絡先が管理者となります。

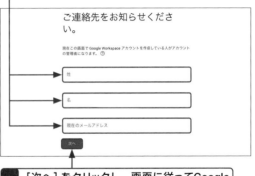

5 ［次へ］をクリックし、画面に従ってGoogle Workspaceの利用、ドメイン登録を行います。

Q 009 ▶ Google経由でドメインを登録したい！

●Google Workspaceの活用●

A Google Workspaceで必要なドメインをGoogle経由で取得します。

Google Workspace を利用するには、インターネットドメイン名が必要です。すでに所有しているドメイン名を使用することも、Google Workspace のお申し込み時に新しいドメインをGoogle Domains で購入することもできます。Google Domains からドメインを購入すると、一部のGoogle サービスがすぐに使用できるようになっています。

1 Q.008手順 **5** のあと、[ドメインを購入] をクリックすると、

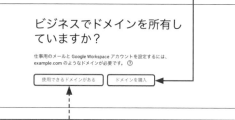

ドメインを持っている場合は、[使用できるドメインがある] をクリックしてドメインを登録します。

2 ドメインを検索して購入することができます。

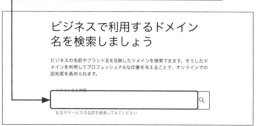

Memo ▶ ドメインをウェブサイトに接続する

ドメインをウェブサイトに接続するには、DNS レコードと呼ばれる技術的な設定が必要です。DNS レコードに詳しくない場合は、サイト管理者に対応してもらうことをおすすめします。ドメイン登録については、「https://support.google.com/a/answer/7538152?hl=ja」をご確認ください。

Memo ▶ ドメインについて

Google Workspaceを使用するには、ドメイン名が必要です。ドメインとは、インターネット上の住所のようなもので、メールアドレスやWebサイトがどこにあるのかを判別する情報です。Google Workspaceでメールを利用する場合、個人名とドメインが組み合わされます。

● 例
鈴木一郎
ichirou.suzuki@[ドメイン名].com

Google Workspaceでは、現在所有しているドメインを使用することも、Google のサービスをお申し込みの際に新しいドメインを購入することもできます。ドメイン名は、空いていれば好きな名前を取得することができます。ドメイン名と共に必要なのがトップレベルドメインです。

● トップレベルドメインの例（2022年8月現在）

ドメイン	用途	Google Workspaceにおける価格
.com	企業・商用サービス	1,400円/年
.net	ネットワークサービス提供者	1,400円/年
.org	非営利団体	1,400円/年
.info	情報提供者	1,400円/年
.biz	ビジネス	1,700円/年
.jp	日本	4,600円/年

Google Workspaceにおけるドメイン購入画面

第**2**章

メール「Gmail」 の活用技!

基礎知識 1
メール 2
ビデオ会議 3
チャットツール タスク管理ツール スケジュール管理 データ保存 4
5
6
7
文書作成 8
表計算 9
プレゼンテーション アンケート 10
11
管理者設定 セキュリティ強化 そのほか 12
13
14

Q ▸ Gmailの基本

010 ▸ Gmailとは？

A Google Workspaceで提供され
ている安全なメールサービスです。

Gmailとは、Google Workspaceで提供されているメールサービスです。Google WorkspaceのGmailは広告表示のないサービスで、Googleのあらゆるサービスにアクセスすることが可能です。ユーザーの安全の維持を重視しており、Googleの機械学習モデルを使い迷惑メール、フィッシング、不正なソフトウェアの99.9%以上がユーザーに届く前にブロックされます。Googleの耐障害性を備えた安全な世界規模のインフラにより、24時間365日のサービス利用が可能です。自動バックアップと最先端のセキュリティ対策で、ビジネスデータの保護を支援します。

Memo ▸ 新しいデザインにする

2022年2月8日から提供されている新デザインで利用するには、⚙（[設定]）→[Gmailの新しいビューを試す]→[再読み込み]の順にクリックします。新しいビューのGmailは、Google Chat、スペース、Google Meetなどの機能をまとめて利用することができます。

Q ▸ Gmailの基本

011 ▸ Gmailの画面構成を知りたい！

A ほかのメールクライアントソフトと
同じような画面構成です。

Gmailの画面は、一般的なメールクライアントソフトと同じようなレイアウトを採用しています。設定画面から必要に応じて、受信トレイや閲覧ウィンドウ、スレッド表示などのカスタマイズが可能です。

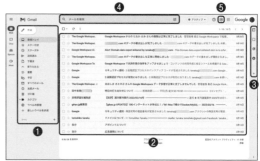

	名称	機能
❶	メニュー	メールを整理するためのメニューです。[作成][スター付き][スヌーズ中][送信済み][下書き]などが表示されます。[もっと見る]をクリックすると、さらに[重要][予定][すべてのメール]などが表示されます。
❷	受信トレイ	メールが一覧化されています。メールを読む場合は、読みたいメールをクリックすることで閲覧できます。
❸	アドオン	機能を拡張させる部分です。初期状態では「Google カレンダー」「Google Keep」「Google ToDoリスト」「連絡先」が表示されています。アドオンを追加できるボタンもあり、追加したアドオンがここに表示されます。
❹	メールを検索	メールの検索ができます。メールの送受信者名、件名、内容の一部などを検索ワードとして使用できます。右にある☲（[検索オプションを表示]）をクリックすると、より詳細な検索項目が出てきます。
❺	設定	クリックすると、「クイック設定」が表示されます。「解像度」「受信トレイの種類」「閲覧ウィンドウ」などの設定が可能です。

Q ● Gmailの基本 ●

012 ▶Gmailを利用したい!

A Google Workspaceでドメインが設定されていればGmailは利用可能です。

無料版のGmailやGoogle Workspace Essentials Starterと違い、Google WorkspaceのGmailではドメインの設定が必要です。ドメインの設定が終了し、管理者にてユーザー登録することで、設定したアドレスがメールアドレスとなります。もし、アドレス登録の連絡があり、Gmailにアクセスできない場合は管理者へ連絡をしてください。Google WorkspaceのGmailサービスのステータスがオフになっている可能性があります。

利用可能か確認する

1 Google Workspaceにログインした状態で、Google検索ページ（https://www.google.co.jp/）にアクセスし、

2 ⠿（[Google アプリ]）をクリックし、

3 [Gmail]をクリックします。

↓

4 「Gmailへのアクセス権がありません。」と表示された場合は、Gmailを利用できません。Google Workspace管理者へGmailを利用できるよう連絡する必要があります。

Gmail へのアクセス権がありません。管理コンソールにログインし、Gmail を有効にしてください。詳細

- Billing terms - Privacy policy - Google Home

© 2022 Google LLC.

Gmailを利用可能にする（管理者の操作）

1 Q.372を参考に管理コンソールを開きます。

2 [アプリ]をクリックし、　**3** [Google Workspace]をクリックし、

4 [Gmail]をクリックします。

↓

5 [サービスのステータス]をクリックし、

6 [オン（すべてのユーザー）]をオンにして、

↓

7 [保存]をクリックします。

基礎知識 1
2 メール
3 ビデオ会議
4 チャットツール
タスク管理ツール 5
スケジュール管理 6
データ保存 7
文書作成 8
表計算 9
プレゼンテーション 10
アンケート 11
管理者設定 12
セキュリティ強化 13
そのほか 14

Q Gmailの基本

013 ▶ メールを閲覧したい！

A Gmailは、さまざまな方法でメールを閲覧できます。

Gmailは、受信したメールを一覧表示させたり、右側や下方のプレビュー機能を使ったりなど、さまざまな方法でメールを閲覧することができます。

デフォルトの閲覧方法

1 受信トレイの読みたいメールをクリックすると、

⬇

2 メールのメッセージが表示されます。

受信トレイの右にメールを表示させる

1 ⚙（［設定］）をクリックすると、 **2** ページの右側に「クイック設定」サイドバーが開きます。

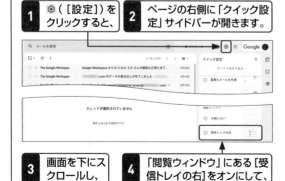

3 画面を下にスクロールし、 **4** 「閲覧ウィンドウ」にある［受信トレイの右］をオンにして、

5 ［再読み込み］をクリックすると、

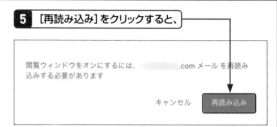

⬇

6 受信トレイの右にメールのメッセージが表示されるビューになります。

7 読みたいメールをクリックすると、

⬇

8 右側にメールのメッセージが表示されます。

Memo ▶ 受信トレイの下にメールを表示させる

手順**4**の画面で［受信トレイの下］をオンにし、［再読み込み］をクリックすると、受信トレイの下にメールの内容を表示させるビューに変更することができます。

基礎知識 1
メール 2
ビデオ会議 3
チャットツール 4
タスク管理ツール 5
スケジュール管理 6
データ保存 7
文書作成 8
表計算 9
プレゼンテーション 10
アンケート 11
管理者設定 12
セキュリティ強化 13
そのほか 14

Q ・ Gmailの基本

014 ▶ タブについて知りたい!

A タブとは、受信トレイを整理するための振り分け機能です。

タブとは、受信トレイをすっきり整理させるための振り分け機能です。Gmailの受信メールを閲覧するときに、受信トレイ内で［ソーシャル］や［プロモーション］などの異なるタブで分類することができます。カテゴリごとにタブで分類することで、必要な情報がすばやく見つかります。またタブへの振り分けは自動化されていますが、手動で振り分けることでGmailがそのポリシーを学習していきます。

Gmailの受信トレイの初期状態では［ソーシャル］と［プロモーション］が表示されます。

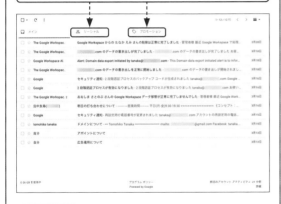

タブの種類

メイン	知り合いからのメールと、そのほかのタブには表示されないメールが振り分けられます。
ソーシャル	ソーシャル ネットワークからのメールが振り分けられます。
プロモーション	セール、クーポンなどのマーケティングメールが振り分けられます。
新着	確認書、領収書、請求書、明細書などのメールが振り分けられます。
フォーラム	オンライングループ、掲示板、メーリングリストからのメールが振り分けられます。

Q ・ Gmailの基本

015 ▶ タブを追加したい!

A ⚙（［設定］）から追加することができます。

あらかじめ設定されたタブのほか、［新着］や［フォーラム］などのタブを追加することができます。

1 ⚙（［設定］）をクリックすると、　**2** ページの右側に「クイック設定」サイドバーが開きます。

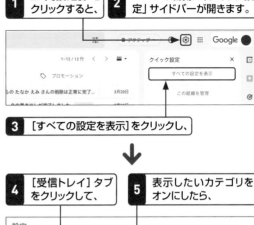

3 ［すべての設定を表示］をクリックし、

4 ［受信トレイ］タブをクリックして、　**5** 表示したいカテゴリをオンにしたら、

6 ［変更を保存］をクリックします。

7 タブが追加されます。

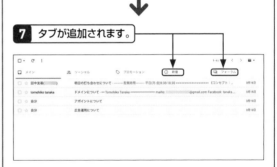

基礎知識 1
メール 2
ビデオ会議 3
チャットツール 4
タスク管理ツール 5
スケジュール管理 6
データ保存 7
文書作成 8
表計算 9
プレゼンテーション 10
アンケート 11
管理者設定 12
セキュリティ強化 13
そのほか 14

Q 016 ▶ メッセージを新しいウィンドウに表示したい！

● Gmailの基本 ●

A メールのメッセージにある ☑（[新しいウィンドウで開く]）をクリックします。

メッセージの右上にある ☑（[新しいウィンドウで開く]）をクリックすることで、新しいウィンドウでメッセージを表示することができます。新しいウィンドウでメッセージを表示すると、メッセージを読むことに集中できます。

1 Q.013を参考にメールのメッセージを表示します。

2 （[新しいウィンドウで開く]）をクリックすると、

↓

3 新しいウィンドウでメールのメッセージが開きます。

Q 017 ▶ 未読と既読って何？

● Gmailの基本 ●

A 未読は読んでいないメール、既読は読んだメールのことです。

未読とは、読んでいないメールのことをいい、既読とは読んだメールのことです。受信トレイで未読メールは太文字で表示されます。メールをあとで読みたい場合は、メールを未読に表示を変更できます。また、メールを開かずに既読にすることもできます。

既読を未読の表示に変更する

1 未読にしたい既読メールをオンにし、

2 ⋮（[その他]）をクリックして、

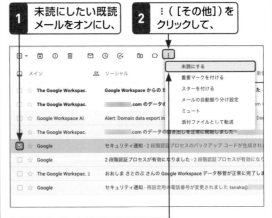

3 [未読にする]をクリックします。

メールを開かず既読にする

1 既読にしたい未読メールをオンにし、

2 ⋮（[その他]）をクリックして、

3 [既読にする]をクリックします。

基礎知識 1
メール 2
ビデオ会議 3
チャットツール 4
タスク管理ツール 5
スケジュール管理 6
データ保存 7
文書作成 8
表計算 9
プレゼンテーション 10
アンケート 11
管理者設定 12
セキュリティ強化 13
そのほか 14

Q

● Gmailの基本 ●

018 ▶ メールヘッダーって何？

A メールがどこから送られてきたかという記録を集めた情報です。

メールヘッダーとは、受信メールがどこから送られてきたかという記録を集めた情報です。メールヘッダーを解析することで、スパムメールの判別や不達メールなどの管理・改善に役立てることができます。

1 Q.013を参考にメールのメッセージを表示します。 **2** ⋮（[その他]）をクリックし、

3 [メッセージのソースを表示]をクリックすると、

4 ブラウザーの別のタブが開き、メールヘッダーを見ることができます。

元のメッセージ

メールID	<20220318021009.6E9C41E00E@mail.gihyo.co.jp>
作成日:	2022年3月16日 11:10（2秒後に配信済み）
From:	"gihyo.jp編集部" <dennou@gihyo.co.jp>
To:	tanaka@□□□□.com
件名:	【gihyo.jp UPDATES】10Gインターネットが身近に！／M1 Macで動かすDocker/MySQL — 2022/03/16
SPF:	PASS（IP: 182.171.90.11）．詳細

元のメールをダウンロード
クリップボードにコピー

Memo ▶ メールヘッダーを解析する

Googleではメールヘッダー解析ツール「Google Admin Toolbox Messageheader」（https://toolbox.googleapps.com/apps/messageheader/）を提供しています。コピーしたメールヘッダーを貼り付け、[上記のヘッダーを分析]をクリックすると解析結果を確認することができます。

Q

● Gmailの基本 ●

019 ▶ メールのやりとりがまとまっていてわかりにくい！

A スレッド表示を解除することで、時系列で表示できます。

Gmailのメールは、標準ではスレッドで表示されます。スレッドとは、あるメールから派生した返信メールや転送メールなど、メールのやりとりをまとめたものです。やりとりが1つの流れとしてまとめられるので、ある用件に関するやりとりの推移をまとめて確認するため便利です。しかし、まとめられることによって目的のメールが探しづらいということもあります。そのような場合は、スレッド表示をオフにしてメール一つ一つの表示に切り替えることができます。

1 ⚙（[設定]）をクリックすると、 **2** ページの右側に「クイック設定」サイドバーが開きます。

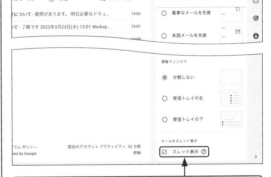

3 「メールのスレッド表示」の[スレッド表示]をオフにし、

4 [再読み込み]をクリックします。

スレッド表示をオフにするには、□□□□.com メール を再読み込みする必要があります。

スレッド表示では、同じ件名のメールがまとめて表示されます。

キャンセル ｜ 再読み込み

基礎知識 1
メール 2
ビデオ会議 3
チャットツール 4
タスク管理ツール 5
スケジュール管理 6
データ保存 7
文書作成 8
表計算 9
プレゼンテーション 10
アンケート 11
管理者設定 12
セキュリティ強化 13
そのほか 14

Q ● Gmailの基本 ●

020 ▶ メーリングリストに投稿したメールが表示されない!

A メーリングリストに投稿したメールを表示させたい場合は、[すべてのメール]か[送信済みメール]で確認します。

自分が属するメーリングリスト(Google グループ)にメールを送信しても、受信トレイに表示されません。これはGmailの仕様で、受信トレイを整理する手間を省くため受信トレイに表示されないようになっています。メーリングリストに投稿したメールを表示させたい場合は、[すべてのメール]か[送信済みメール]で確認します。

1 [フォーラム]タブをクリックし、

2 参加しているメーリングリストをクリックします。

↓

3 ↩ ([返信])をクリックし、

↓

4 メッセージを入力して、

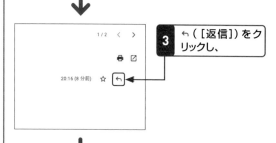

5 ↩ ▾ ([返信の種類])をクリックします。 ↗

6 [件名を編集]をクリックします。

↓

7 のちほど検証ができるように、件名を編集し、

8 [送信]をクリックします。

↓

9 [フォーラム]タブには投稿したメーリングリストは表示されません。

10 [もっと見る]をクリックし、

↓

11 [すべてのメール]をクリックすると、

12 メーリングリストに投稿したメールが表示されます。

基礎知識 1
メール 2
ビデオ会議 3
チャットツール 4
タスク管理ツール 5
スケジュール管理 6
データ保存 7
文書作成 8
表計算 9
プレゼンテーション 10
アンケート 11
管理者設定 12
セキュリティ強化 13
そのほか 14

Q 021 ▶ Gmailの基本

メールが ゴミ箱に入ってしまう！

A メール転送の設定を 変更してみましょう。

メールの送受信をGmailでもメールクライアントでも行いたい場合は、[設定]の[メール転送とPOP/IMAP]でIMAPを有効にします。しかしこの設定にして、メールクライアントでメールをゴミ箱に入れてしまうと、Gmail上ではそのメールが受信トレイに表示されず、ゴミ箱に入ります。このような事態を避けるには、メールクライアントの設定をPOP3に変更するようにしましょう。

IMAP を無効する

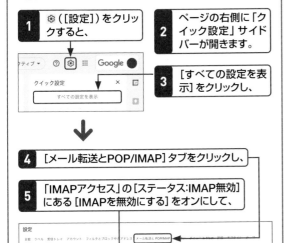

| 1 | ⚙（［設定］）をクリックすると、 | 2 | ページの右側に「クイック設定」サイドバーが開きます。 |

3 ［すべての設定を表示］をクリックし、

4 ［メール転送とPOP/IMAP］タブをクリックし、

5 「IMAPアクセス」の［ステータス:IMAP無効］にある［IMAPを無効にする］をオンにして、

6 ［変更を保存］をクリックします。

メールクライアントでGmailを利用する場合に起きる現象です。設定がIMAPの場合、メールサーバー内で処理を扱うため、メールクライアントで何らかの誤ったフィルター設定をしてしまうと、メールがゴミ箱に入ってしまうことがあります。また、メールクライアントによってはPOPの設定でサーバーからメールを受信したあと削除する設定になっている場合、メールクライアントでメールを受信したあと、Gmail側ではメールが受信できなくなる場合があります。

Q 022 ▶ Gmailの基本

メールが 受信トレイにない！

A いくつかの要因が考えられます。

Gmailの受信トレイでメールが見つからないとは、一部のメールが見つからない、メールが受信トレイに入ってこない、受信トレイが空になっている、というようなことです。このような場合は、［すべてのメール］［迷惑メール］［ゴミ箱］に入っていないか確認するか、［フィルタとブロック中のアドレス］でスキップする設定がされていないかなどを確認してみましょう。

［すべてのメール］などを確認する

Q.020手順⑩の操作を行い、［すべてのメール］［迷惑メール］［ゴミ箱］をクリックし、見つからないメールがあるかどうか確認します。

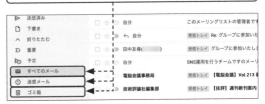

［フィルタとブロック中のアドレス］を確認する

| 1 | Q.021手順③の操作を行い、「設定」画面を表示します。 | 2 | ［フィルタとブロック中のアドレス］タブをクリックし、 |

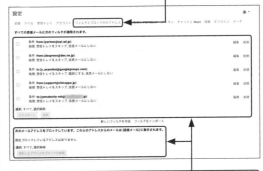

3 「すべての受信メールに次のフィルタが適用されます。」「次のメールアドレスをブロックしています。これらのアドレスからのメールは［迷惑メール］に表示されます。」に登録されていたら、登録を削除しましょう。

基礎知識 1
メール 2
ビデオ会議 3
チャットツール 4
タスク管理ツール 5
スケジュール管理 6
データ保存 7
文書作成 8
表計算 9
プレゼンテーション 10
アンケート 11
管理者設定 12
セキュリティ強化 13
そのほか 14

Q ● Gmailの基本 ●

023 ▶ メールを検索したい！

A Googleの検索機能を使って、Gmail内のメールを検索できます。

Googleの検索機能を使ってGmail内のメールを検索できます。Gmailの膨大なメールアーカイブの中から探したいメールを見つけることができます。

1 ［メールを検索］をクリックし、

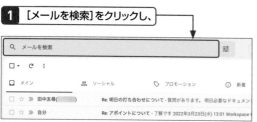

2 キーワードを入力して、 ｜ 入力途中でも検索候補のメールタイトルと日付が表示されます。

3 キーボードの Enter を押すと、

4 検索結果が表示されます。

5 ［差出人］（Q.024参照）［全期間］［添付ファイルあり］［宛先］［プロモーションを含めない］などをクリックすると、それぞれ絞込検索ができます。

6 をクリックすると、

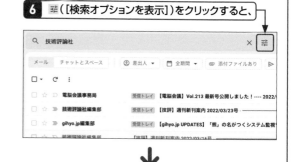

7 検索オプションが表示されます。

8 「From」「To」「件名」「含む」「含まない」「サイズ」「検索する前後期間」「検索」「添付ファイルあり」など、細かい条件指定を入力・設定し、

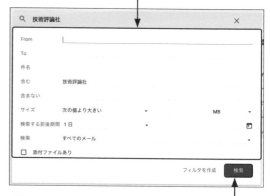

9 ［検索］をクリックすると、

10 検索オプションで指定した検索の結果が表示されます。

基礎知識 1
メール 2
ビデオ会議 3
チャットツール 4
タスク管理ツール 5
スケジュール管理 6
データ保存 7
文書作成 8
表計算 9
プレゼンテーション 10
アンケート 11
管理者設定 12
セキュリティ強化 13
そのほか 14

Q  Gmailの基本

024 ▶特定の差出人からのメールを検索したい！

A 特定の差出人だけのメールを検索したい場合は、検索のオプションを利用します。

特定の差出人だけのメールを見たい場合、Gmailの検索機能を使うと便利です。GmailにはGoogleの検索エンジンが組み込まれており、大量のメールの中から瞬時に特定の差出人だけのメールをすばやく探し出すことができます。Gmailを利用するユーザの中にはメールの整理は行わず、検索で見つけることで対応するユーザもいます。GmailはGoogleの検索エンジンが組み込まれたメールデータベースです。

1 ［メールを検索］をクリックし、

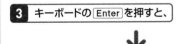

↓

2 キーワードを入力して、 | **入力途中でも検索候補のメールタイトルと日付が表示されます。**

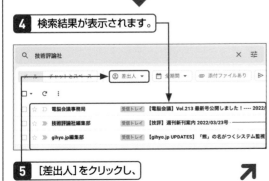

3 キーボードの Enter を押すと、

↓

4 検索結果が表示されます。

5 ［差出人］をクリックし、

6 任意のメールアドレスまたは名前を入力し、 | **7** キーボードの Enter を押すと、

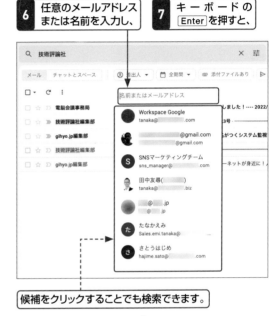

候補をクリックすることでも検索できます。

↓

8 入力したメールアドレスで絞り込まれて検索されます。

基礎知識 1
メール 2
ビデオ会議 3
チャットツール 4
タスク管理ツール 5
スケジュール管理 6
データ保存 7
文書作成 8
表計算 9
プレゼンテーション 10
アンケート 11
管理者設定 12
セキュリティ強化 13
そのほか 14

Q Gmailの基本

025 ▶ メールを作成したい！

A ブラウザー上で新規メールを作成できます。

Gmail はブラウザー上で新規メールを作成することができます。メールソフトのインストールの必要がなく、手軽にかつ安全にメールの作成ができます。

1 [作成]をクリックすると、

2 画面右下に[新規メッセージ]ウィンドウが表示されます。

3 「宛先」に送信先のメールアドレスを入力し、

4 「件名」にメールの件名を入力して、

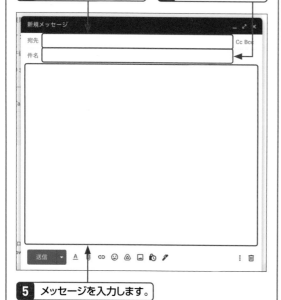

5 メッセージを入力します。

Q Gmailの基本

026 ▶ メールの作成を中断したい！

A メールの作成を中断すると、下書きトレイに自動保存されます。

Gmail では、作成中のメールを中断することができます。作成中のメールは、下書きとして自動保存されます。

1 Q.025を参考にメールを作成します。

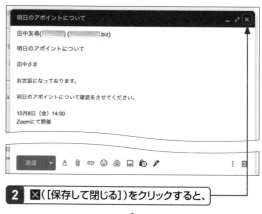

2 ✕（[保存して閉じる]）をクリックすると、

3 [下書き]にメールの内容が自動保存されます。

4 [下書き]をクリックすると、

5 メールが保存されています。

6 任意の下書きメールをクリックすると、再度画面右下にメール作成ウィンドウが表示されます。

基礎知識 1
メール 2
ビデオ会議 3
チャットツール 4
タスク管理ツール 5
スケジュール管理 6
データ保存 7
文書作成 8
表計算 9
プレゼンテーション 10
アンケート 11
管理者設定 12
セキュリティ強化 13
そのほか 14

Q 027 ▶ 宛先に複数のメールアドレスをまとめて指定したい！

• Gmailの基本 •

A 連絡先を使ってかんたんに複数のアドレス指定ができます。

複数のメールアドレスを指定して、作成したメールを送信をしたいときは、連絡先を利用してまとめて複数のメールアドレス指定が可能です。

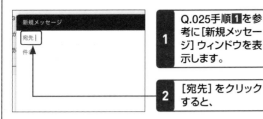

1 Q.025手順**1**を参考に[新規メッセージ]ウィンドウを表示します。

2 [宛先]をクリックすると、

3 [連絡先の選択]ダイアログが表示されます。

連絡先の登録は、Q.048をご参照ください。

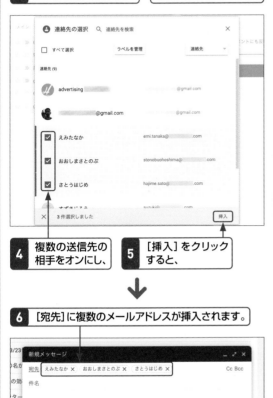

4 複数の送信先の相手をオンにし、

5 [挿入]をクリックすると、

6 [宛先]に複数のメールアドレスが挿入されます。

Q 028 ▶ Ccで複数の相手にメールを送りたい！

• Gmailの基本 •

A かんたんに複数の相手にCcでメールを送ることができます。

CcとはCarbon Copyの略称です。メールの内容を知ってほしい関係者に対して、送り先のメールアドレスを開示させたまま送信をします。業務報告、連絡などで利用します。Gmailでは、かんたんに複数の相手にCcでメールを送信できます。

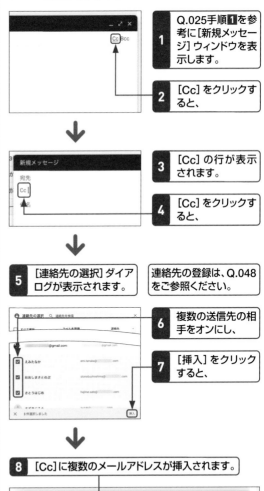

1 Q.025手順**1**を参考に[新規メッセージ]ウィンドウを表示します。

2 [Cc]をクリックすると、

3 [Cc]の行が表示されます。

4 [Cc]をクリックすると、

5 [連絡先の選択]ダイアログが表示されます。

連絡先の登録は、Q.048をご参照ください。

6 複数の送信先の相手をオンにし、

7 [挿入]をクリックすると、

8 [Cc]に複数のメールアドレスが挿入されます。

1 基礎知識

2 メール

3 ビデオ会議

4 チャットツール タスク管理ツール

5 スケジュール管理

6 データ保存

7 文書作成

8 表計算

9 プレゼンテーション

10 アンケート

11 管理者設定

12 セキュリティ強化

13 そのほか

14

 Q ● Gmailの基本 ●

029 ▶ Bccで複数の相手に メールを送りたい!

 A かんたんに複数の相手にBccで メールを送ることができます。

BccとはBlind Carbon Copyの略称です。メールの内容を知ってほしい関係者に対して、送り先のメールアドレスを開示せずに送信をします。Gmailでは、かんたんに複数の相手にBccでメールを送信できます。

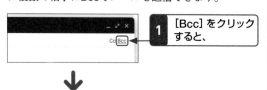

1 [Bcc]をクリック すると、

2 [Bcc]の行が表示されます。

3 [Bcc]をクリック すると、

4 [連絡先の選択]ダイアログが表示されます。

連絡先の登録は、Q.048をご参照ください。

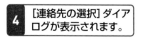

5 複数の送信先の相手をオンにし、

6 [挿入]をクリック すると、

7 [Bcc]に複数のメールアドレスが挿入されます。

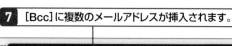

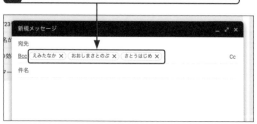

 Q ● Gmailの基本 ●

030 ▶ HTML形式と テキスト形式って何?

 A メール表現の違いです。

HTML形式は、フォントの大きさや色を変えたり、箇条書きにしたり、写真などの画像を差し込むことで表現力を加えたメール形式です。一方、テキスト形式は一般的に普及しているメール形式で、誰にでもすばやく作成することができます。ただしHTML形式のメールは、テキスト形式のメールに比べてメールの容量が大きくなる傾向があります。

HTML形式

テキスト形式

基礎知識 1
メール 2
ビデオ会議 3
チャットツール 4
タスク管理ツール 5
スケジュール管理 6
データ保存 7
文書作成 8
表計算 9
プレゼンテーション 10
アンケート 11
管理者設定 12
セキュリティ強化 13
そのほか 14

Q ● Gmailの基本 ●

031 ▶ メッセージを装飾したい!

A メールのテキストを太文字にしたり、色を変えたりすることができます。

メールのテキストを太文字にしたり、色を変えたりすることができます。メッセージに装飾をすることで、メールに表現力が加わります。

1 Q.025手順**1**を参考に［新規メッセージ］ウィンドウを表示します。

2 ▲（［書式設定オプション］）をクリックすると、

3 書式設定メニューが表示されます。

↓

4 テキストを選択し、

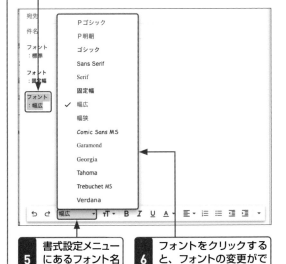

5 書式設定メニューにあるフォント名をクリックして、

6 フォントをクリックすると、フォントの変更ができます。

フォントの変更のほか、以下の装飾をすることができます。

文字サイズの変更

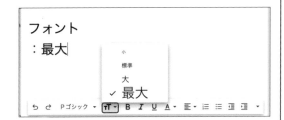

文字に色を付ける

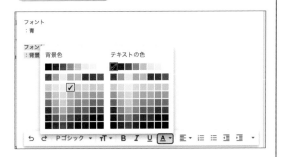

「背景色」はテキストに網掛けを行い、「テキストの色」は文字の色を変えます。

そのほかの装飾（手順2の❶～❾）

	装飾の種類
❶	太字
❷	斜め文字
❸	下線付きの文字
❹	配置（左揃え中央揃え、右揃え）
❺	番号付きリスト
❻	箇条書き
❼	インデント増
❽	インデント減
❾	そのほか（取り消し線、引用、書式クリア）

基礎知識 1
メール 2
ビデオ会議 3
チャットツール 4
タスク管理ツール 5
スケジュール管理 6
データ保存 7
文書作成 8
表計算 9
プレゼンテーション 10
アンケート 11
管理者設定 12
セキュリティ強化 13
そのほか 14

Q 032 ▶ メッセージを テキスト形式にしたい！

Gmailの基本

A 返信するときにテキスト形式に 変換できます。

Gmail では受信メールを返信するときに、テキスト形式に変換することができますメールを返信するときや、本文を引用したいときに便利です。

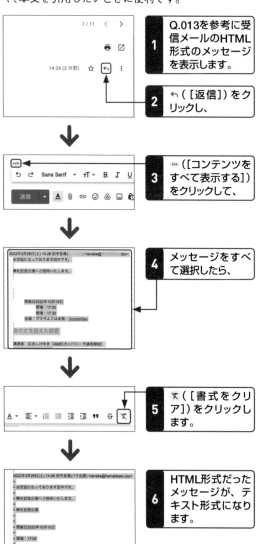

1 Q.013を参考に受信メールのHTML形式のメッセージを表示します。

2 ↩（［返信］）をクリックし、

3 …（［コンテンツをすべて表示する］）をクリックして、

4 メッセージをすべて選択したら、

5 ☒（［書式をクリア］）をクリックします。

6 HTML形式だったメッセージが、テキスト形式になります。

Q 033 ▶ 装飾した書式を 取り消したい！

Gmailの基本

A ☒（［書式クリア］）をクリックして、 書式の装飾を取り消します。

メールのテキストの装飾をクリック1つで取り消せます。テキストへの表現方法を間違えたり、メッセージのバランスを考えて装飾を取り消すことができます。

1 装飾を取り消したい部分を選択し、

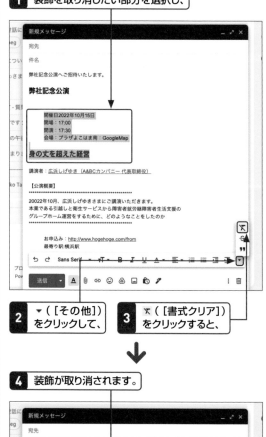

2 ▼（［その他］）をクリックして、

3 ☒（［書式クリア］）をクリックすると、

4 装飾が取り消されます。

基礎知識 1
メール 2
ビデオ会議 3
チャットツール 4
タスク管理ツール 5
スケジュール管理 6
データ保存 7
文書作成 8
表計算 9
プレゼンテーション 10
アンケート 11
管理者設定 12
セキュリティ強化 13
そのほか 14

Q

• Gmailの基本 •

034 ▶ メールを送信したい！

A 作成したメールは [送信] を
クリックして送信します。

作成したメールは [送信] をクリックすることで、メール送信することができます。メール本文の下にあり、送信ボタンの青色で目立つため、わかりやすくなっています。

1 Q.025を参考にメールを作成します。

2 [送信] をクリックすると、

3 「メッセージを送信しました」と表示され、メールが送信されます。

[元に戻す] をクリックすると、メールの送信を取り消すことができます（Q.078参照）。

Q

• Gmailの基本 •

035 ▶ 受信したメールに 返信したい！

A 受信メールの↩ ([返信]) を
クリックして返信します。

受信メールの↩ ([返信]) をクリックすることで返信できます。シンプルにすばやく返信対応ができるため、コミュニケーションが活発になります。

1 Q.013を参考に返信するメールを表示します。

2 ↩ ([返信]) をクリックし、

3 メッセージの下部に入力フィールドが表示されます。

4 返信用メッセージを入力し、

5 [送信] をクリックします。

基礎知識 1
メール 2
ビデオ会議 3
チャットツール 4
タスク管理ツール 5
スケジュール管理 6
データ保存 7
文書作成 8
表計算 9
プレゼンテーション 10
アンケート 11
管理者設定 12
セキュリティ強化 13
そのほか 14

Q 036 ▶ 受信したメールを転送したい!

● Gmailの基本

A 受信したメールをかんたんに転送することができます。

受信したメールを第三者にそのまま送信したり、メッセージを添えて送信したいときなどは、かんたんに転送することができます。

1 Q.013を参考に転送するメールを表示します。

2 ⋮([その他])をクリックし、

3 [転送]をクリックします。

4 メッセージの下部に入力フィールドが表示されます。

5 [宛先]に転送先のメールアドレスを入力し、

6 必要であればメッセージを入力して、

7 [送信]をクリックします。

Q 037 ▶ メールでファイルを送信したい!

● Gmailの基本

A メール添付機能を使いファイルや写真などを送信できます。

メール本文以外に、PDF、ドキュメント、表計算などのファイルを送信することができます。ファイル送信の方法は、メール添付機能を使います。最大容量25MBファイルまで送信できます。複数のファイルを添付する場合も合計容量で最大25MBとなります。

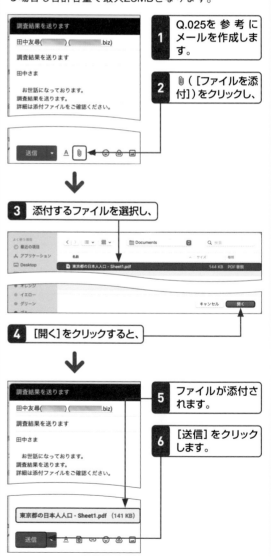

1 Q.025を参考にメールを作成します。

2 🔗([ファイルを添付])をクリックし、

3 添付するファイルを選択し、

4 [開く]をクリックすると、

5 ファイルが添付されます。

6 [送信]をクリックします。

Q 038 ▶ メールでフォルダを 送信したい！

A Google ドライブのフォルダを 挿入か圧縮ファイルを添付します。

フォルダの送信はできませんが、Google ドライブへ フォルダをアップロードすることで送信することがで きます。また、圧縮ファイルを添付することもできます （Q.037参照）。

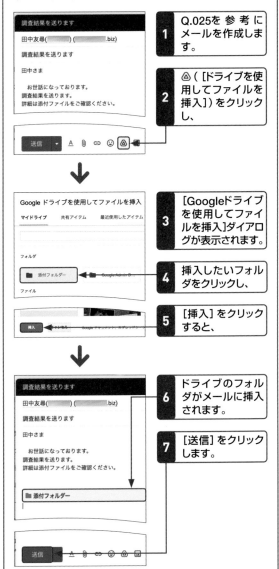

1 Q.025を参考に メールを作成しま す。

2 ◯（[ドライブを使 用してファイルを 挿入]）をクリック し、

3 [Googleドライブ を使用してファイ ルを挿入]ダイアロ グが表示されます。

4 挿入したいフォル ダをクリックし、

5 [挿入] をクリック すると、

6 ドライブのフォル ダがメールに挿入 されます。

7 [送信] をクリック します。

Q 039 ▶ サイズの大きい ファイルを送信したい！

A Google ドライブへファイルをアッ プロードして送信します。

25MB を超えるサイズの大きいファイルを送信する場 合、Google ドライブへファイルをアップロードする ことで送信することができます。

1 Q.038手順**3**の画 面を表示します。

2 挿入したい大きいファ イルをクリックし、

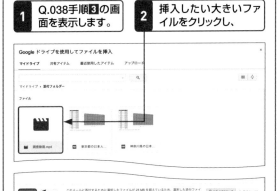

3 [挿入]を クリック すると、

サイズの大きいファイルを選択する と「このメールに添付するために選択 したファイルが25MBを超えているた め、選択した添付ファイルはドライブ のリンクを介して共有されます。」と 表示されます。

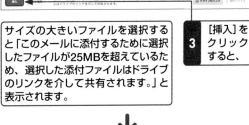

4 ドライブのファイルがメールに挿入されます。

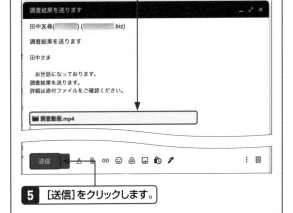

5 [送信]をクリックします。

基礎知識 1
メール 2
ビデオ会議 3
チャットツール 4
タスク管理ツール 5
スケジュール管理 6
データ保存 7
文書作成 8
表計算 9
プレゼンテーション 10
アンケート 11
管理者設定 12
セキュリティ強化 13
そのほか 14

1 基礎知識

2 メール

3 ビデオ会議

4 チャットツール タスク管理ツール

5 スケジュール管理 データ保存

6

7

8 文書作成

9 表計算 プレゼンテーション

10

11 アンケート 管理者設定

12

13 セキュリティ強化

14 そのほか

Q 040 ▶ 署名を作成したい！

A 設定画面から署名を作成できます。

メール送信のときに署名があると、誰が出したのかがわかります。設定画面から署名を作成することができます。署名を作成しておくと、メール作成時に署名を常に表示させることができます。

1 ⚙（［設定］）をクリックし、

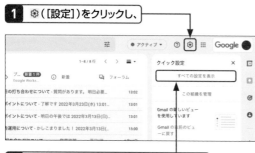

2 ［すべての設定を表示］をクリックします。

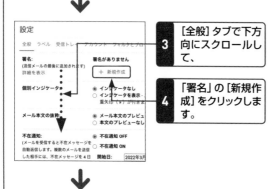

3 ［全般］タブで下方向にスクロールして、

4 「署名」の［新規作成］をクリックします。

5 ［新しい署名に名前を付ける］ダイアログが表示されます。

6 名前を入力し、

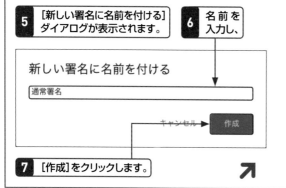

新しい署名に名前を付ける

通常署名

キャンセル　　　作成

7 ［作成］をクリックします。

8 手順**6**で入力した名前の署名をクリックし、

9 署名を入力して、

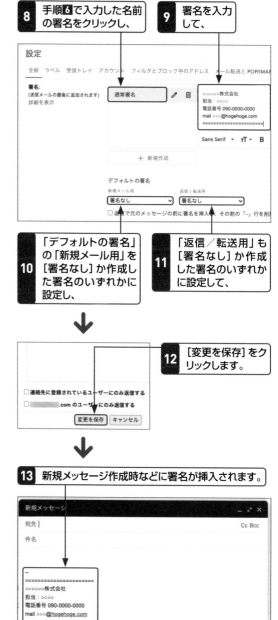

10 「デフォルトの署名」の「新規メール用」を［署名なし］か作成した署名のいずれかに設定し、

11 「返信／転送用」も［署名なし］か作成した署名のいずれかに設定して、

12 ［変更を保存］をクリックします。

13 新規メッセージ作成時などに署名が挿入されます。

54

Q 041 ▶ 受信した添付ファイルを保存したい！

Gmailの基本

A 添付ファイルはGoogle ドライブとパソコンに保存できます。

受信した添付ファイルは、Google ドライブやパソコンに保存することができます。Google ドライブに保存しておくと、外出先からファイル閲覧や編集が可能になります。

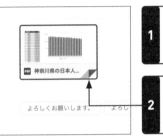

1 Q.013を参考にファイルが添付されたメールを表示します。

2 メール下部の添付ファイルにマウスポインターを合わせ、

3 △（[ドライブに追加]）をクリックします。

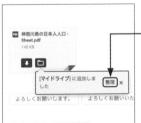

4 [整理] をクリックすると、ドライブ内の保存先を移動できます。

Memo ▶ パソコンに保存する

手順**3**の画面で ⬇（[ダウンロード]）をクリックすると、パソコンにファイルを保存することができます。

Q 042 ▶ 複数の署名を使い分けたい！

Gmailの整理

A 設定画面で複数署名を作成することができます。

設定画面で複数署名を作成することができます。送信相手や送信のタイミングで使い分けましょう。

1 Q.040を参考に署名を複数作成します。

2 新規メッセージ作成時などで ✒（[署名を挿入]）をクリックし、

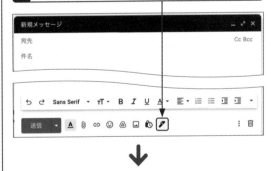

3 挿入したい署名をクリックします。

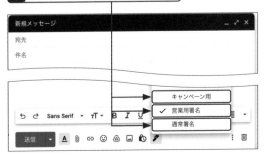

Q 043 ▶ 相手に表示される「送信者名」を変更したい!

A 送信者名はかんたんに変更できます。

メールアドレスに表示されている送信者名は、かんたんに変更することができます。表記を日本語からアルファベットに変えたり、会社名を追加したりすることで、送信者名を組織名に統一することなども可能です。

1 ⚙([設定])をクリックし、

2 [すべての設定を表示]をクリックします。

3 [アカウント]タブをクリックし、

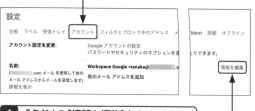

4 「名前」の[情報を編集]をクリックして、

5 送信者名に表示させたい名前を入力し、

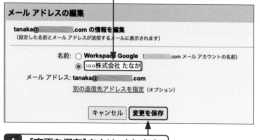

6 [変更を保存]をクリックします。

Q 044 ▶ 長期不在時にメッセージを自動返信したい!

A 設定画面から不在通知を設定できます。

長期休暇や研修などでメールでの返信ができないとき、不在通知機能を使うことで不在通知の自動返信が可能です。不在通知は受信メールすべてにもでき、返信相手を限定することもできます。

1 Q.040手順**4**の画面を表示します。

2 「不在通知」の[不在通知ON]をオンにし、

3 「開始日」を設定して、

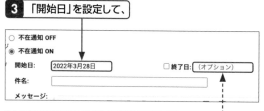

必要であれば「終了日」も設定します。

4 「件名」を入力し、 **5** 「メッセージ」を入力して、

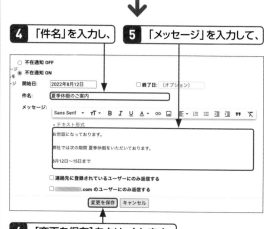

6 [変更を保存]をクリックします。

Gmailの整理

045 ▶ メールへのフォロー アップが提案された！

A 「アクションの提案」と呼ばれる機能 で、返信忘れを防止します。

Gmailでは過去のメールに対して、返信やフォロー アップを促すメッセージが表示されることがありま す。これは「アクションの提案」と呼ばれる機能で、返信 し忘れ防止に役立ちます。

1 ⚙ （[設定]）をクリックし、

2 [すべての設定を表示]をクリックします。

↓

3 [全般]タブで 下方向にスク ロールして、

4 「アクションの提案」の[返 信するメールを提案]をオン にすると、返信し忘れた可 能性のあるメールが受信ト レイの上部に表示されます。

5 [フォローアップするメールを提案]をオンにする と、送信済みメールのうち、対応が必要な可能性 のあるメールが受信トレイの上部に表示されます。

↓

6 [変更を保存]をクリックします。

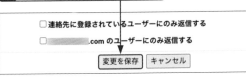

Gmailの整理

046 ▶ 連絡先の機能を 知りたい！

A アドレス帳機能や 一斉配信機能があります。

Googleの連絡先（Google コンタクト）は、社内や取引 先などの連絡先を整理、確認などできます。連絡先は メールアドレスだけではなく、電話番号、会社名、所在 地、誕生日などアドレス帳として利用できます。個別の 連絡先から直接メールや予定作成、チャットなどがで きます。また、よく連絡する複数の相手を1つのグルー プにまとめたメーリングリストを作成して、個々の メールアドレスを入力することなく、かんたんにメー ルを送ることができます。連絡先を1か所で管理し、複 数の相手にすぐに連絡を取ることができるので便利で す。

連絡先を開く

1 ⊞ （[Google アプリ]）をクリックし、

2 [連絡先]をクリックすると、

↓

3 「連絡先」が表示されます。

基礎知識 1
メール 2
ビデオ会議 3
チャットツール 4
タスク管理ツール 5
スケジュール管理 6
データ保存 7
文書作成 8
表計算 9
プレゼンテーション 10
アンケート 11
管理者設定 12
セキュリティ強化 13
そのほか 14

基礎知識 1
メール 2
ビデオ会議 3
チャットツール 4
タスク管理ツール スケジュール管理 5
データ保存 6
文書作成 7
表計算 8
プレゼンテーション 9
アンケート 10
管理者設定 11
セキュリティ強化 12
そのほか 13 14

Q 047 ▶ 連絡先の画面構成を知りたい！

A 連絡先の画面構成はGmailのような使いやすい画面構成となっています。

連絡先の画面構成は、Gmailのような使いやすい画面構成となっています。メールの送信での連絡であれば、連絡先のホーム画面から直接送信できます。

	名称	機能
❶	連絡先を作成	連絡先を作成します。
❷	ディレクトリ	同じ組織の連絡先がここにまとめられています。
❸	統合と修正	重複した連絡先を統合することができます。
❹	ラベルを作成	ラベル分類をします。ラベルを付けた個別の連絡先に対してまとめてメールを送信できます。
❺	インポート	連絡先をまとめて取り込むことができます。
❻	エクスポート	連絡先をまとめて書き出せます。
❼	プリント	連絡先を印刷できます。
❽	そのほかの連絡先	Google サービスでやり取りしたことがあるユーザーや、連絡先非表示ユーザーなどが登録されています。
❾	ゴミ箱	削除した連絡先が表示されます。

Q 048 ▶ 連絡先を登録したい！

A 連絡先情報はアドレス帳のように登録できます。

連絡先には、名前、会社名、メールアドレス、電話番号などの連絡先情報をアドレス帳のように登録できます。

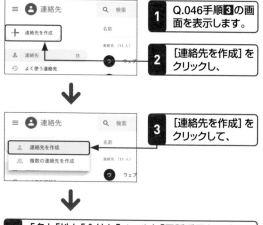

1 Q.046手順❸の画面を表示します。

2 [連絡先を作成]をクリックし、

3 [連絡先を作成]をクリックして、

4 「名」「姓」「会社」「メール」「電話番号」などの必要な情報を入力したら、

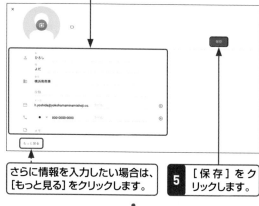

さらに情報を入力したい場合は、[もっと見る]をクリックします。

5 [保存]をクリックします。

6 連絡先が登録されます。

7 ←（[戻る]）をクリックします。

Q ・ Gmailの整理 ・

049 ▶ 連絡先を編集したい!

A 登録された連絡先の情報はかんたんに編集できます。

登録された連絡先の情報はかんたんに編集することができます。編集することで、常に最新情報になり、顧客管理にも役立ちます。

1 Q.046手順**3**の画面を表示します。

2 編集したい連絡先にマウスポインターを合わせ、

3 ✎([編集])をクリックします。

⬇

4 連絡先情報を編集し、

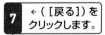

| さらに情報を入力したい場合は、[もっと見る]をクリックします。 | **5** [保存]をクリックします。 |

⬇

| **6** 連絡先が登録されます。 | **7** ←([戻る])をクリックします。 |

Q ・ Gmailの整理 ・

050 ▶ 連絡先を削除したい!

A 不要になった連絡先は、かんたんに削除できます。

登録された連絡先が不要となったとき、かんたんに削除することができます。削除された連絡先は、ゴミ箱に移動されて、30日が経過すると完全に削除されもとに戻すことができません。

1 Q.046手順**3**の画面を表示します。

2 編集したい連絡先にマウスポインターを合わせ、

3 ⋮([その他の操作])をクリックし、

⬇

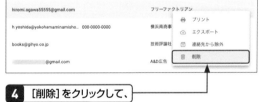

4 [削除]をクリックして、

⬇

5 [削除]をクリックします。

この連絡先を削除しますか?
キャンセル　削除

⬇

6 連絡先が削除されます。削除直後であれば[元に戻す]をクリックすることで、削除を取り消すことができます。

1件の連絡先を削除しました　元に戻す

基礎知識 1

メール 2

ビデオ会議 3

チャットツール 4

タスク管理ツール 5

スケジュール管理 6

データ保存 7

文書作成 8

表計算 9

プレゼンテーション 10

アンケート 11

管理者設定 12

セキュリティ強化 13

そのほか 14

Q
Gmailの整理

051 ▶ 連絡先を検索したい!

A 必要な連絡先を検索画面を使い検索できます。

必要な連絡先を検索画面を使い、検索することができます。検索にはGoogleの検索技術が使われています。

1 Q.046手順**3**の画面を表示します。

2 検索フィールドにキーワードを入力し、

入力すると候補が表示され、ここをクリックすると任意の連絡先が表示されます。

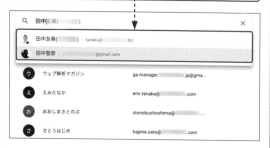

3 キーボードの Enter を押すと、

4 検索結果が表示されます。

Q
Gmailの整理

052 ▶ 連絡先を使ってメールを送信したい!

A Gmailを利用しなくても連絡先から直接メールが送信できます。

Gmailを利用しなくても、連絡先から直接メールが送信できます。連絡先整理中に送信したいとき、時短につながります。

連絡先一覧からメールを送信する

1 Q.046手順**3**の画面を表示します。

2 連絡先一覧からメールを送信したい相手のメールアドレスをクリックすると、

3 [新規メッセージ]ウィンドウが表示されるので、Q.025を参考にメールを作成します。

連絡先情報からメールを送信する

1 Q.046手順**3**の画面を表示します。

2 連絡先一覧からメールを送信したい相手の名前をクリックし、

3 連絡先情報のメールアドレスをクリックすると、[新規メッセージ]ウィンドウが表示されるので、Q.025を参考にメールを作成します。

Q Gmailの整理

053 ▶ 連絡先をグループにまとめたい!

A 連絡先をラベルを付けることでグループとしてまとめることができます。

連絡先の管理をしていると、同じ会社や同じジャンルの連絡先をまとめたくなります。その場合、ラベルを作成することで連絡先をグループとしてまとめることができます。

1 Q.046手順**3**の画面を表示します。

2 [ラベルを作成]をクリックすると、

3 [ラベルを作成]ダイアログが表示されます。　**4** ラベル名を入力し、

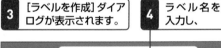

5 [保存]をクリックします。

6 ラベルが作成されます。

7 ラベルを付けたい連絡先にマウスポインターを合わせ、

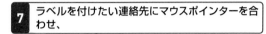

8 任意の連絡先をオンにし、

9 ▢([ラベルを管理])をクリックして、

10 付けたいラベルをクリックしたら、

11 [申請]をクリックします。

12 連絡先にラベルが付きます。

dennou@gihyo.co.jp
PA0270@jpo.go.jp
2件の連絡先を「サイト運営」に追加しました　元に戻す

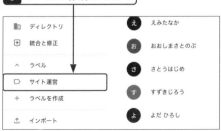

基礎知識　1
メール　2
ビデオ会議　3
チャットツール　4
タスク管理ツール　5
スケジュール管理　6
データ保存　7
文書作成　8
表計算　9
プレゼンテーション　10
アンケート　11
管理者設定　12
セキュリティ強化　13
そのほか　14

Q ● Gmailの整理 ●

054 ▶ グループのメンバーにメールを送信したい！

A Gmailからグループのメンバーへまとめてメールを送信できます。

連絡先でラベルを使い連絡先のグループを作成しておくと、Gmailからグループのメンバーへまとめてメールを送信することができます。Googleグループのようなメーリングリスト管理をしたくない場合に便利です。

1 [作成]をクリックし、

2 [宛先]をクリックすると、

3 [連絡先の選択]ダイアログが表示されます。

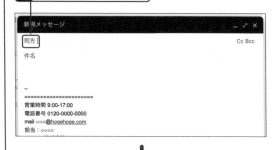

4 [連絡先]をクリックし、 ↗

5 任意のラベルをクリックすると、

6 任意のラベルが付いた連絡先が表示されます。

7 [すべて選択]をオンにし、

8 [挿入]をクリックすると、

9 宛先に任意のラベルが付いた連絡先が追加されます。

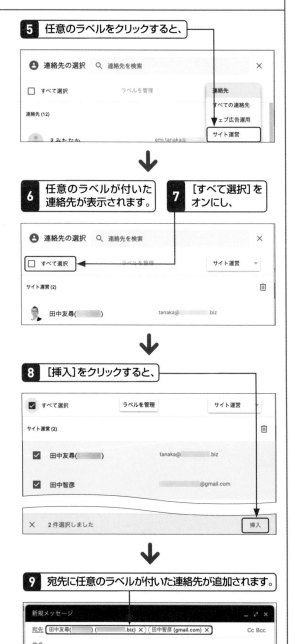

Q ・ Gmailの整理 ・

055 ▶ 連絡先のグループ名を編集したい！

A 連絡先のホーム画面から編集できます。

連絡先のホーム画面からグループ名（ラベル名）を編集することができます。連絡先から個別に編集をする必要はありません。

1 Q.046手順**3**の画面を表示します。

2 「ラベル」から編集したいラベルにマウスポインターを合わせ、

3 （[ラベル名を変更]）をクリックします。

4 [ラベル名を変更] ダイアログが表示されます。

5 ラベル名を変更し、

ラベル名を変更

ウェブ広告運用

キャンセル　保存

6 [保存]をクリックします。

7 ラベル名が変更されます。

Q ・ Gmail の整理 ・

056 ▶ メールの内容を印刷したい！

A 個別のメール、またはスレッド内のメールを印刷できます。

Gmail は、個別のメールまたはスレッド内のメールを印刷することができます。メールをもとにミーティングをしたい場合、便利です。印刷するにはプリンターが接続されている必要があります。また、送信者がGmailの情報保護モードを有効にしてメールを送信した場合は印刷できないことがあります。

1 Q.013を参考に印刷するメールを表示します。

2 （[すべて印刷]）をクリックすると、

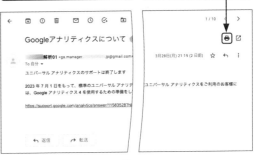

3 [印刷] ダイアログが表示されます。

4 「送信先」にパソコンと接続しているプリンターを選択し、

5 [印刷]をクリックします。

手順4を [PDFに保存] にしていると、[保存]と表示されます。

Memo ▶ スレッド内のメールを印刷する

印刷するスレッドを開き、 （[すべて印刷]）をクリックすると、スレッド内のメールをすべて印刷することもできます。

基礎知識 1
メール 2
ビデオ会議 3
チャットツール 4
タスク管理ツール 5
スケジュール管理 6
データ保存 7
文書作成 8
表計算 9
プレゼンテーション 10
アンケート 11
管理者設定 12
セキュリティ強化 13
そのほか 14

Q 057 ▶ メールを アーカイブしたい!

A 🗄([アーカイブ])をクリックします。

🗄([アーカイブ])をクリックすることで、手軽にメールをアーカイブすることができます。アーカイブを活用すると、受信トレイを整理することができます。アーカイブされたメールは[すべてのメール]に移動します。

1 Q.013を参考にアーカイブするメールを表示します。

2 🗄([アーカイブ])をクリックすると、

↓

3 メールがアーカイブされます。

アーカイブしたメールを見る

1 [もっと見る]をクリックし、

↓

2 [すべてのメール]をクリックすると、アーカイブしたメールも表示されます。

Q 058 ▶ メールを削除したい!

A 🗑([削除])をクリックします。

🗑([削除])をクリックすることで、メールを削除することができます。セールスメールや不快なメール、または既読のメールニュースを削除することで、メールの整理ができます。メールを削除すると、[ゴミ箱]に30日間保存されます。30日間を過ぎると、メールはアカウントから完全に削除され、復元(Q.059参照)できなくなります。

1 Q.013を参考にアーカイブするメールを表示します。

2 🗑([削除])をクリックすると、メールが削除されます。

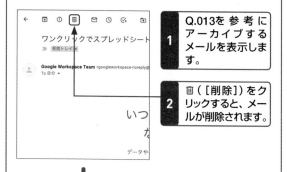

↓

3 Q.057の下の手順**2**の画面で[ゴミ箱]をクリックすると、削除したメールが表示されます。

Memo ▶ 複数のメールを削除する

削除するメールにマウスポインターを合わせてオンにし、🗑([ゴミ箱])をクリックすると、複数のメールをまとめてメールを削除できます。

基礎知識 1
メール 2
ビデオ会議 3
チャットツール 4
タスク管理ツール 5
スケジュール管理 6
データ保存 7
文書作成 8
表計算 9
プレゼンテーション 10
アンケート 11
管理者設定 12
セキュリティ強化 13
そのほか 14

Q 059 ▶ 削除したメールを 受信トレイに戻したい！

・Gmailの整理・

A 削除30日以内であれば、 受信トレイに戻すことができます。

削除30日以内であればゴミ箱から削除したメールを 受信トレイに戻すことができます。うっかりメールを 削除してしまい、受信トレイで見つからないとき、ゴミ 箱を探せば見つかる場合があります。そのようなとき に便利な機能です。

1 Q.057の下の手順**2**の画面で［ゴミ箱］をクリック し、

2 受信トレイに戻したいメールにマウスポインターを 合わせてオンにして、

3 🗁 (［移動］)をクリックしたら、

4 ［受信トレイ］をクリックします。

5 受信トレイにメールが移動します。

Q 060 ▶ スターを付けて メールを整理したい！

・Gmailの整理・

A 受信したメールすべてにスターを 付けることができます。

重要なメールにスターを付けることができます。ス ターを付けると目に止まり、メールを確認するときに 便利です。

メール一覧からスターを付ける

1 ☆(［スターなし］)をクリックして、★(［スター付 き］)にします。

メッセージ画面からスターを付ける

1 Q.013を参考にメールを表示します。

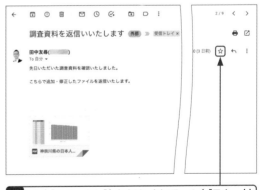

2 ☆(［スターなし］)をクリックして、★(［スター付 き］)にします。

Memo ▶ スター付きメールを検索する

Q.023手順**2**の画面で検索フィールドに「is:starred」と入力 し、キーボードの Enter を押すと、スター付きのメールが検 索されます。

Q · Gmailの便利機能 ·

061 ▶ 複数のスターを使い分けたい!

A 設定で、ほかの色のスターや別のアイコンを追加できます。

Gmailの設定で、ほかの色のスターや別のアイコンを追加できます。複数のスターを追加し使い分けることで、メールの整理に役立ちます。スターは全部で12種類あります。

1 ⚙（[設定]）をクリックし、

2 [すべての設定を表示]をクリックして、

3 [全般]タブで下方向にスクロールします。

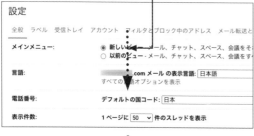

4 「スター」の項目で設定ができます。

5 初期状態は、「使用中」が1つだけ設定されています。

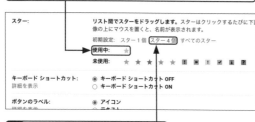

6 [スター4個]をクリックすると、

7 4種類のスターが利用できるようになります。

8 [すべてのスター]をクリックすると、

9 12種類のスターが利用できるようになります。

10 [変更を保存]をクリックします。

```
□ 連絡先に登録されているユーザーにのみ返信する
□ ████.com のユーザーにのみ返信する
           変更を保存  キャンセル
```

11 Q.060を参考にスターを付ける際に、クリックするたびにスターの種類が変わります。

Memo ▶ スター付きメールを検索する

スターの種類ごとに、メールを検索することができます。付けたスターにマウスポインターを合わせるとスター名が表示されるので、Q.060Memoを参考に「has:Blue-star」のように検索しましょう。

基礎知識 1
メール 2
ビデオ会議 3
チャットツール 4
タスク管理ツール 5
スケジュール管理 6
データ保存 7
文書作成 8
表計算 9
プレゼンテーション 10
アンケート 11
管理者設定 12
セキュリティ強化 13
そのほか 14

Q 062 ▶ 重要マークを付けて メールを整理したい!

• Gmailの便利機能 •

A ▷をクリックすることで、 メール整理に役立ちます。

Gmailはメールに重要マークを付けるかどうかを自動的に判断していますが、手動で重要マークを付けることができます。メール左側の▷をクリックすることで重要マークが付きます。

1 重要マークを付けたいメールの▷をクリックすると、

2 重要マークが付きます。

Memo ▶ Googleの判断基準

以下の判断基準によって、自動的に重要マークがメールに付きます。

・メールの相手と、その相手にメールを送信する頻度
・開封したメール
・返信したメール
・普段読むメールに含まれるキーワード
・スターを付けたメール、アーカイブしたメール、削除したメール

Memo ▶ 重要マーク付きメールを検索する

Q.023手順2の画面で検索フィールドに「is:important」と入力し、キーボードの Enter を押すと、重要マーク付きのメールが検索されます。

Q 063 ▶ 重要なメールを優先的 に表示させたい!

• Gmailの便利機能 •

A 受信トレイを「優先トレイ」に 設定します。

受信トレイの設定を「優先トレイ」として選択すると、重要な未読メール、スター付き、など重要なメールを優先的に表示されます。

1 Q.061手順3の画面を 表示します。

2 [受信トレイ]タブ をクリックし、

3 「受信トレイの種類」の[デフォルト]→[優先トレイ] の順にクリックします。

⬇

4 「受信トレイのセクション」の5つの項目をそれぞれ 設定し、

⬇

5 [変更を保存]をクリックします。

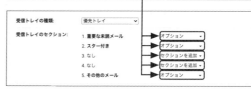

⬇

6 重要なメールが優先的に表示されるようになります。

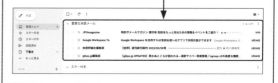

基礎知識 1
メール 2
ビデオ会議 3
チャットツール タスク管理ツール 4
スケジュール管理 5
データ保存 6
文書作成 7
8
表計算 9
プレゼンテーション アンケート 10
11
管理者設定 12
セキュリティ強化 13
そのほか 14

Q · Gmailの便利機能 ·

064 ▶ ラベルを作成したい！

A ラベルはGmailのどの画面からも作成できます。

ラベルとは、Gmail をフォルダ管理のような感覚でメールを整理する独特な機能です。フォルダとの違いは、1つのメールに対して複数のラベルを付けられるところです。

1 Q.057の下の手順**2**の画面で [新しいラベルを作成] をクリックすると、

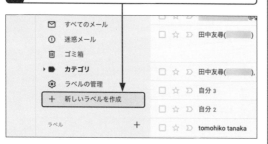

↓

2 [新しいラベル] ダイアログが表示されます。

3 ラベル名を入力し、

4 [作成]をクリックすると、

↓

5 ラベルが作成されます。

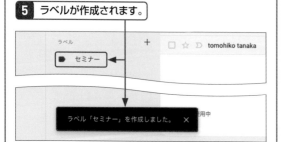

ラベル「セミナー」を作成しました。

Q · Gmailの便利機能 ·

065 ▶ メールにラベルを付けたい！

A メールを選択し、□（[ラベル]）をクリックします。

メールを選択して上部のラベルアイコンでラベルを付けることができます。メールを読んでいる最中でもラベルを付けられるので、その場でメール整理ができます。

1 ラベルを付けたいメールにマウスポインターを合わせてオンにし、

2 □（[ラベル]）をクリックして、

3 付けたいラベルをオンにしたら、

↓

4 [適用]をクリックします。

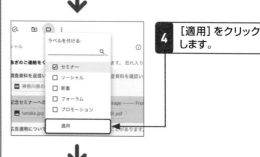

↓

5 メールにラベルが付きます。

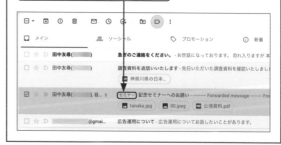

Q 066 ▶ ラベルの色を変更したい!

A [ラベルの色] から色を変更できます。

ラベルを使い、メールを整理するとき、[ラベルの色]からラベルの色を変更することができます。ラベルに色を付けることで、視覚的に区別が付きます。

1 メニューの「ラベル」の中で色を付けたいラベルにマウスポインターを合わせ、

2 表示される ⋮ をクリックし、

3 [ラベルの色] にマウスポインターを合わせて、

⬇

4 ラベルに付けたい色をクリックすると、

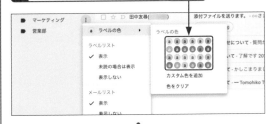

⬇

5 ラベルに色が付きます。

Q 067 ▶ フィルタで受信メールを振り分けたい!

A メールを選び、⋮ → [メールの自動振り分け設定] から振り分けます。

Gmail はフィルタを使用して受信メールを整理・管理できます。振り分けたいメールを選び、⋮ から振り分けることができます。振り分けは、メールのアーカイブ、削除、自動転送、ラベルやスターを付けることなどができます。

1 振り分けたいメールにマウスポインターを合わせてオンにし、

2 表示される ⋮ をクリックし、

3 [メールの自動振り分け設定]をクリックします。

⬇

4 振り分け条件が開くので、「From」(送信元)以外に「件名」や特定の文字列を「含む」・「含まない」などの条件で振り分けるメールを絞り込み、

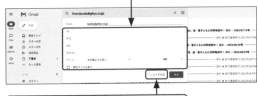

5 [フィルタを作成]をクリックします。

⬇

6 フィルタが実行する動作を設定します。既読にする、重要マークを外す、スターを付ける、などの振り分け動作を選ぶことができます。

7 [フィルタを作成]をクリックします。

基礎知識 1
メール 2
ビデオ会議 3
チャットツール 4
タスク管理ツール 5
スケジュール管理 6
データ保存 7
文書作成 8
表計算 9
プレゼンテーション 10
アンケート 11
管理者設定 12
セキュリティ強化 13
そのほか 14

Q • Gmailの便利機能 •

068 ▶ 迷惑メールを管理したい！

A メール個別と設定画面から迷惑メールを管理できます。

Gmailの迷惑メール機能はとても強力です。強力がゆえに、迷惑メールを管理する必要があります。迷惑メールは、メール個別と設定画面から管理することができます。

迷惑メールを報告する

1 迷惑メールを報告するメールにマウスポインターを合わせてオンにし、

2 ①（[迷惑メールを報告]）をクリックします。

選択したメールが迷惑メールとして区分され、次回受信時より、同様のメールは迷惑メールとして区分されるようになります。

迷惑メールを解除する

1 Q.057の下の手順2の画面で [迷惑メール] をクリックします。

2 迷惑メールを解除するメールにマウスポインターを合わせてオンにし、

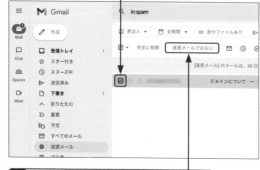

3 [迷惑メールではない] をクリックします。

ドメインへの対応

1 ⚙（[設定]）をクリックし、

2 [すべての設定を表示] をクリックします。

3 [フィルタとブロック中のアドレス]タブをクリックし、

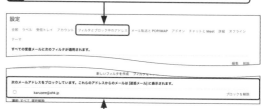

4 「次のメールアドレスをブロックしています。これらのアドレスからのメールは [迷惑メール] に表示されます。」で迷惑メールの管理をすることができます。

特定のメールアドレスを迷惑メールに登録する

1 Q.013を参考に迷惑メールに登録したいメールアドレスから送信されたメールを表示します。

2 ⋮（[その他]）をクリックし、

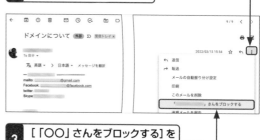

3 [「〇〇」さんをブロックする] をクリックします。

4 ブロックすると「フィルターとブロック中のアドレス」のブロックリストへ登録されます。

069 ▸ メールの既読／未読を管理したい!

A メールを1つずつ、または一括で既読／未読の管理が可能です。

受信したメールを1つずつ、または一括で既読に変更することが可能です。また、すでに既読のメールを未読に戻すことも可能です。既読のメールを未読にすることで、あとで読み直すときに便利です。

既読を未読にする

1 未読に戻したい既読メールにマウスポインターを合わせてオンにし、

2 ☑（[未読にする]）をクリックすると、

3 既読メールが未読の表示になります。

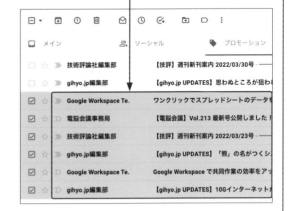

未読を既読にする

1 既読にしたい未読メールにマウスポインターを合わせてオンにし、

2 ☑（[既読にする]）をクリックします。

Memo ▸ メール画面から未読にする

Q.013を参考にメールを表示した画面からも、☑（[未読にする]）をクリックすることで、未読メールに戻すことができます。

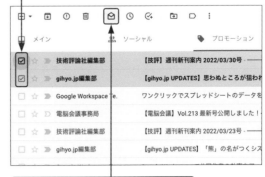

基礎知識 1
メール 2
ビデオ会議 3
チャットツール 4
タスク管理ツール 5
スケジュール管理 6
データ保存 7
文書作成 8
表計算 9
プレゼンテーション 10
アンケート 11
管理者設定 12
セキュリティ強化 13
そのほか 14

基礎知識 1
メール 2
ビデオ会議 3
チャットツール 4
タスク管理ツール 5
スケジュール管理 6
データ保存 7
文書作成 8
表計算 9
プレゼンテーション 10
アンケート 11
管理者設定 12
セキュリティ強化 13
そのほか 14

Q ● Gmailの便利機能 ●

070 ▶ メールを効率よく管理するコツを知りたい！

A フィルタを使用すると、さまざまな組み合わせで、メールを効率的に管理を行うことができます。

Gmailではフィルタを作成することで、メールを効率よく管理することができます。フィルタを使用すると、送信者、受信者、件名、キーワードなどを組み合せて、メールをアーカイブしたり、削除したり、スターを付けるなどを行うことが可能です。フィルタは手間をかけず効率よくメールの整理を行うコツです。

1 珪（[検索オプションを表示]）をクリックし、

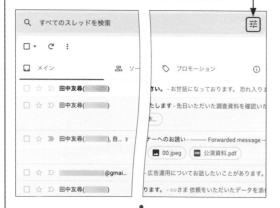

2 「From」「To」「件名」「含む」など検索条件を入力・設定して、

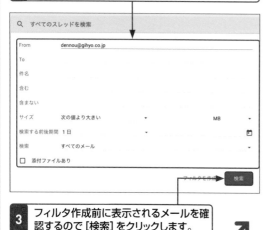

3 フィルタ作成前に表示されるメールを確認するので [検索] をクリックします。

4 検索結果を確認し、

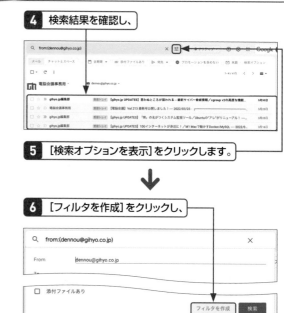

5 [検索オプションを表示] をクリックします。

6 [フィルタを作成] をクリックし、

7 手順**2**の検索条件と完全一致したときに適用したい動作をオンにし、

8 [フィルタを作成] をクリックします。

Q • Gmailの便利機能 •

071 ▶ メールの表示件数を変更したい!

A Gmail設定画面で表示件数を変更することで、1ページに表示されるメールの表示件数が変わります。

Gmail画面表示されるメール件数は、設定画面から変更が可能です。選択できる表示件数は10、15、20、25、50、100件へと変更することができます。

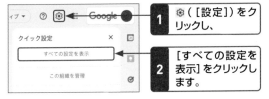

1 ⚙（[設定]）をクリックし、

2 [すべての設定を表示]をクリックします。

3 [全般]タブで「表示件数」の[50]をクリックし、

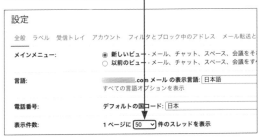

4 表示したい件数をクリックして、

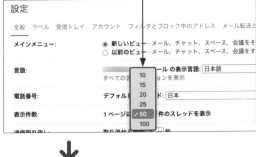

5 [変更を保存]をクリックします。

Q • Gmailの便利機能 •

072 ▶ 英語のメールを翻訳したい!

A [メッセージを翻訳]をクリックします。

受信した英語のメールを日本語に翻訳したい場合、メール本文にある[メッセージを翻訳]をクリックすることで翻訳することができます。英語のメールニュースや英語のサービスメールを受け取ったとき、Googleの翻訳機能を使い内容を確認できます。

1 Q.013を参考に翻訳したいメールを表示します。

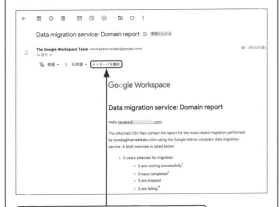

2 [メッセージを翻訳]をクリックすると、

3 日本語に翻訳されます。

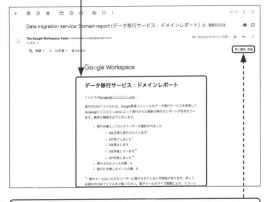

[常に翻訳: 英語]をクリックすると、次回から英文のメールは自動翻訳されます。

基礎知識 1
メール 2
ビデオ会議 3
チャットツール 4
タスク管理ツール 5
スケジュール管理 6
データ保存 7
文書作成 8
表計算 9
プレゼンテーション 10
アンケート 11
管理者設定 12
セキュリティ強化 13
そのほか 14

Q ・ Gmailの便利機能 ・

073 ▶ すべてのメールを自動転送したい!

A Gmailのメールはほかのアドレスに自動転送できます。

Gmailのメールはほかのアドレスに自動転送できます。転送する場合、新着メールをすべて転送するか、特定の種類のメールのみを転送するかを選択できます。ただし、転送の設定はパソコンでのみで、Gmailアプリでは設定できません。

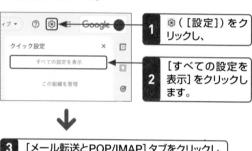

1 ⚙ ([設定])をクリックし、

2 [すべての設定を表示]をクリックします。

3 [メール転送とPOP/IMAP]タブをクリックし、

4 「転送」の[転送先アドレスを追加]をクリックします。

5 [転送先アドレスを追加]ダイアログが表示されます。

6 転送先メールアドレスを入力し、

7 [次へ]をクリックします。

8 [続行]をクリックし、

9 [OK]をクリックすると、

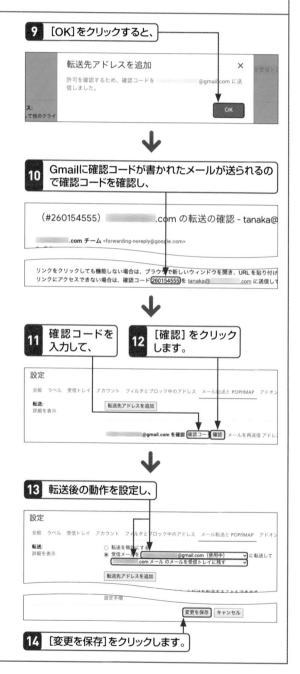

10 Gmailに確認コードが書かれたメールが送られるので確認コードを確認し、

11 確認コードを入力して、

12 [確認]をクリックします。

13 転送後の動作を設定し、

14 [変更を保存]をクリックします。

Q 074 ▶ 特定のメールを 自動転送したい！

A フィルタを使うことで、 特定のメールを自動転送できます。

フィルタを使うことで特定のメールを自動転送できます。自動転送したいメールを選び、⋮から振り分けることができます。

1 自動転送したいメールにマウスポインターを合わせてオンにし、

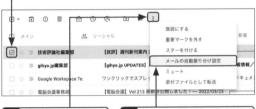

2 ⋮（［その他］）を クリックして、 **3** ［メールの自動振り分け設定］をクリックします。

4 「From」に手順**1**のメールアドレスが入力されていることを確認し、

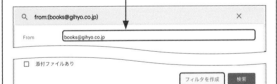

5 ［フィルタを作成］をクリックします。

6 ［次のアドレスに転送する］をオンにし、

7 ここに転送のアドレスが表示されているようであれば、［フィルタを作成］をクリックします。新たに追加する場合はQ.073手順**5**以降を参考に進めます。

Q 075 ▶ 別のメールアドレスで メールを送信したい！

A 別のメールアドレスを所有している場合、所有している アドレスをGmailに追加することで送信ができます。

同じ組織（ドメイン）の別メールアドレスでメールを送信したい場合、設定画面からアドレスを追加してメールを送信することができます。

1 Q.073手順**3**の画面を表示します。

2 ［アカウント］タブをクリックし、

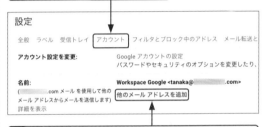

3 「名前」の［他のメールアドレスを追加］をクリックします。

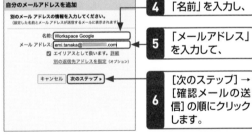

4 「名前」を入力し、

5 「メールアドレス」 を入力して、

6 ［次のステップ］→ ［確認メールの送信］の順にクリックします。

7 受信側で確認メールをクリックすることで別のメールアドレスが追加されます。

8 メールを送信するときに、差出人から別のメールアドレスを選ぶことができます。

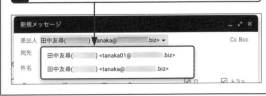

基礎知識 1
メール 2
ビデオ会議
チャットツール
タスク管理ツール 5
スケジュール管理 6
データ保存 7
文書作成 8
表計算 9
プレゼンテーション 10
アンケート 11
管理者設定 12
セキュリティ強化 13
そのほか 14

Q 076 ▸ Gmailでほかのメールアドレスのメールを受信したい！

• Gmailの便利機能 •

A 複数のメールアドレスをGmailで登録し、使用できます。

同じ組織（ドメイン）以外のメールアドレスを使いたい場合、設定画面からメールアドレスを追加することができます。

1 Q.075手順**3**の画面で「他のアカウントのメールを確認」の［メールアカウントを追加する］をクリックします。

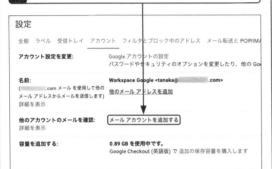

2 ［メールアカウントの追加］ダイアログが表示されます。

3 メールの送信に使用するメールアドレスを入力し、

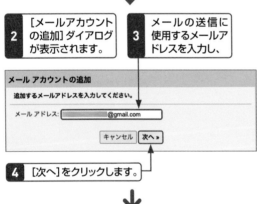

4 ［次へ］をクリックします。

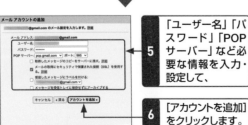

5 「ユーザー名」「パスワード」「POPサーバー」など必要な情報を入力・設定して、

6 ［アカウントを追加］をクリックします。

Q 077 ▸ ほかのメールソフトでGmailのメールを読みたい！

• Gmailの便利機能 •

A IMAPを設定することで、Gmailが利用できます。

IMAPを設定してSMTPの設定を変更すると、パソコンのメールソフトでGmailのメールを読むことができます。

1 Q.073手順**4**の画面で「IMAPアクセス」の［IMAPを有効にする］をオンにし、

2 ［変更を保存］をクリックします。

メールクライアントの設定の「設定手順」を参考に、自身の利用するメールクライアントを設定してください。メール受信は1日2,500MB、送信は1日あたり500MBまでに設定してください。超えた場合、アカウントが一時的にロックされる可能性があります。

基礎知識 1
メール 2
ビデオ会議 3
チャットツール 4
タスク管理ツール 5
スケジュール管理 6
データ保存 7
文書作成 8
表計算 9
プレゼンテーション 10
アンケート 11
管理者設定 12
セキュリティ強化 13
そのほか 14

Q · Gmailの便利機能

078 ▶ 誤って送信したメールを取り消したい！

A 送信直後であれば、取り消すことができます。

誤って送信したメールを取り消すことができます。送信の取り消しは、設定した秒数（5〜30秒）の間で行うことができます。

送信を取り消す

1 Q.034を参考にメールを送信し、

2 [元に戻す]をクリックします。

送信を取り消せる時間を設定する

1 Q.071手順**3**の画面で「送信取り消し」の [5] をクリックし、

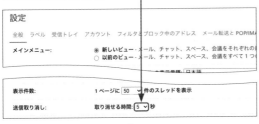

2 設定したい秒数をクリックして、

3 [変更を保存]をクリックします。

Q · Gmailの便利機能

079 ▶ ツールバーのアイコンをテキスト表示にしたい！

A [設定]の「ボタンのラベル」から表示を変更できます。

メールのメッセージにあるボタンをテキストに変更させたいとき、設定の「ボタンのラベル」でボタンからテキストへ表示させることができます。テキストにすると誤操作が少なくなります。

1 Q.071手順**3**の画面で「ボタンのラベル」の [テキスト] をオンにし、

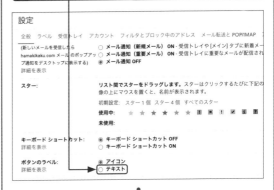

2 [変更を保存]をクリックします。

3 Q.013を参考にメールを表示すると、ツールバーのアイコンがテキストで表示されています。

基礎知識 1
メール 2
ビデオ会議 3
チャットツール 4
タスク管理ツール 5
スケジュール管理 6
データ保存 7
文書作成 8
表計算 9
プレゼンテーション 10
アンケート 11
管理者設定 12
セキュリティ強化 13
そのほか 14

Q ・Gmailの便利機能・

080 ▶ メールの送信にテンプレートを利用したい！

A テンプレートを登録しておくと、メール送信に同じテンプレートを利用できます。

同じ内容を入力することに面倒を感じる場合があります。このような場合は、テンプレートを利用すると同じ内容のメールを何度でも送信できます。テンプレートはメッセージの⋮から登録することができます。

テンプレートを登録する

1 Q.075手順**2**の画面で［詳細］タブをクリックし、

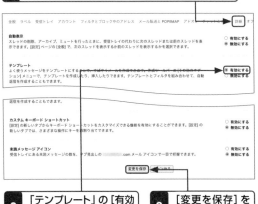

2 「テンプレート」の［有効にする］をオンにし、

3 ［変更を保存］をクリックします。

⬇

4 Q.025手順**1**を参考に［新規メッセージ］ウィンドウを表示し、

5 テンプレート用の文章を入力して、

6 ⋮をクリックして、

7 ［テンプレート］→［下書きをテンプレートに保存］の順にマウスポインターを合わせ、［新しいテンプレートとして保存］をクリックします。

↗

8 ［新しいテンプレート名の入力］ダイアログが表示されます。

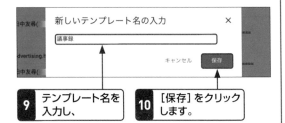

9 テンプレート名を入力し、

10 ［保存］をクリックします。

テンプレートを利用する

1 Q.025手順**1**を参考に［新規メッセージ］ウィンドウを表示します。

2 ⋮（［その他のオプション］）をクリックし、

3 ［テンプレート］にマウスポインターを合わせ、

4 利用したいテンプレートをクリックすると、

⬇

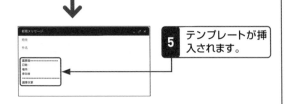

5 テンプレートが挿入されます。

Q 081 ▶ Gmailからカレンダーを開きたい!

A Gmailからカレンダーを開いたり
予定を作成したりできます。

GmailからGoogle カレンダーを開いたり、予定を作成したりできます。Gmailから予定を作成するとアプリケーションを移動せず、手間をかけずに予定を立てられます。

予定を開く

1 サイドパネルの [] ([カレンダー])をクリックすると、

2 Gmailの右側にアプリパネルが開き、Google カレンダーが表示されます。

予定を作成する

1 Q.013を参考に予定を作成したいメールを表示します。

2 : ([その他])をクリックし、

3 [予定を作成]をクリックすると、

4 予定の作成画面が表示されるので、Q.144を参考に予定を作成します。

Q 082 ▶ Gmailからメモを開きたい!

A GmailからGoogle Keepを
開いてメモを残せます。

GmailからGoogle Keepを開いて、メモを残せます。Gmail本文で必要なことをGoogle Keepへ但し書きができて便利です。

1 サイドパネルの [] ([Keep])をクリックすると、

2 Gmailの右側にアプリパネルが開き、Google Keepが表示されます。

3 [メモを入力]をクリックし、

4 Gmailから必要なメモをコピーして貼り付け、

5 [完了]をクリックします。

Google Keepの詳細は第14章を参照してください。

基礎知識 1
メール 2
ビデオ会議 3
チャットツール 4
タスク管理ツール 5
スケジュール管理 6
データ保存 7
文書作成 8
表計算 9
プレゼンテーション 10
アンケート 11
管理者設定 12
セキュリティ強化 13
そのほか 14

基礎知識 1
メール 2
ビデオ会議 3
チャットツール 4
タスク管理ツール 5
スケジュール管理 6
データ保存 7
文書作成 8
表計算 9
プレゼンテーション 10
アンケート 11
管理者設定 12
セキュリティ強化 13
そのほか 14

Q ・ Gmailの便利機能 ・

083 ► ToDoリストで 作業リストを作成したい！

A Gmailからタスクを追加し、 作業リストを作成できます。

Gmail からタスクを追加し、ToDo リストで作業リスト を作成することができます。ToDo リストはアプリパネル に表示され、Gmail をタスク化することで、メールの 内容の作業リストが作成できます。

1 Q.013を参考にメールを表示し、☑️（［タスクに追加］）をクリックすると、

2 Gmail画面に右側に、ToDoリストが表示され、タスクが追加されます。

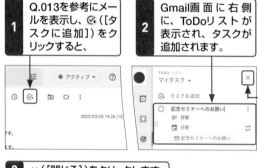

3 ×（［閉じる］）をクリックします。

↓

4 サイドパネルの☑️（［ToDoリスト］）をクリックしてToDoリストを表示し、

5 作成したタスクをクリックすると、

↓

6 Gmailで該当のメールが開きます。

ToDoリストの詳細は第5章を参照してください。

Q ・ Gmailの便利機能 ・

084 ► アドオンを取得したい！

A サイドパネルから機能を拡張する アドオンを取得できます。

Gmail はサイドパネルから機能を拡張するアドオンを 取得することができます。アドオンを取得することで 業務効率が向上します。

1 サイドパネルの＋（［アドオンを取得］）をクリックすると、

2 「Google Workspace Marketplace」が表示されます。

2 Gmailと連携できるアドオンが一覧で表示されています。

3 導入したいアドオンをクリックし、

↓

4 ［個別インストール］をクリックします。

「Google カレンダー」「Google Keep」「Google ToDoリスト」「連絡先」のアドオンは最初から取得されています。

第 **3** 章

ビデオ会議
「Google Meet」
の活用技!

基礎知識 1
メール 2
ビデオ会議 3
チャットツール 4
タスク管理ツール 5
スケジュール管理 6
データ保存 7
文書作成 8
表計算 9
プレゼンテーション 10
アンケート 11
管理者設定 12
セキュリティ強化 13
そのほか 14

Q •Google Meetの基本•

085 ▶ Google Meetとは？

A ビデオ会議ができるツールです。

Google Meetは、離れた場所にいる人と会議ができるツールです。Meet以外にもビデオ会議が可能なツールは多数存在するため選択が難しいですが、Meetは、Googleならではのメリットがあるツールとなっています。Meetを起点としたビデオ会議から、カレンダーでの会議参加者の招待、資料の共有が可能となり、ほかのビデオ会議ツールではできない連携などが可能となっています。

Meetを利用し、快適な会議を行うには、Googleが推奨する要件が必要です。詳しくは、Google Meet公式サイト（https://support.google.com/meet/answer/7317473）を参照してください。

OS

デスクトップ、ノートPC
Apple macOS
Microsoft Windows
Chrome OS
UbuntuなどのDebianベースのLinuxディストリビューション

モバイルOS

Android 5.0 以降
iOS 12.0 以降

ブラウザー

Google Chrome
Mozilla Firefox
Microsoft Edge
Safari
いずれも最新バージョンを推奨します。

ハードウェア

システムの最小要件は次のとおりです。
デュアルコアプロセッサ
2 GB のメモリ

Q •Google Meetの基本•

086 ▶ Google Meetを使ってビデオ会議したい！

A Meetを使ってビデオ会議ができます。

Google Meetの操作は初心者でもかんたんで、利用しているブラウザーから数ステップでビデオ会議を開始できます。また、ビデオ会議に招待された方もわずかなステップではじめられますので、予定が合えばわずかな時間でビデオ会議を開始できます。

1 Google Workspaceにログインした状態で、Google検索ページ（https://www.google.co.jp/）にアクセスし、

2 ページ右上にある⠿（[Google アプリ]）をクリックして、

3 [Meet]をクリックすると、

4 Google Meetのトップページにアクセスできます。

Q •Google Meetの基本•

087 ▶使用するマイクを変更したい!

A Meetで使うマイクを別のマイクに指定できます。

マイクは設定によって、イヤホン付属のマイクや外部のマイクへ変更が可能です。しかし、設定が適切でない場合、通話ができないというトラブルの原因となるので注意してください。

1 会議入室前、カメラ画面上の ▪ ([その他のオプション]) をクリックし、

2 [設定] をクリックします。

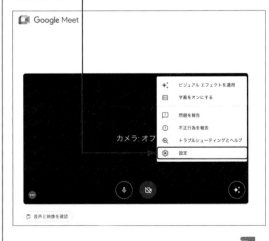

3 [設定] ダイアログが表示されます。

4 [音声] をクリックすると、

5 現在設定されているマイクが表示されます。

6 設定されているマイクをクリックし、

7 変更したいマイクをクリックして、

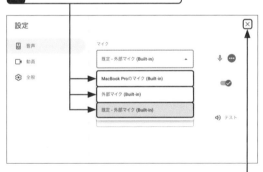

8 ×をクリックします。

Memo ▶ 利用したいマイクが表示されない場合

変更したいマイクの名称が表示されない場合、利用しているパソコン側でマイクが正しく認識されていない可能性があります。パソコンとマイクとをつないでいるプラグ (またはUSB) を抜き差しで確認し、接続状況を確認してください。Bluetoothでマイクを接続している場合は、Bluetoothの接続状況を確認し、マイクが接続されているかを確認してください。

Q 088 ▶ 使用するスピーカーを変更したい!

A Meetで使うスピーカーを別のスピーカーに変更できます。

スピーカーは設定によって、イヤホンや外部のスピーカーへ変更が可能です。しかし、設定が適切でない場合、音声が聞き取りにくくなり、通話ができないというトラブルの原因となるので、注意してください。

1 会議入室前、カメラ画面上の **⋮**（[その他のオプション]）をクリックし、

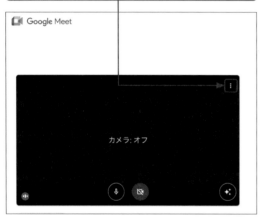

2 [設定] をクリックします。

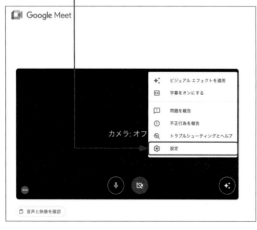

3 [設定] ダイアログが表示されます。

4 [音声] をクリックすると、

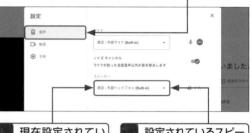

5 現在設定されているスピーカーが表示されます。

6 設定されているスピーカーをクリックし、

7 変更したいスピーカーをクリックして、

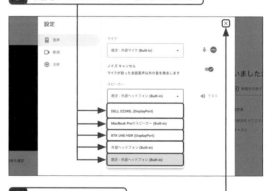

8 ✕をクリックします。

Memo ▶ 利用したいスピーカーが表示されない場合

変更したいスピーカーの名称が表示されない場合、利用しているパソコン側でスピーカーが正しく認識されていない可能性があります。パソコンとスピーカーとをつないでいるプラグ（またはUSB）を抜き差しで確認し、接続状況を確認してください。Bluetoothでスピーカーを接続している場合は、Bluetoothの接続状況を確認し、スピーカーが接続されているかを確認してください。

基礎知識 1
メール 2
ビデオ会議 3
チャットツール 4
タスク管理ツール 5
スケジュール管理 6
データ保存 7
文書作成 8
表計算 9
プレゼンテーション 10
アンケート 11
管理者設定 12
セキュリティ強化 13
そのほか 14

Q ●Google Meetの基本●

089 ▶ マイクとスピーカーのテストをしたい!

A 会議参加前にマイクとスピーカーをテストをして動作確認できます。

前回の会議ではマイクやスピーカーが使えていたが、いざ会議に参加してみるとマイクやスピーカーが使えなかったということがあります。マイクやスピーカーが使えなくなるというトラブルが発生すると、会議の遅延や参加者のストレスにもなるので、事前に動作確認しておきましょう。

スピーカーをテストする

1 会議入室前、自身が映っている画面の左下の [音声と映像を確認] をクリックします。

2 [設定のプレビュー] ダイアログが表示されます。

3 [音声と映像] タブをクリックすると、

4 Meetで利用するカメラ、マイク、スピーカーが表示されます。

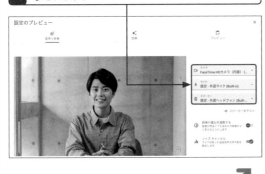

5 [スピーカーをテスト]をクリックすると、

6 「再生中」と表示され、曲が流れます。

7 ×をクリックします。

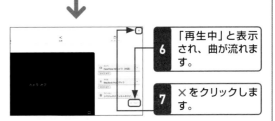

ここで曲が流れない場合、スピーカーの音量が小さい、またはミュートの可能性があるため、パソコンで設定している音量の確認を行います。このほか、スピーカーとパソコンの接続は問題ないがスピーカーが故障している可能性もあるため、別のスピーカーも試す必要があります。

マイクをテストする

会議入室前の画面で自分が表示されている画面の左下の🔊を確認します。音声を感知すると、🔊の3つの丸棒が縦に伸びます。この画面上で声を出し、マイクが音声を拾っているかを確認します。

カメラ: オフ

🔊に変化がない場合、マイクの音量が小さい、またはミュートの可能性があるため、パソコンで設定しているマイク音量の確認を行います。このほか、マイクとパソコンの接続は問題ないがマイクが故障している可能性もあるため、別のマイクも試す必要があります。

090 ▶ 使用するカメラを変更したい!

A Meetで使うカメラを別のカメラに変更できます。

カメラは設定により、パソコン付属のカメラ以外にも別の外部カメラへ変更が可能です。しかし、設定が適切でない場合、正常に表示されないというトラブルの原因となるので、注意してください。

1 会議入室前、カメラ画面上の■([その他のオプション])をクリックし、

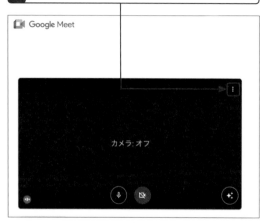

2 [設定]をクリックします。

3 [設定] ダイアログが表示されます。

4 [動画]をクリックすると、

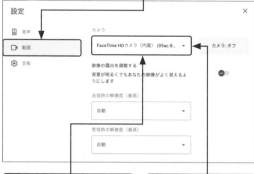

5 現在設定されているカメラが表示されます。

6 設定されているカメラをクリックし、

7 変更したいカメラをクリックして、

8 ×をクリックします。

Memo ▶ 利用したいカメラが表示されない場合

変更したいカメラの名称が表示されない場合、利用しているパソコン側でカメラが正しく認識されていない可能性があります。パソコンとカメラとを接続しているUSBなどを抜き差しで確認し、接続状況を確認してください。

1 基礎知識
2 メール
3 ビデオ会議
チャットツール
4 タスク管理ツール
5 スケジュール管理
6 データ保存
7 文書作成
8 表計算
9 プレゼンテーション
10 アンケート
11 管理者設定
12 セキュリティ強化
13 そのほか
14

Q

●Google Meetの基本●

091 ▶ 自分からビデオ会議を開始したい!

A 自分で会議の場を作成し、ビデオ会議を主催できます。

Meet は招待された会議に参加する以外にも、自分で主催をしてほかのユーザーを招待することができます。まずは主催者として会議室を作成するところからはじめます。

1 Q.086を参考にGoogle Meetのトップページを表示します。

2 [新しい会議を作成]をクリックし、

3 [会議を今すぐ開始]をクリックすると、

[Googleカレンダーでスケジュールを設定]をクリックすると、近い日時であらかじめ会議室を予約設定することも可能です(Q.104参照)。

4 ビデオ会議が開始します。

Q

●Google Meetの基本●

092 ▶ ビデオ会議に仲間を招待したい!

A 会議の場を作成したら、参加者を招待しましょう。

主催者として会議室を作成したら、会議室に参加者を招待しましょう。招待は会議開始前にカレンダーでの招待のほか、会議開始後にも招待が可能です。ここでは会議開始後の招待方法を解説しています。

1 Q.091を参考にビデオ会議を開始します。

2 画面左上の[ユーザーの追加]をクリックします。

3 [ユーザーを追加]ダイアログが表示されます。

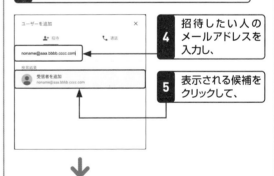

4 招待したい人のメールアドレスを入力し、

5 表示される候補をクリックして、

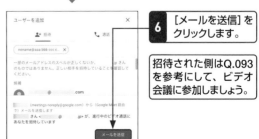

6 [メールを送信]をクリックします。

招待された側はQ.093を参考にして、ビデオ会議に参加しましょう。

基礎知識 1
メール 2
ビデオ会議 3
チャットツール 4
タスク管理ツール 5
スケジュール管理 6
データ保存 7
文書作成 8
表計算 9
プレゼンテーション 10
アンケート 11
管理者設定 12
セキュリティ強化 13
そのほか 14

基礎知識 1
メール 2
ビデオ会議 3
チャットツール 4
タスク管理ツール 5
スケジュール管理 6
データ保存 7
文書作成 8
表計算 9
プレゼンテーション 10
アンケート 11
管理者設定 12
セキュリティ強化 13
そのほか 14

Q 093 ▶ 仲間のビデオ会議に 参加したい！

●Google Meetの基本●

A 会議主催者から招待された 会議に参加ができます。

ビデオ会議は、会議主催者となってほかのユーザーを招待するか、会議主催者から招待されて参加します。ここでは、会議主催者から招待されての参加方法を解説します。

招待メールから参加する

1 招待メールに記載されている［通話に参加］をクリックすることで、ビデオ会議に参加できます。

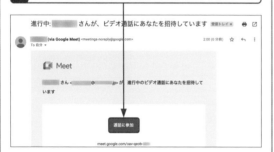

Google カレンダーから参加する

Google カレンダーの予定をクリックし、［Google Meetに参加する］をクリックすることで、ビデオ会議に参加できます。

Memo ▶ 会議参加用URLから参加する

このほか、メッセンジャーなどで直接的に会議参加用URLが共有されることもあります。その場合は会議参加用URLをクリックすることで、ビデオ会議に参加することができます。

Q 094 ▶ 資料を画面に 共有したい！

●Google Meetの基本●

A 資料を画面共有することで、 参加者と認識が合わせられます。

ビデオ会議は顔を合わせる以外にも画面を共有することができます。画面を共有することで、資料などを参加者全員に見せることができ、また共通認識を持たせることが可能になります。なお、利用しているパソコンのOSやブラウザーのセキュリティ設定により、画面共有ができないことがあります。

1 会議参加中、画面下にある □（［画面を共有］）をクリックし、

2 共有するコンテンツ（ここでは［あなたの全画面］）をクリックします。

3 共有したいコンテンツをクリックし、

4 ［共有］をクリックすると、

5 コンテンツが参加者に共有されます。

6 ［共有を停止］をクリックすると、画面共有を終了することができます。

Q 095 ▶ 会議中に挙手をして、発言の機会を得たい！

●Google Meetの基本● ☒Starter非対応

A 発言したいタイミングで挙手することができます。

少人数の会議であれば、発言したいタイミングで声を発することができますが、10人以上の規模、またはセミナー形式で一時的に参加者のマイクがオフにされている最中に発言をしたいとき、発言のアピールが困難です。こういった場面では挙手をすることで、発言したいという意思を伝えることができます。

1 ビデオ会議中に、画面下の◎（[挙手する]）をクリックします。

2 参加者が挙手すると、主催者やほかの参加者に挙手されている旨が表示されます。

3 [キューを開く]をクリックすると、

4 画面右側に誰が挙手したかが表示され、挙手した人に対して応答できます。

Q 096 ▶ 共有中にほかの参加者を確認したい！

●Google Meetの基本●

A 画面共有中、会議参加者の確認ができます。

通常の会議中、参加者は1対1の場合を除きタイル状で表示されているので確認ができます。しかし、画面の共有中では通常参加者の確認がしづらくなります。会議に途中参加した場合は音や通知で会議に参加したことはわかりますが、参加者をすべては把握できないため、この機能を使います。

1 Q.094を参考に画面を共有します。

2 ▣（[全員を表示]）をクリックすると、

3 画面右側に参加者一覧が表示され、参加者の確認ができます。

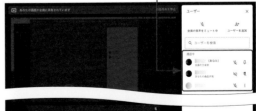

基礎知識 1
メール 2
ビデオ会議 3
チャットツール 4
タスク管理ツール 5
スケジュール管理 6
データ保存 7
文書作成 8
表計算 9
プレゼンテーション 10
アンケート 11
管理者設定 12
セキュリティ強化 13
そのほか 14

 Q •Google Meetの基本•

◪ Starter非対応

097 ▶ ブレイクアウトセッションを使いたい!

A 会議中、グループを分けて話し合いができます。

会議中、特定の人のみで話し合いが必要になることがあります。こういった場面では、ブレイクアウトルームの機能を使います。ブレイクアウトルームを開始後、改めて参加者全員に戻して会議を再開することもできます。この機能は主催者のみ利用可能な機能です。

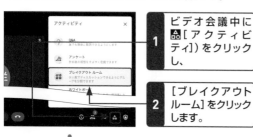

1 ビデオ会議中に🔲 [アクティビティ]) をクリックし、

2 [ブレイクアウトルーム] をクリックします。

↓

3 会議参加者とブレイクアウト用の部屋が自動で表示されます。

4 [ブレイクアウトルームを設定] をクリックし、

↓

5 [会議室]で用意するブレイクアウト用の部屋数を設定して、

6 [タイマー]をクリックしてブレイクアウトの時間を設定したら、

[シャッフル]をクリックすると、ブレイクアウト用の部屋に入ってもらう参加者をランダムに割り当てられます。

7 [セッションを開く]をクリックします。

[クリア]をクリックすると、設定した内容を無効にします。 ↗

8 参加者はそれぞれ割り当てられた部屋に入ることになります。この際、参加者は入室といった操作を行うことになります。

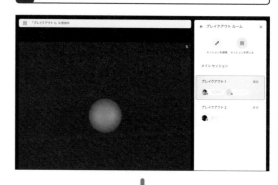

↓

9 ブレイクアウト終了や、このブレイクアウトの部屋から退出する場合、[セッションを閉じる]をクリックし、

↓

10 [すべてのセッションを閉じる]をクリックします。

すべてのブレイクアウト ルームを終了しますか?

直ちに全員が自動的にメインの通話に戻ります

キャンセル　　[すべてのセッションを閉じる]

098 ▶ ビデオ会議中にアンケートを取りたい！

A 会議中、アンケートをとって意見を確認できます。

複数人が参加するビデオ会議では複数の意見が出てしまうことがあり、意見をまとめることに時間がかかりがちです。このようなときにはアンケート機能を利用し、参加者から多数決を取り意見を取りまとめることで、会議を円滑に進めることができます。

アンケートを作成する

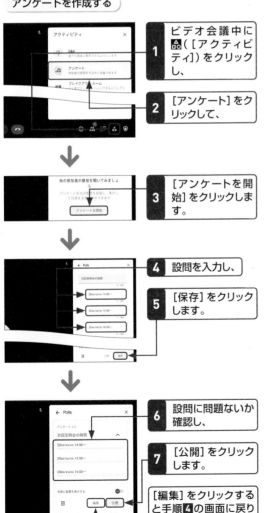

1 ビデオ会議中に🔲（[アクティビティ]）をクリックし、

2 [アンケート]をクリックして、

3 [アンケートを開始]をクリックします。

4 設問を入力し、

5 [保存]をクリックします。

6 設問に問題ないか確認し、

7 [公開]をクリックします。

[編集]をクリックすると手順4の画面に戻ります。

アンケートに回答する

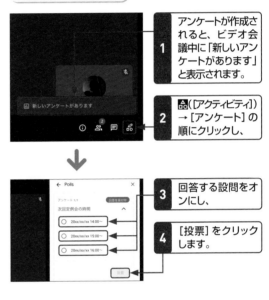

1 アンケートが作成されると、ビデオ会議中に「新しいアンケートがあります」と表示されます。

2 🔲（[アクティビティ]）→[アンケート]の順にクリックし、

3 回答する設問をオンにし、

4 [投票]をクリックします。

回答を確認する

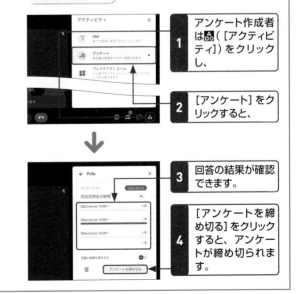

1 アンケート作成者は🔲（[アクティビティ]）をクリックし、

2 [アンケート]をクリックすると、

3 回答の結果が確認できます。

4 [アンケートを締め切る]をクリックすると、アンケートが締め切られます。

基礎知識 1
メール 2
ビデオ会議 3
チャットツール 4
タスク管理ツール 5
スケジュール管理 6
データ保存 7
文書作成 8
表計算 9
プレゼンテーション 10
アンケート 11
管理者設定 12
セキュリティ強化 13
そのほか 14

基礎知識 1
メール 2
ビデオ会議 3
チャットツール 4
タスク管理ツール 5
スケジュール管理 6
データ保存 7
文書作成 8
表計算 9
プレゼンテーション 10
アンケート 11
管理者設定 12
セキュリティ強化 13
そのほか 14

Q 099 ▶ セルフビューを移動・変更したい!

●Google Meetの基本●

A 自分を含めて参加者の並びの表示を変更できます。

会議に参加すると、自分も含めて参加者がタイル状に一覧で表示されます。この表示はその場その場の状況に合わせて変更が可能です。

1 ビデオ会議中に ⋮ ([その他のオプション])をクリックし、

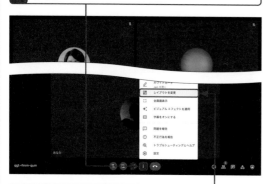

2 [レイアウトを変更]をクリックすると、

3 [レイアウトを変更]ダイアログが表示されます。

4 変更したい表示(ここでは[サイドバー])をオンにすると、

5 表示が切り替わります。

Q 100 ▶ ビデオ会議を録画したい!

●Google Meetの基本● 〈Starter非対応

A 会議を録画して、議事録のように残すことができます。

重要な会議の場合、議事録以外にも内容を残したいということがあります。そういった場合、録画機能を使うことで会議の内容の記録・保存が可能になります。また、録画データを保存しておくことで会議に参加できなかった人にも共有することができるので、情報共有が容易になります。

ビデオ会議を録画する

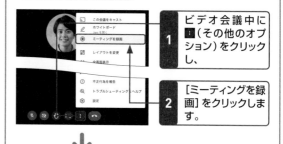

1 ビデオ会議中に ⋮ (その他のオプション)をクリックし、

2 [ミーティングを録画]をクリックします。

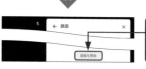

3 [録画を開始]→[開始]の順にクリックします。

録画を停止する

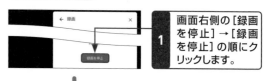

1 画面右側の[録画を停止]→[録画を停止]の順にクリックします。

2 録画した動画ファイルはGoogle ドライブに保存されます。ドライブへ保存されるまでに少し時間を要することが多く、録画時間に依存して保存時間が長くなります。ドライブへ録画データの保存が完了すると、メールで案内が届きます。

録画ファイルをアップロードしました。
🎬 cgq-jwnx-▇ (2022-05-01 18:38 GMT-7)
[ドライブで開く]

基礎知識 1
メール 2
ビデオ会議 3
チャットツール 4
タスク管理ツール 5
スケジュール管理 6
データ保存 7
文書作成 8
表計算 9
プレゼンテーション 10
アンケート 11
管理者設定 12
セキュリティ強化 13
そのほか 14

Q •Google Meetの基本• ☒Starter非対応

101 ▶ 複数の仲間と 共同主催したい！

A 参加者を共同主催者に 追加できます。

会議の進行管理をしつつ、参加者の管理などを同時に
行う場合、会議の進行が円滑に行えない場合がありま
す。とくに会議の参加人数が多くなるほど、管理がしに
くくなるので、共同主催の機能を使います。

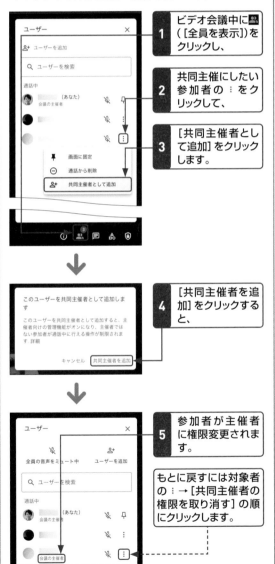

1 ビデオ会議中に🔳（[全員を表示]）を
クリックし、

2 共同主催にしたい
参加者の ⋮ をク
リックして、

3 [共同主催者とし
て追加]をクリック
します。

4 [共同主催者を追
加]をクリックする
と、

5 参加者が主催者
に権限変更されま
す。

もとに戻すには対象者
の ⋮ → [共同主催者の
権限を取り消す]の順
にクリックします。

Q •Google Meetの便利機能• ☒Starter非対応

102 ▶ 周囲の雑音を 除去したい！

A ノイズキャンセル機能を使うと、
環境音を抑えて参加できます。

会議中、環境音や生活音が入ってしまうと、会議の妨げ
となることがあります。マイクをオフにすることで、周
囲の音は抑えることができますが、発言のたびにマイ
クをオンにする必要があります。不要な音を極力抑え
るためには、ノイズキャンセル機能を使います。

1 ビデオ会議中に ⋮ （[その他のオプション]）をクリッ
クし、

2 [設定]をクリックします。

3 [設定]ダイアログが
表示されます。

4 [音声]をクリックし、

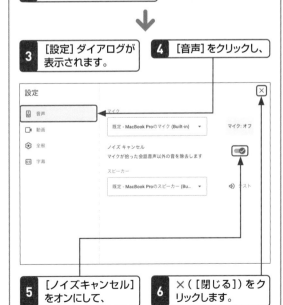

5 [ノイズキャンセル]
をオンにして、

6 ×（[閉じる]）をク
リックします。

基礎知識 1
メール 2
ビデオ会議 3
チャットツール 4
タスク管理ツール 5
スケジュール管理 6
データ保存 7
文書作成 8
表計算 9
プレゼンテーション 10
アンケート 11
管理者設定 12
セキュリティ強化 13
そのほか 14

Q 103 ▶ スマホを使ってビデオ会議に参加したい!

•Google Meetの便利機能•

A 外出先のスマートフォンから会議に参加ができます。

参加予定の会議に間に合わず、外出先から参加しなければならない場合も、スマートフォンにアプリを入れておけば参加が可能です。

アプリのインストール

Androidの場合は、「Google Play ストア」アプリから「Google Meet」を(左)、iOSの場合は「App Store」アプリから「Google Meet」を検索し(右)、インストールをします。

スマートフォンから参加する

アプリを起動し、[会議に参加]をタップし、会議コードを入力するなどしてビデオ会議に参加します。

Q 104 ▶ Google カレンダーにビデオ会議の予定を入れたい!

•Google Meetの便利機能•

A 会議の招待は事前の設定に加え、カレンダーへの登録が可能です。

主催者として会議室を作成したら、会議室に参加者を招待しましょう。招待は会議開始前にカレンダーでの招待のほか、会議開始後にも招待が可能です。ここでは、カレンダーに会議の予定を登録してユーザーを招待する方法となります。

1 Q.091手順**3**の画面で[Google カレンダーでスケジュールを設定]をクリックします。

2 Google カレンダーが表示されます。

3 会議名や開催日時などを入力・設定します。

4 ほかの参加者を追加するには[ゲストを参加]をクリックして参加者のメールアドレスを入力し、

5 表示される候補をクリックして、

6 [保存]をクリックします。

Q 105 ▶ ホワイトボードを使いたい!

A ホワイトボードを使うことで認識を合わせることができます。

会議中、画面共有で参加者どうしの認識を合わせることができますが、これ以外にも現実世界にあるようなホワイトボードを使って写真・図形・テキストを共有しながら認識を合わせることができます。

1 ビデオ会議中に 🔲 ([アクティビティ]) をクリックし、

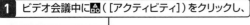

2 [ホワイトボード] をクリックして、

↓

3 [新しいホワイトボードを開始] をクリックします。

4 ホワイトボードが表示されます。

5 ⊡ ([会議で画面を共有する]) をクリックし、

6 [このタブを会議で共有] をクリックします。

↓

7 [共有する内容を選択] ダイアログが表示されます。

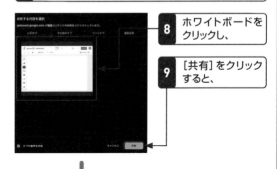

8 ホワイトボードをクリックし、

9 [共有] をクリックすると、

↓

10 ホワイトボードが会議で共有されます。

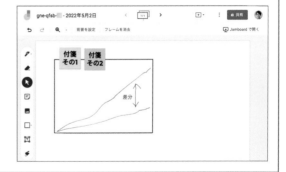

基礎知識 1
メール 2
ビデオ会議 3
チャットツール 4
タスク管理ツール 5
スケジュール管理 6
データ保存 7
文書作成 8
表計算 9
プレゼンテーション 10
アンケート 11
管理者設定 12
セキュリティ強化 13
そのほか 14

基礎知識 1
メール 2
ビデオ会議 3
チャットツール 4
タスク管理ツール 5
スケジュール管理 6
データ保存 7
文書作成 8
表計算 9
プレゼンテーション 10
アンケート 11
管理者設定 12
セキュリティ強化 13
そのほか 14

Q •Google Meetでセミナー•

106 ▶ 背景をぼかしたい!

A 映り込んでいる背景をぼかすことができます。

会議中にカメラを利用する場合、背景が映り込みやすくなります。テレワーク中に自宅で仕事をしている場合は、映り込んでほしくないものが入ってしまいます。このため、背景をぼかすことで映り込みを軽減できます。

会議前に背景をぼかす

1 会議入室前、自身が映っている画面内右下の🔵([ビジュアルエフェクトを適用])をクリックします。

⬇

2 [設定のプレビュー]ダイアログが表示されます。

3 ([背景を少しぼかす])、または🔵([背景をぼかす])のいずれかをクリックして、

4 プレビュー画面で適用を確認したら、

5 ✕([閉じる])をクリックします。

会議中に背景をぼかす

1 ビデオ会議中に ⋮([その他のオプション])をクリックし、

2 [ビジュアルエフェクトを適用]をクリックします。

⬇

3 ([背景を少しぼかす])、または🔵([背景をぼかす])のいずれかをクリックして、

4 プレビュー画面で適用を確認したら、

5 ✕をクリックします。

基礎知識 1
メール 2
ビデオ会議 3
チャットツール 4
タスク管理ツール 5
スケジュール管理 6
データ保存 7
文書作成 8
表計算 9
プレゼンテーション 10
アンケート 11
管理者設定 12
セキュリティ強化 13
そのほか 14

Q

◦Google Meetでセミナー◦

107 ▶ 背景にバーチャル画像を入れたい！

A 映り込んでいる背景を別の画像にできます。

テレワークでかつカメラを使用した会議では、背景に自宅の部屋が映り込んでしまいます。このような場合は、バーチャル画像もしくは自分が用意した画像を背景にすることで、映り込みを防ぐことができます。

会議前に背景の画像を設定する

1 Q.106左の手順**3**の画面で好みの背景をクリックし、

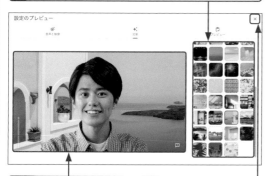

2 プレビュー画面で適用を確認したら、

3 ×（［閉じる］）をクリックします。

会議中に背景の画像を設定する

1 Q.106右の手順**3**の画面で好みの背景をクリックし、

2 プレビュー画面で適用を確認したら、

3 ×をクリックします。

Q

◦Google Meetでセミナー◦

108 ▶ カメラをオフにしたい！

A （［カメラをオフにする］）をクリックします。

会議参加時、諸事情によりカメラを利用したくないケースがあります。参加前、参加中いずれのタイミングでも、カメラをオフにすることができます。

会議前にカメラをオフにする

1 会議入室前、自身が映っている画面内の （［カメラをオフにする］）をクリックすると、

2 カメラがオフになります。

カメラをオンに再開する場合は、 （［カメラをオンにする］）をクリックします。

会議中にカメラをオフにする

1 ビデオ会議中に （［カメラをオフにする］）をクリックすると、

2 カメラがオフになります。

カメラをオンに再開する場合は、 （［カメラをオンにする］）をクリックします。

基礎知識 1
メール 2
ビデオ会議 3
チャットツール 4
タスク管理ツール 5
スケジュール管理 6
データ保存 7
文書作成 8
表計算 9
プレゼンテーション 10
アンケート 11
管理者設定 12
セキュリティ強化 13
そのほか 14

Q ●Google Meetでセミナー●

109 ▶ 音声をオフにしたい！

A 🎤（［マイクをオフにする］）を
クリックします。

会議参加時、諸事情により音声を利用したくないケースがあります。参加前、参加後いずれのタイミングでも、音声をオフにすることができます。

会議前にマイクをオフにする

1 会議入室前、自身が映っている画面内の🎤（［マイクをオフにする］）をクリックすると、

2 マイクがオフになります。

マイクをオンに再開する場合は、🎤（［マイクをオンにする］）をクリックします。

会議中にマイクをオフにする

1 ビデオ会議中に🎤（［マイクをオフにする］）をクリックすると、

2 マイクがオフになります。

マイクをオンに再開する場合は、🎤（［マイクをオンにする］）をクリックします。

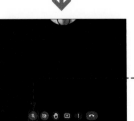

Q ●Google Meetでセミナー●

110 ▶ Meet品質管理を確認したい！

A 品質管理ツールを使うと、
問題の原因が特定しやすくなります。

Meet品質管理ツールを使用すれば、打ち合わせの参加人数や時間、ネットワークの輻輳やパケットロスなど、ネットワークの状況を確認することができます。なお、このツールは、管理者権限を持ったユーザーのみ利用可能です。

1 Q.086手順**4**の画面を表示します。

2 管理者は～（［品質ダッシュボード］）をクリックすると、

3 品質管理ツール画面が表示されます。

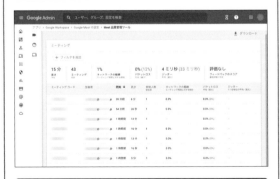

過去に行われた会議の一覧が表示されます。問題が発生した会議を探し、対象をクリックすると詳細の内容が表示されます。詳細内容を確認すると、会議の時間、会議参加者情報などの詳細情報が表示されるので、ここから問題の原因を特定していきます。

チャットツール
「スペース」
の活用技！

基礎知識 1
メール 2
ビデオ会議 3
チャットツール 4
タスク管理ツール 5
スケジュール管理 6
データ保存 7
文書作成 8
表計算 9
プレゼンテーション 10
アンケート 11
管理者設定 12
セキュリティ強化 13
そのほか 14

Q スペースの基本

111 ▶ チャットツール 「スペース」とは？

A 複数人で利用できる チャットツールです。

スペースは、複数人で利用できるチャットツールです。通常のチャットツールとは異なり、チャットをしながら同じ画面上でファイルを共有したり、タスク管理をしたりできるので、共同でのプロジェクト進行や、社内へグループチャットの導入を検討している場合は、スペースの利用が効率的です。

Memo ▶ スペースとChatとの違いは？

スペースはそのUI上、「チャットをベースとしたコミュニケーションツール」であるということはすぐにわかります。そのため「従来のチャットツールとの違いがわからない」ということで、従来から存在するChatしか利用していない人が多いかもしれません。では、従来から存在するChatとは何が違うのでしょうか？ 簡潔に言えば、スペースは従来のチャット機能を残しつつ、さらに中長期的なプロジェクト進行を視野に入れたツールとなっています。そこで、従来のチャットツールであるChatについて確認してみましょう。

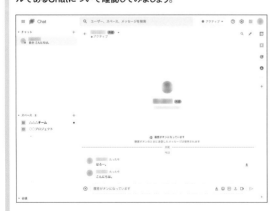

ここでは、1対1（または1対多数）のチャットツールとなっており、文字ベースのコミュニケーション、ファイルの添付、ビデオ会議が使えます。また、画面右端にはカレンダー、Keep、ToDoなどが並び、ここから個人に紐づいたそれぞれの情報の閲覧・入力・編集が可能です。

これに対し、スペースでは従来のチャットツール、Google ドライブを利用したファイル共有、またプロジェクト進行上で使うタスク管理機能、スペースに参加しているユーザーとの予定調整（カレンダー機能）、Google Docs（ドキュメント、スプレッドシート、スライド）機能がUIとして溶け込み、プロジェクト進行に必要な機能がスペース内に備わっています。つまり、コメントのUI上から、以下のような機能が利用できます。

・従来のチャット
・Google Docsを含めてファイルの共有とドライブへの保存と共有
・Google Docsを作成し、そのまま保存と共有。ならびに共同編集
・参加者とのスケジュール調整

このほか、コメントのUI以外にはなるものの、スペース参加者へのタスクの割り当てと管理が可能です。スペースへはGmail、Chat（従来からあるChat）、MeetのUIから常に入れるようになっているほか、スペース内でコメントなどの更新があれば通知もされるため、常に状況の把握がしやすくなってきます。
このようにスペースでは、従来のチャット機能は残しつつ、さらに中長期的なプロジェクト進行を視野に入れており、ファイルやタスクなどGoogleが提供しているサービスをシームレスに利用できるツールとなっています。
従来型のChatは継続して使えますが、さまざまなツール・機能をシームレスに使えることを考えれば機能的にはるかに上位互換と言えるでしょう。

基礎知識 1
メール 2
ビデオ会議 3
チャットツール 4
タスク管理ツール 5
スケジュール管理 6
データ保存 7
文書作成 8
表計算 9
プレゼンテーション 10
アンケート 11
管理者設定 12
セキュリティ強化 13
そのほか 14

Q ▎スペースの基本

112 ▶ スペースを作成したい!

 ＋→[スペースを作成]の順にクリックしします。

スペースはほかのチャットツールとは異なり、Google
のほかのサービス（ドライブやカレンダーなど）を、ア
プリケーションを開くことなくシームレスに利用でき
ます。まずはスペースを作成します。

1 Google Workspaceにログインした状態で、
Google検索ページ（https://www.google.co.
jp/）へアクセスし、

2 ページ右上にある ▦ （[Google アプリ]）をクリック
して、

3 [チャット]をクリックすると、

↓

4 Google Chatのトップページにアクセスできます。

5 ＋をクリックし、

6 [スペースを作成]をクリックします。

7 [スペースを作成]ダイアログが表示されます。

8 スペース名
を入力し、

9 スペースに招待するユーザー
のメールアドレスを入力して、
候補をクリックしたら、

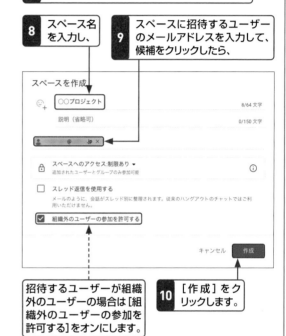

招待するユーザーが組織
外のユーザーの場合は[組
織外のユーザーの参加を
許可する]をオンにします。

10 [作成]をク
リックします。

↓

招待者には、メールが通知メールが届きます。メール
内にある [Google Chatで開く] をクリックすると、ス
ペースに参加できます。

スペースは複数作成できるので、目的や用途に合わせ
て作成します。

1 基礎知識
2 メール
3 ビデオ会議
4 チャットツール
5 タスク管理ツール
6 スケジュール管理
7 データ保存
8 文書作成
9 表計算
10 プレゼンテーション
11 アンケート
12 管理者設定
13 セキュリティ強化
14 そのほか

Q スペースの基本

113 ▶ 参加しているスペースの更新を確認したい!

A Gmailなどの画面左から更新の確認ができます。

自分が参加しているスペースに更新があったかどうかは、Gmail、Meetなどの画面でかんたんに確認できます。

Gmailを開きます。参加中のスペースに更新があれば、[Spaces]に赤いドットアイコン(❶)が表示され、更新があったことが確認できます。ドットアイコンには、通知数が表示されます。

スマートフォンに「Google Chat」アプリを入れている場合、更新があれば通知が届きます(通知設定が必要です)。

Q スペースの基本

114 ▶ スペースに投稿したい!

A 画面下の入力フィールドから投稿できます。

スペースの投稿は、ほかのチャットツールと同様にかんたんな操作で行えます。

1 投稿したいスペースを開きます。

2 画面下の[履歴がオンになっています]をクリックし、

3 投稿するコメントを入力して、

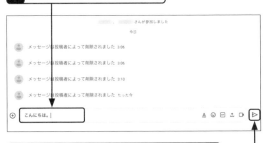

4 ▷([メッセージを送信])をクリックすると、

5 スペースにコメントが投稿されます。

Q 115 ▶ 特定のユーザーに返信したい！

A 「@」を入力してユーザーを指定します。

スペースの返信はほかのチャットツールのように、かんたんな操作で返すことができます。

1 Q.114手順**3**の画面を表示します。

2 「@」（半角）を入力すると、

3 対象者一覧が表示されます。対象者をクリックすると、

4 表示が「@選択者」になります。

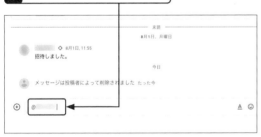

5 このままコメントを入力し、コメントを投稿します。

6 投稿されると、対象者名が青文字で表示されます。

Q 116 ▶ スペースでリアクションをしたい！

A ☺をクリックして、絵文字をクリックします。

スペースでは、絵文字をリアクションとして使うことができます。絵文字は1,000種類近く用意されており、文字を入力せずにワンクリックで反応を返すことができます。

1 リアクションを付けたいスペースを開きます。

2 リアクションを付けたいコメントにマウスポインターを合わせ、

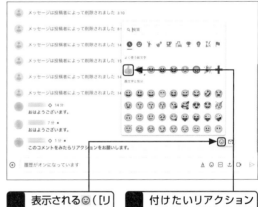

3 表示される☺（[リアクションを追加]）をクリックし、

4 付けたいリアクションの絵文字をクリックすると、

5 コメントにリアクションの絵文字が付きます。

基礎知識 1
メール 2
ビデオ会議 3
チャットツール 4
タスク管理ツール 5
スケジュール管理 6
データ保存 7
文書作成 8
表計算 9
プレゼンテーション 10
アンケート 11
管理者設定 12
セキュリティ強化 13
そのほか 14

Q ● スペースの基本 ●

117 ▶ スペースにファイルを添付したい！

A 入力フィールドにファイルをドラッグ&ドロップします。

スペースでは、画像やPDFファイルなどのデータを添付することができます。添付可能な最大サイズは200MBで、BMP、JPEG、PNGなどの画像を添付することができます。詳しくは、「https://support.google.com/chat/answer/7651457」を参照してください。

1 ファイルを投稿したいスペースを開きます。

2 パソコンから添付したいファイルを選択し、スペースの入力フィールドにドラッグ&ドロップすると、

3 ファイルがアップロードされ、入力フィールド内に表示されます。

4 必要であればコメントを入力します。

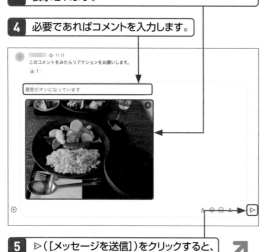

5 ▷（[メッセージを送信]）をクリックすると、

6 スペースにファイルが投稿されます。

1投稿につき1ファイルとなるため、複数のファイルを添付したい場合は、繰り返し行います。

Memo ▶ 誤ったファイルを添付した場合

手順**2**で誤ったファイルをドラッグ&ドロップしてしまった場合、もう一度ファイルを選択してドラッグ&ドロップを行います。画面上には、置き換えの確認が表示されるので、[OK]をクリックします。

基礎知識 1
メール 2
ビデオ会議 3
チャットツール 4
タスク管理ツール 5
スケジュール管理 6
データ保存 7
文書作成 8
表計算 9
プレゼンテーション 10
アンケート 11
管理者設定 12
セキュリティ強化 13
そのほか 14

Q ・ スペースの基本 ・

118 ▶ スペースにGoogleドライブのファイルを添付したい!

A ⊕→[ドライブファイル]の順にクリックして、ファイルをアップロードします。

スペースでは、ファイルの添付(Q.117参照)のほか、Google ドライブにあるファイルの共有も可能です。ファイルが分散するのを避けたい場合は、この方法でファイルの共有を行うとよいでしょう。

1 ⊕をクリックし、

2 [ドライブファイル]をクリックすると、

3 ドライブのファイルが表示されます。

4 添付したいファイルをクリックし、

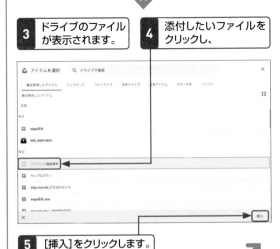

5 [挿入]をクリックします。

6 入力フィールド内にGoogle ドライブから選択したファイルが表示されます。

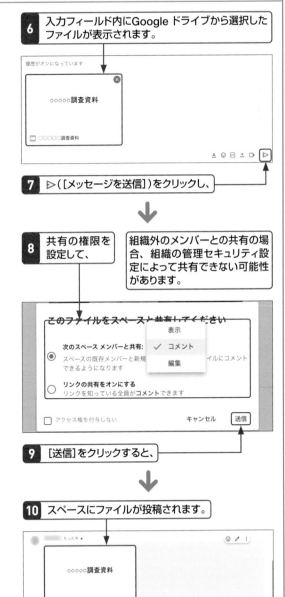

7 ▷([メッセージを送信])をクリックし、

8 共有の権限を設定して、

組織外のメンバーとの共有の場合、組織の管理セキュリティ設定によって共有できない可能性があります。

9 [送信]をクリックすると、

10 スペースにファイルが投稿されます。

1 基礎知識
2 メール
3 ビデオ会議
4 チャットツール
5 タスク管理ツール
6 スケジュール管理
7 データ保存
8 文書作成
9 表計算
10 プレゼンテーション
11 アンケート
12 管理者設定
13 セキュリティ強化
14 そのほか

Q ◀ スペースの基本 ▶

119 ▶ スペースで直接ファイルを作成したい！

A ⊕をクリックします。

スペースの投稿時に、Google ドキュメントやGoogle スプレッドシート、Google スライドの新規作成ができます。スペース内の議事録や会話を進めながらの資料作成など、使い方次第で便利な機能です。

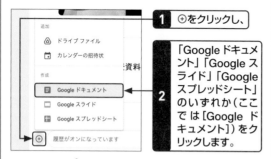

1 ⊕をクリックし、

2 「Google ドキュメント」「Google スライド」「Google スプレッドシート」のいずれか（ここでは [Google ドキュメント]）をクリックします。

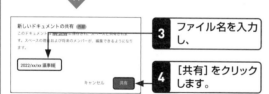

3 ファイル名を入力し、

4 [共有] をクリックします。

5 投稿に新規作成したファイルが共有されます。

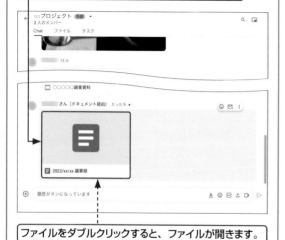

ファイルをダブルクリックすると、ファイルが開きます。

Q ◀ スペースの基本 ▶

120 ▶ スペースでビデオ会議を開催したい！

A ▢（[ビデオ会議を追加]）をクリックします。

スペースは基本的に文字ベースのコミュニケーションですが、これを補完する形で各種ドキュメントの共有機能があります。しかし、場合によっては、画面共有や音声によるコミュニケーションが必要となります。スペースでは、ファイル共有の延長線上でビデオ会議のセットができます。

1 ビデオ会議を開きたいスペースを開きます。

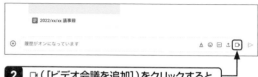

2 ▢（[ビデオ会議を追加]）をクリックすると、

3 入力フィールド内に「ビデオ会議に参加」が表示されます。

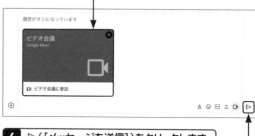

4 ▷（[メッセージを送信]）をクリックします。

5 「ビデオ会議に参加」が投稿され、クリックすると、Google Meetが開きます。

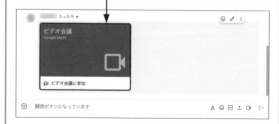

基礎知識 1
メール 2
ビデオ会議 3
チャットツール 4
タスク管理ツール 5
スケジュール管理 6
データ保存 7
文書作成 8
表計算 9
プレゼンテーション 10
アンケート 11
管理者設定 12
セキュリティ強化 13
そのほか 14

Q ・ スペースの基本 ・

121 ▶ スペースで予定を作成したい！

A ⊕→ [カレンダーの招待状] の順にクリックします。

ほかの多くのチャットツールでは、会話の最中に予定を登録したい場合、ほかのブラウザーやツールを別に開いて登録する必要がありますが、操作が煩雑でかつ登録漏れになる可能性があります。スペースでは、画面内でGoogle カレンダーへの予定登録が可能なため便利です。

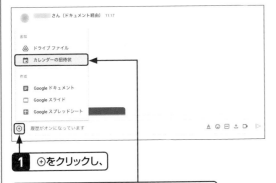

1 ⊕をクリックし、

2 [カレンダーの招待状] をクリックします。

3 ページの右側にサイドバーが開きます。

4 ∧（[展開する]）をクリックすると、

5 予定の作成画面が表示されます。

6 各項目を入力・設定し、

7 [保存して共有] をクリックして、

8 作成した予定をスペースにも投稿する場合は [保存して共有] をクリックします。

投稿しない場合は [キャンセル] をクリックします。

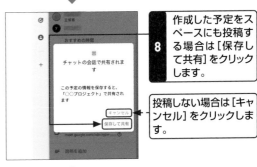

9 予定が登録され、スペースに投稿されます。

基礎知識 1
メール 2
ビデオ会議 3
チャットツール 4
タスク管理ツール 5
スケジュール管理 6
データ保存 7
文書作成 8
表計算 9
プレゼンテーション 10
アンケート 11
管理者設定 12
セキュリティ強化 13
そのほか 14

Q スペースの基本

122 ▶ スペースでファイル管理をしたい！

A ［ファイル］タブで □（［ドライブ内で移動］）または ♧（［ドライブに追加］）を
クリックします。

スペースで共有したファイルは、Google ドライブの
サービス画面へ移動なしでスペースの画面から確認で
きます。また、共有されたファイルは、スペースの画面
のまま自身のマイドライブへコピーも可能です。

投稿したファイルを移動する

1 ［ファイル］タブをクリックすると、

2 過去に投稿されたファイルの一覧が表示されます。

3 □（［ドライブ内で移動］）をクリックし、

| ファイルの右側のアイコンは、投稿したユーザーは □ が、共有されたユーザーは ♧ が表示されます。

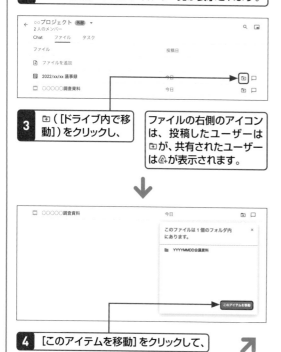

4 ［このアイテムを移動］をクリックして、

5 ファイルの移動先を選択したら、

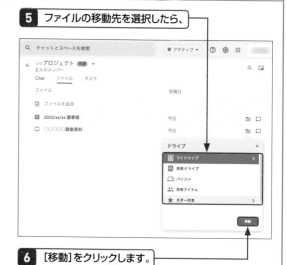

6 ［移動］をクリックします。

ドライブに共有されたファイルのショートカットを追加する

1 左の手順**2**の画面を表示します。

2 ♧（［ドライブにショートカットを追加］）をクリックし、

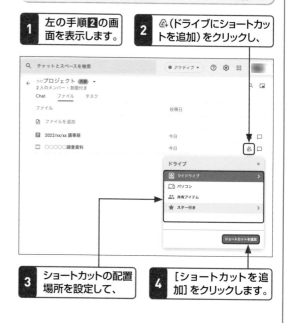

3 ショートカットの配置場所を設定して、

4 ［ショートカットを追加］をクリックします。

基礎知識 1
メール 2
ビデオ会議 3
チャットツール 4
タスク管理ツール 5
スケジュール管理 6
データ保存 7
文書作成 8
表計算 9
プレゼンテーション 10
アンケート 11
管理者設定 12
セキュリティ強化 13
そのほか 14

Q ●スペースの便利機能●

123 ▶ スペースでタスク管理をしたい!

A [タスク]タブで[タスクを追加]をクリックします。

スペースでのコメント投稿中、タスク内容やタスクの割り当て先があいまいになることがあります。このようなタスクの確認漏れを防ぐため、スペースからタスクを追加することができます。

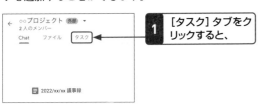

1 [タスク]タブをクリックすると、

 2 タスクが一覧表示されます。

3 [タスクを追加]をクリックすると、

4 タスク入力画面が表示されます。

5 [タイトル]をクリックしてタイトルを入力し、

6 必要であれば[日時を追加]をクリックして日時を設定したら、

7 [割り当てる]をクリックして、登録するタスクの割り当て先を表示されるスペース参加者の中から選択します。

8 [追加]をクリックすると、

9 タスクが作成されます。

Memo ▶ 割り当てられたユーザーの表示

タスクが割り当てられたユーザーのタスクにも、作成したタスクが自動的に表示されます。

Q 124 ▶ ・スペースの便利機能・ スペースの参加メンバー を確認したい！

A スペース名→[メンバーを表示]の順にクリックします。

スペースの参加人数が増えていくと、誰が参加しているかの把握が難しくなります。また、組織内の部門異動などで、スペースへの参加が不要になるユーザーも出てくるので、定期的な参加者の確認が必要です。

1 スペース名をクリックし、

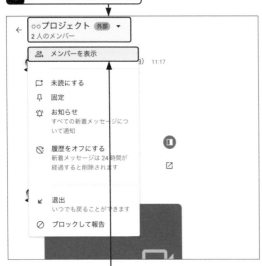

2 [メンバーを表示]をクリックすると、

3 ダイアログが表示され、参加しているユーザーが確認できます。

Q 125 ▶ ・スペースの便利機能・ スペースのユーザーを 追加したい！

A スペース名→[ユーザーとアプリを 追加]の順にクリックします。

最初に限られたメンバーでスペースを作成し、そのあとに別のユーザーを追加したい場合、必要に応じて追加することができます。ただし追加できるのは管理者権限を持ったユーザーのみとなりますので注意してください。

1 スペース名をクリックし、

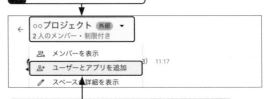

2 [ユーザーとアプリを追加]をクリックします。

3 ダイアログが 表示されます。

4 追加したいユーザーのメールアドレスを入力して表示される候補をクリックし、

ユーザー、グループ、アプリを「○○プロジェクト」に追加

5 [送信]をクリックします。

Memo ▶ 招待ユーザーを確認する

Q.124手順**3**の画面で[招待済み]タブをクリックすると、招待中のユーザーを確認できます。

Q

・スペースの便利機能・

126 ▶ スペースの名前を変更したい！

A スペース名→［スペースの詳細を表示］の順にクリックします。

スペースの運用を続けていくとともに、最初に付けたスペース名が運用目的に適さなくなるケースもあります。そのような場合はスペース名を変更することができますが、変更可能なのは管理者権限を持ったユーザーのみとなりますので注意してください。

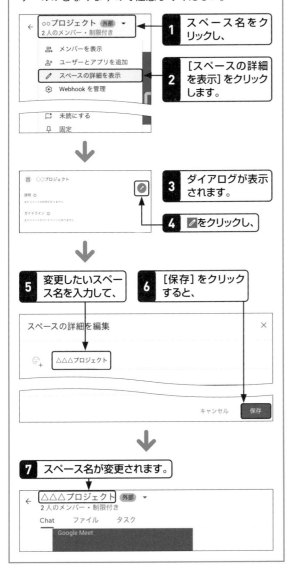

1 スペース名をクリックし、

2 ［スペースの詳細を表示］をクリックします。

3 ダイアログが表示されます。

4 🖉をクリックし、

5 変更したいスペース名を入力して、

6 ［保存］をクリックすると、

7 スペース名が変更されます。

Q

・スペースの便利機能・

127 ▶ 特定のスペースを削除したい！

A スペース名→［削除］の順にクリックします。

ある目的で作成したスペースがその役割を終えて不要となった場合は、スペースの削除を行います。そのままにしておくとスペースの数が増えてわかりづらくなるので、定期的に確認と削除を行うようにしましょう。なお、この操作には管理者権限が必要となります。

1 スペース名をクリックし、

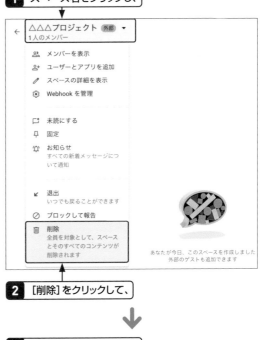

あなたが今日、このスペースを作成しました
外部のゲストも追加できます

2 ［削除］をクリックして、

3 ［削除］をクリックします。

このスペースを完全に削除しますか？
この削除操作は全員に適用されます。**メッセージとスペースのタスクがすべて削除されます。**

キャンセル　　削除

基礎知識 1
メール 2
ビデオ会議 3
チャットツール 4
タスク管理ツール 5
スケジュール管理 6
データ保存 7
文書作成 8
表計算 9
プレゼンテーション 10
アンケート 11
管理者設定 12
セキュリティ強化 13
そのほか 14

基礎知識 1
メール 2
ビデオ会議 3
チャットツール 4
タスク管理ツール 5
スケジュール管理 6
データ保存 7
文書作成 8
表計算 9
プレゼンテーション 10
アンケート 11
管理者設定 12
セキュリティ強化 13
そのほか 14

Q ・スペースの便利機能・

128 ▶ 特定のスペースを退出／ブロックしたい！

A 参加しているスペースは参加の退出ができます。また併せてブロックもできます。

参加しているスペースは、いつでも参加状態から自主的に退出することができます。また、活動内容上で参加したくないスペースは、招待されないようにブロックも可能です。

スペースから退出する

1 退出したいスペースにマウスポインターを合わせ、

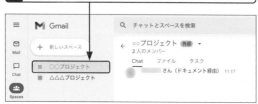

2 表示される ⋮ をクリックし、

3 [退出]をクリックして、

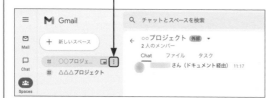

4 [スペースから退出]をクリックします。

「○○プロジェクト」から退出

更新通知を受信したり、メッセージを送信したりするには、後でスペースに参加し直す必要があります。

キャンセル　スペースから退出

ブロックする

1 左の手順**1**〜**2**の操作を行い、[ブロックして報告]をクリックします。

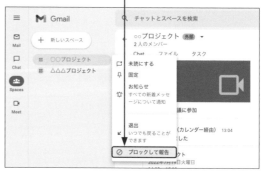

スペースがGoogleの規約などに反する内容であれば、Googleに報告することも可能です。この場合、[このスペースをスパムまたは不正行為として報告する]をオンにします。

このスペースをブロックしますか？

今後「○○プロジェクト」に招待されることはなくなり、このチャットルームが検索結果に表示されることもなくなります。詳細

☐ このスペースをスパムまたは不正行為として報告する
　直近 50 件のメッセージのコピーが Google に転送されます

キャンセル　ブロック

2 [ブロック]をクリックします。

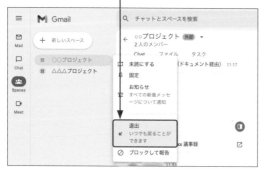

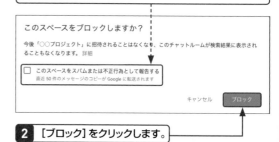

第 5 章

タスク管理ツール 「ToDoリスト」 の活用技!

1 基礎知識
2 メール
3 ビデオ会議
4 チャットツール
5 タスク管理ツール
6 スケジュール管理
7 データ保存
8 文書作成
9 表計算
10 プレゼンテーション
11 アンケート
12 管理者設定
13 セキュリティ強化
14 そのほか

Q 〔•ToDoリストの基本•〕

129 ▶ ToDoリストとは？

A Googleの「やることリスト」サービスです。

日々の業務をふせんやスケジュール帳などに記入しパソコンやモニターに貼り付けてませんか？　手書きのメモはサッと作成できる反面、紛失やタスクの追加忘れが発生したり、場所が変わるとメモが手元にないということもあります。そういったリスクを防ぐため、「やることリストのメモ」をサポートするのがGoogleのToDoリストのサービスです。

ToDoリストはGmailやカレンダーのような専用の画面はありませんが、利用頻度の高いGmailやGoogle カレンダーのUIに溶け込んでおり、常にToDo（やること）をサポートしてくれます。

ToDoリストへのタスクの追加は必要最小限の入力でできるため、追加忘れを防ぐことができます。

Memo ▶ ToDoリストとタスクの関係

ToDoリストを利用するうえで「リスト」と「タスク」の関係性を知っておくことで、さらに使い勝手がよくなります。

タスクとは？
リストの説明をする前にタスクの説明が必要です。「タスク」は文字通りこれから実施する仕事、作業、課題を意味します。このタスクには、タスク名とタスクを実施する日時、タスクのメモなどを入力できます。これから実施するタスクには、階層構造を持たせることが可能です。たとえば、1つの仕事を実施するにあたって、複数の仕事を同時もしくは順番に行わなければならないことがあります。こういったケースの場合に階層構造の機能を使うことで、タスクの漏れを軽減することができます。このタスクの階層構造には、サブタスクという名前が付けられています。サブタスクの利用方法については、Q.134を参照してください。

リストとは？
タスクを複数登録していくとタスクのグループ化が必要な場合があります。このときに使うのがリスト機能になります。この機能は、サブタスクを含めた複数のタスクをグループ化することができます。リスト機能の一例としては、

・仕事用／プライベート用のタスクのリスト化
・対クライアント／社内用のタスクのリスト化
・リストによるタスク一覧の切り替え

ということが可能となります。複数のタスク設定を登録したあとに別リストへ追加する場合、手間がかかってしまうことにもなりかねないので、先にリストの作成をおすすめします。詳しくはQ.130を参照してください。

Q ● ToDoリストの基本 ●

130 ▶ リストを作りたい！

A リスト→[新しいリストを作成]の順にクリックします。

ToDoのタスク追加はかんたんに登録できます。そのため、タスクが増えていくとプライベート用、仕事用、仕事用でのさらに細分化といった分類（カテゴリー化）をしたくなります。タスク追加前にリストを作成することをおすすめします。

1 Gmailを開き、サイドパネルの◎（[ToDoリスト]）をクリックします。

Google カレンダー、Google Chat、スペース、Google Meet、Google ドライブ、Google ドキュメントなどにも同じように右側にサイドパネルがあります。

2 右側にアプリパネルが開き、ToDoリストが表示されます。

3 リスト（ここでは[マイタスク]）をクリックし、

4 [新しいリストを作成]をクリックします。

5 リスト名を入力し、 **6** [完了]をクリックすると、

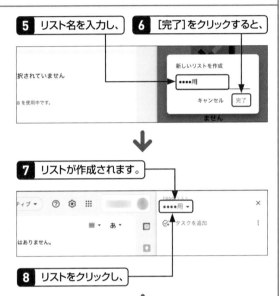

7 リストが作成されます。

8 リストをクリックし、

9 ほかのリストをクリックすると、切り替えができます。

Memo ▶ リストを削除する

複数のリストを作成していくと、リストが不要になるケースもあります。リストを削除するには、削除したいリストを表示し、[タスクを追加]の右の⋮（[その他]）をクリックし、[リストを削除]をクリックします。

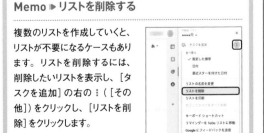

基礎知識 1
メール 2
ビデオ会議 3
チャットツール 4
タスク管理ツール 5
スケジュール管理 6
データ保存 7
文書作成 8
表計算 9
プレゼンテーション 10
アンケート 11
管理者設定 12
セキュリティ強化 13
そのほか 14

Q ● ToDoリストの基本 ●

131 ▶ タスクを追加したい！

A [タスクを追加]をクリックします。

ToDoリストへのタスクの追加はかんたんに行えます。これはToDoリストがタスクの追加し忘れをできるだけ抑えるUIとして設計されているためです。たとえば、電話やメールが来た際に用件をメモしやすいようなUIになっています。タスクの追加し忘れをなるべくしないよう活用していきましょう。

1 Q.130手順**2**の画面で［タスクを追加］をクリックすると、

2 タスクの追加画面が表示されます。

3 ［タイトル］をクリックしてタスクのタイトルを入力し、

4 必要であれば［日時］をクリックします。

5 日にちをクリックして設定し、

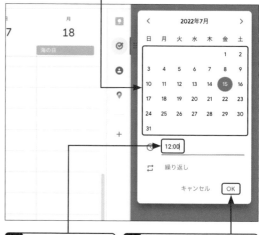

6 特定の時間を指定する場合は時間を設定して、

7 ［OK］をクリックすると、タスクが追加されます。

日時指定をした場合、Googleカレンダーにも表示されます。

Memo ▶ タスクを削除する

タスクは簡易に入力ができる反面、操作ミスで空のタスクや入力ミスなどが発生します。そういったタスクは削除も可能です。不要なタスク名にマウスポインターを合わせ、表示される **⋮**（［メニューを開く］）をクリックし、［削除］をクリックします。

132 ▶ タスクにメモを 加えたい！

A タスクの追加画面で［詳細］を クリックします。

タスクを追加する際はタスク名を入力し、必要に応じて日時などを設定します。タスク名のみ追加した場合は、あとでタスクの内容がわからないことも多々あります。タスク名だけでなくメモにも補完する内容を書いて、タスク内容を思い出せるようにしましょう。

1 新規で追加するタスクの場合はQ.131手順**4**の画面で［詳細］をクリックし、

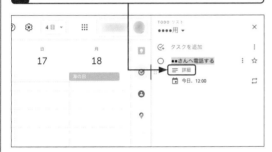

追加済みのタスクにメモを加える場合は、該当のタスクをクリックして編集状態にします。

↓

2 メモを入力します。

> 改行を伴うようなメモを加えたい場合、「メモ帳」アプリなどであらかじめ入力してコピーし、［詳細］にペーストすると、スムーズにメモの入力ができます。

133 ▶ タスクを指定した間隔で 定期的に繰り返したい！

A タスク追加時にスヌーズ機能を 設定します。

タスクには日時を設定することも可能です。繰り返し（スヌーズ）機能を使えば、定期的に発生するタスクを管理する際に便利です。

1 新規で追加するタスクの場合は、Q.131手順**6**の操作のあと［繰り返し］をクリックし、

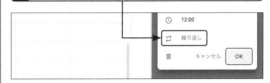

追加済みのタスクにスヌーズを設定する場合は、該当のタスクをクリックして編集状態にします。

↓

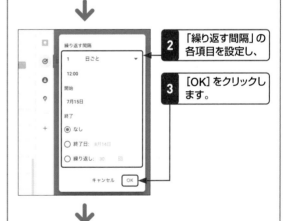

2 「繰り返す間隔」の各項目を設定し、

3 ［OK］をクリックします。

↓

4 繰り返しを設定した場合、Google カレンダーにも表示されます。

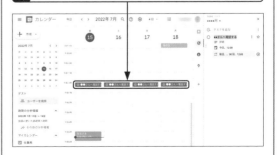

基礎知識 1
メール 2
ビデオ会議 3
チャットツール 4
タスク管理ツール 5
スケジュール管理 6
データ保存 7
文書作成 8
表計算 9
プレゼンテーション 10
アンケート 11
管理者設定 12
セキュリティ強化 13
そのほか 14

Q ●ToDoリストの基本●

134 ▶ タスクを グループ化したい！

A サブタスクを追加して、 階層構造にします。

入力するタスクが多くなりすぎると、それらの管理や確認がたいへんになります。階層構造にできるタスクは、サブタスクを活用して、できるだけまとめておくとよいでしょう。

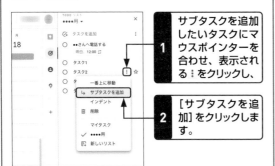

> サブタスクを追加
> したいタスクにマ
> ウスポインターを
> 合わせ、表示され
> る⋮をクリックし、 **1**

> ［サブタスクを追
> 加］をクリックしま
> す。 **2**

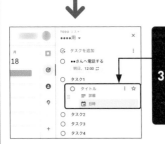

> 新規のタスク追加
> 画面が表示される
> ので、ここでタス
> クを追加します。
> 通常のタスク追加
> 時と変わりませ
> ん。 **3**

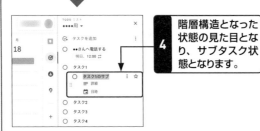

> 階層構造となった
> 状態の見た目とな
> り、サブタスク状
> 態となります。 **4**

Memo ▶ 追加済みのタスクをサブタスクにする

サブタスクにしたいタスクにマウスポインターを合わせ、表示される⋮をクリックし、［インデント］をクリックすると、1つ階層が下がり、サブタスクになります。

Q ●ToDoリストの便利機能●

135 ▶ メールを タスク化したい！

A Gmailのメール画面の✅+（［タスクに 追加］）をクリックします。

受信メールの内容をそのままタスクとして残しておきたいこともよくあります。ToDoでは、Gmailで受信したメールをそのままタスクとして追加することができます。たとえば、必ず返信しなければならないメールをタスクとして管理し、忘れずに返信する使い方などではとくに有効です。

1 Gmailでタスク化したいメールを開き、

2 ✅+（［タスクに追加］）をクリックします。

> **3** ToDoリストのアプリパネルが開き、メールがタスクとして追加されます。タスク名はメールの件名が自動で割り当てられるため、必要に応じてタスク名を変更します。

> タスクとメールが紐付けされ、タスク内のメールをクリックすると対象のメールが自動で開きます。

Q 136 ▶ カレンダーから タスクを追加したい！

● ToDoリストの便利機能 ●

A カレンダーの予定登録画面から 追加できます。

Google カレンダー上でカレンダーの予定兼タスクとして追加することができます。カレンダーから追加すると、タスクの日時登録もかんたんに行うことができます。週次や月次で発生する定期的なタスクは、カレンダーからタスクの追加を行うようにするとよいでしょう。

1 Google カレンダーで予定を登録したい時間をクリックすると、

2 予定の登録画面が表示されます。

3 [タスク] をクリックすると、

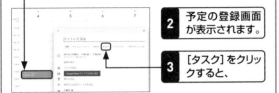

↓

4 タスクの追加画面が表示されます。

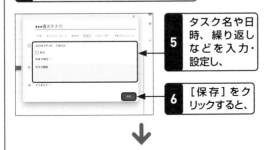

5 タスク名や日時、繰り返しなどを入力・設定し、

6 [保存] をクリックすると、

↓

7 タスクが追加され、Google カレンダーに表示されます。

8 アプリパネルのToDoリストにも追加されています。

Q 137 ▶ ToDoでキーボード ショートカットを使用したい！

● ToDoリストの便利機能 ●

A ショートカットキーを使うと タスク操作が簡略化されます。

タスクの操作は基本的にマウスを利用しますが、キーボードを使ったショートカットによる操作も可能です。一度操作方法を覚えてしまえばマウスによる操作よりもかんたんなので、タスクを整理する場合はおすすめします。

1 Gmailを開きます。

2 Tab を何度か押して、サイドパネルの31を選択し、

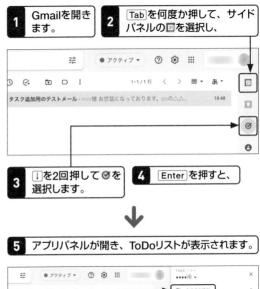

3 ↓ を2回押して◎を選択します。

4 Enter を押すと、

↓

5 アプリパネルが開き、ToDoリストが表示されます。

6 Tab を何回か押して [タスクを追加] を選択し、 Enter を押すと、

↓

7 タスクの追加画面が開きます。

基礎知識 1

メール 2

ビデオ会議 3

チャットツール 4

タスク管理ツール 5

スケジュール管理 6

データ保存 7

文書作成 8

表計算 9

プレゼンテーション 10

アンケート 11

管理者設定 12

セキュリティ強化 13

そのほか 14

基礎知識 1
メール 2
ビデオ会議 3
チャットツール 4
タスク管理ツール 5
スケジュール管理 6
データ保存 7
文書作成 8
表計算 9
プレゼンテーション 10
アンケート 11
管理者設定 12
セキュリティ強化 13
そのほか 14

Memo ▶ ToDoリストを一覧で表示させるには?

タスクの登録個数が増えてくると、残っているタスクの数や今後解決すべきタスクを把握することがたいへんになります。しかし、ToDoには専用のサービス画面は用意されていないので、一覧表示では確認しづらいという難点があります。このようにタスク一覧の専用UIは用意されていないものの、それに代わる便利な表示方法が用意されています。

直近だけの一覧をすばやく見たい

まずは、Google カレンダー、GmailなどのサイドパネルにあるToDoのアイコン(✓)をクリックすると、登録済み一覧が表示されます。しかし、一覧では表示されているものの、表示件数的には一覧とはやや呼びづらく、「直近だけの一覧化」という表示になりますので、すばやく1〜2日程度のタスクだけを見たいといった場合にはちょうどよい件数とも言えます。

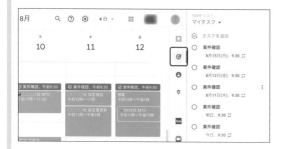

カレンダーでタスクの一覧化

タスク一覧を確認するには、カレンダーを利用すると便利です。カレンダーを開き、画面上のカレンダー表示形式から[スケジュール]を選択します。この[スケジュール]を選択することにより、本日から未来日付の予定が表示され、併せてタスクについても表示されます。その際にカレンダーの予定の表示をオフにし、ToDoリストの表示をオンにしておけば、ToDoリストの予定のみが確認できます。この操作は多少手間がかかりますが、今後のタスクも表示されるため、タスク内容と日付をToDoリスト一覧で確認するよりも、使いやすくなります。

注意：カレンダーから表示できるタスク一覧は、タスクに日付が設定されていることが前提です。日付を設定していない場合は、カレンダーに表示されません。「いつでもできるし、どこかのタイミングで実施するタスク」は、優先度が低く設定されていることが多く、タスクの存在を忘れてしまうことがありますので、登録時には日時設定を行うことをおすすめします。

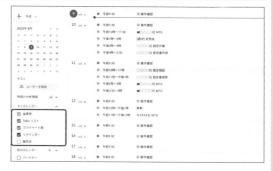

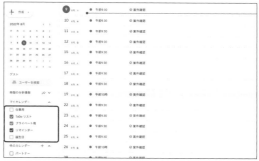

スマートフォンで一覧化

冒頭の「直近だけの一覧をすばやく見たい」に近い位置付けです。スマートフォンのアプリに、「Google ToDo リスト」アプリが用意されています。このアプリをインストールすることで、タスクの一覧が可能になります。表示件数は利用しているスマートフォンの画面に依存しますが、縦のスクロールができるので一覧を追うことができます。また、アプリ側で通知設定をしておくことで、タスクに設定した日時に合わせて通知を送ってくれますので、タスク忘れを防ぐことができます。

第 **6** 章

スケジュール管理「カレンダー」の活用技！

1 基礎知識
2 メール
3 ビデオ会議 チャットツール
4 タスク管理ツール
5 スケジュール管理
6 データ保存
7 文書作成
8 表計算
9 プレゼンテーション
10 アンケート
11 管理者設定
12 セキュリティ強化
13 そのほか
14

Q 138 ▶ Google カレンダーとは？

•Google カレンダーの基本•

A Googleが提供するスケジュールを管理するツールです。

Google カレンダーとは、Google が提供するスケジュール管理ツールです。Google カレンダーを使うことで、スケジュール管理や会議の予約ができます。スケジュール管理以外にもオンライン上でほかのユーザーとの予定を調整できるので、遠くに離れているユーザーとも手軽に予定の共有ができます。カレンダーに入力した予定にほかのユーザーを追加して打ち合わせの打診をしたり、Google Meet（第3章参照）の予定に招待したりすることで、オンライン会議のセッティングなど、さまざまな用途で活用できます。

ほかのユーザーと予定を共有

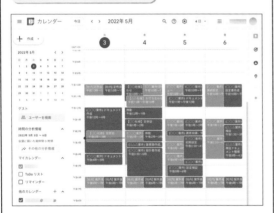

予定にほかのユーザーを追加

Q 139 ▶ Googleカレンダーを使うには？

•Google カレンダーの基本•

A さまざまな所から予定の確認と登録ができます。

Google カレンダーはGoogleのサービス内のさまざまな所からアクセスしやすく、また予定の確認と登録もかんたんにできます。

1 Google Workspaceにログインした状態で、Google 検索ページ（https://www.google.co.jp/）にアクセスし、

2 ページ右上にある ⊞（[Google アプリ]）をクリックして、

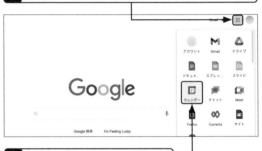

3 [カレンダー]をクリックすると、

4 Google カレンダーのトップページにアクセスできます。

Memo ▶ アプリパネルでカレンダーを開く

GmailやGoogle Meet、Google ドキュメントやスプレッドシートなど、Googleのサービスの画面右側のサイドパネルにはカレンダーへのショートカット（🗓）があり、これをクリックすることでアプリパネルが開き、予定の確認と登録ができます。

Q 140 ▶ Google カレンダーの画面構成を知りたい!

A ユーザーの設定によって一覧画面の変更が可能です。

Googleカレンダーの画面構成はとてもシンプルです。左側には当月のカレンダーなどが表示されています。その右は表示形式（Q.141参照）に応じてユーザーの予定などが表示され、右端のサイドパネルにはGoogle Keep、ToDo、連絡先などのサービスや、ユーザーが追加したアドオンが表示されています。

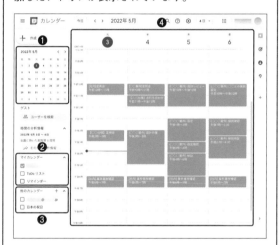

名称	機能
❶ 当月の月カレンダー	日付をクリックすることで、中心のカレンダーがクリックした日付に変わります。
❷ マイカレンダー	カレンダー表示に表示させたいリストを選択します。
❸ 他のカレンダー	外部のカレンダーを取り込む場合に利用します。
❹ 中心のカレンダー	ここにはすでに予定が入っているものが表示されます。カレンダー領域は、日、週、月、年と表示形式を変更することが可能です。

Q 141 ▶ カレンダーの表示形式を変更したい!

A 日、週、月、年などの表示形式に変更できます。

カレンダーの表示形式は変更が可能です。デフォルトは月単位で表示されていますが、状況に応じて週単位の表示形式、1日単位の表示形式など変えることができます。

1 右上の現在の表示形式をクリックし、

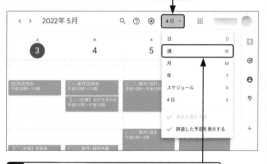

2 表示させたい表示形式（ここでは[週]）をクリックすると、

3 表示形式が変更されて表示されます。

123

基礎知識 1
メール 2
ビデオ会議 チャットツール 3
タスク管理ツール 4
スケジュール管理 5
6
データ保存 7
文書作成 8
表計算 9
プレゼンテーション 10
アンケート 11
管理者設定 12
セキュリティ強化 13
そのほか 14

Q ●Google カレンダーの基本●

142 ▶ 日本の祝日を表示したい！

A 「他のカレンダー」から表示の設定ができます。

日本の祝日の一部は「○月の第○月曜日」と決められていて、毎年日にちが変わるものがあります。Google カレンダーではあらかじめ「日本の祝日」が用意されており、オンにしておくと祝日が予定に入るので便利です。

1 画面左下の「他のカレンダー」の右にある＋（[他のカレンダーを追加]）をクリックし、

2 [関心のあるカレンダーを探す] をクリックすると、

3 [設定] 画面が表示されます。

4 「地域限定の祝日」の [すべて表示] をクリックし、

5 画面を下方向にスクロールして、

6 [日本の祝日] をオンにしたら、

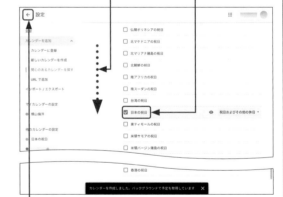

7 ←をクリックします。

8 カレンダーに祝日の予定が表示されます。

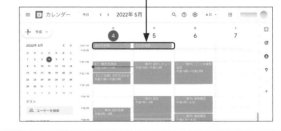

Q · Google カレンダーの基本 ·

143 ▸ 予定をすばやく登録したい！

A 登録したい日時あたりをクリックすることで、手軽に登録できます。

予定の登録漏れは誰もが一度は経験しているはずです。その原因はさまざまですが、いちばん多いと思われるのが、予定が決まったときに即座にカレンダーに登録しなかったことではないでしょうか。カレンダーでは、ワンクリックで登録できるので、仮の予定であっても、とりあえず入れておく習慣を身に付けましょう。

1 予定を登録したい時間の部分をクリックします。

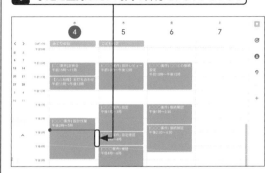

登録したい予定がすでにほかの予定と被っている場合、すでに入っている予定のわずかな余白部分をクリックします。

↓

2 予定の登録画面が表示されます。

3 予定のタイトルを入力し、

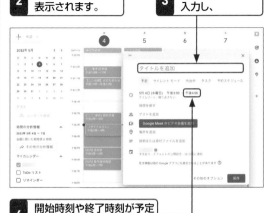

4 開始時刻や終了時刻が予定と違う場合はクリックして、

↗

5 予定の時刻をクリックしたら、

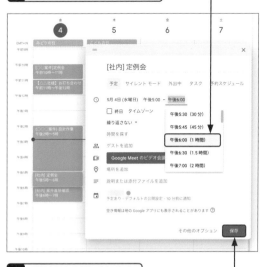

6 [保存]をクリックします。

↓

7 予定が登録されます。

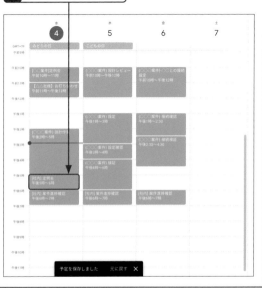

基礎知識 1
メール 2
ビデオ会議 3
チャットツール 4
タスク管理ツール 5
スケジュール管理 6
データ保存 7
文書作成 8
表計算 9
プレゼンテーション 10
アンケート 11
管理者設定 12
セキュリティ強化 13
そのほか 14

Q ●Google カレンダーの基本●

144 ▶予定を詳細に登録したい！

A 住所や会議メモなど詳細な内容を入力しておけば備忘録として活用できます。

予定はかんたんに登録することができますが、メモを入れたり、出先の場所（会議の場所）などを入力したりすることも可能です。Google カレンダーの予定登録時、これを活用することで場所の再確認、予定の内容確認ができるため便利な機能です。

1 予定を登録したい時間の部分をクリックし、

すでに登録している予定に詳細を追加したい場合は、その予定をクリックします。

↓

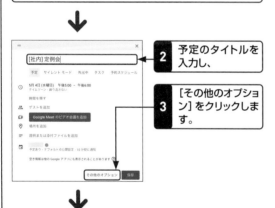

2 予定のタイトルを入力し、

3 ［その他のオプション］をクリックします。

↓

4 開始時刻や終了時刻が予定と違う場合は、Q.143 手順**4**〜**5**を参考に開始時刻と終了時刻を設定し、

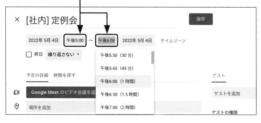

↗

5 予定が行われる場所を入力して、

場所は住所を入力するか、Googleマップで取得したPlus Codeを入力します。

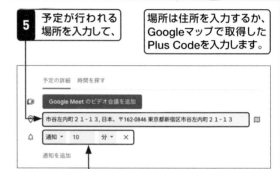

6 通知を設定します（Q.152参照）。

↓

7 画面下の入力フィールドにメモを入力します。

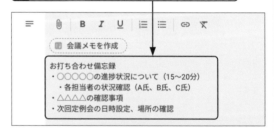

メモに打ち合わせ相手の電話番号や担当者名や会議用の事前メモの入力、資料の添付などが可能です。予定はほかのユーザーを招待したり、内容共有したりできるので、自分以外にも見られることを踏まえて内容を入力します。

↓

8 ［保存］をクリックします。

手順**1**の画面で予定をクリックすると、内容が確認できます。

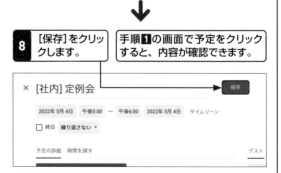

126

Q 145 ▶ 長期間にわたる予定を登録したい!

A 数日間など、中長期にわたる予定を1つの予定として登録できます。

予定には数日間、数週間にもわたる超中期のものもあります。そのような予定も、開始日と終了日を設定することで手軽に登録できます。

1 Q.144手順**4**の画面で予定の開始日と終了日の日にちをクリックして設定し、

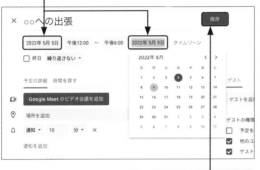

2 必要であればQ.144手順**5**〜**7**を参考に詳細な情報を入力して、

3 [保存]をクリックすると、

4 日をまたがる予定が登録されます。

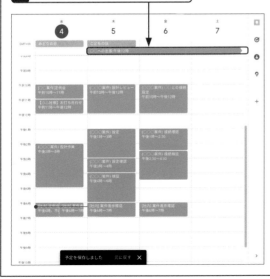

Q 146 ▶ 定期的に行われる予定を登録したい!

A 定期的に開催される予定も繰り返しで一括で登録できます。

会議や作業の中には、毎週水曜日、毎月1日など定期的に開催されるものがあります。このような定期的な予定は繰り返しを設定することによって、一括で登録できます。

1 Q.144手順**8**の画面で開始時間の下にある[繰り返さない]をクリックし、

2 繰り返し登録したい間隔(ここでは[毎週金曜日])をクリックして、

3 必要であればQ.144手順**5**〜**7**を参考に詳細な情報を入力したら、

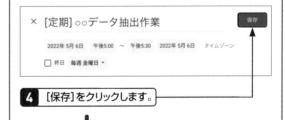

4 [保存]をクリックします。

5 手順**2**で設定した間隔で予定が登録されます。

基礎知識 1
メール 2
ビデオ会議 3
チャットツール 4
タスク管理ツール 5
スケジュール管理 6
データ保存 7
文書作成 8
表計算 9
プレゼンテーション 10
アンケート 11
管理者設定 12
セキュリティ強化 13
そのほか 14

Q 147 ▶ 登録した予定を変更したい！

A 予定をクリックし、✎（[編集]）をクリックします。

予定を登録したあとに内容の変更もよく発生しがちです。そのような場合は編集で手軽に変更できます。

1 内容を変更したい予定をクリックし、

2 ✎（[編集]）をクリックして、

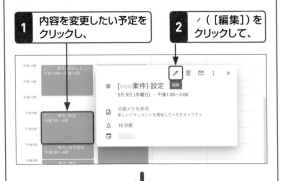

3 内容を変更します。

4 [保存]をクリックすると、

5 予定の内容が変更されます。

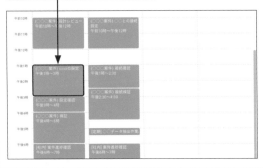

Q 148 ▶ 登録した予定の時間だけを変更したい！

A 登録済みの予定の時間変更はいつでも変更可能です。

登録済みの予定のスケジュール変更はよく発生します。カレンダーでは、日時の変更も容易に変更が可能です。

1 日時を変更する予定をクリックして長押しし、

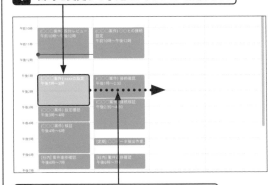

2 変更したい日時へドラッグして移動して、

3 長押しを解除すると、

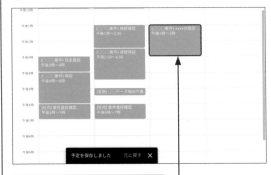

4 予定の日時が変更されます。

Memo ▶ マウス操作以外の日時変更

カレンダー表示領域内の日時変更はマウス操作で可能ですが、1週間先や1ヶ月先の変更はマウス操作のみではできなくなるため、Q.147の方法で変更しましょう。

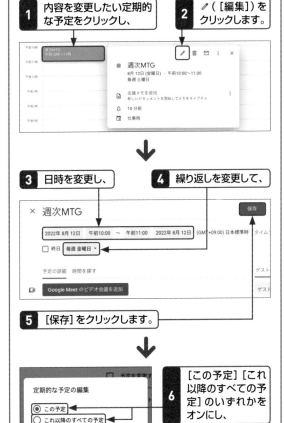

Q 149 ▶ 変更した予定を取り消したい！

A 登録中、変更中の予定を途中で取り消せます。

登録中や設定済みの予定の編集中に変更内容をすべて取り消したいと思うことはよくあります。取り消しはかんたんにできます。

1 内容を変更したい予定をクリックし、

2 ✏（[編集]）をクリックして、

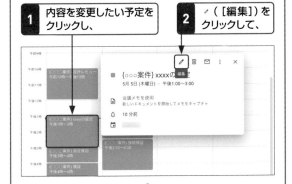

{○○○案件} xxxxの設定
5月 5日 (木曜日)・午後1:00～3:00

会議メモを使用
新しいドキュメントを開始してメモをキャプチャ

🔔 10 分前

3 ×（[予定の編集をキャンセル]）をクリックしたら、

× {○○○案件} xxxxの設定　　　保存　　その他の操作

2022年 5月 5日　午後1:00　～　午後3:00　2022年 5月 5日　(GMT+09:00) 日本標準時

☐ 終日　繰り返さない ▾

予定の詳細　時間を探す

📷 Google Meet のビデオ会議を追加

📍 場所を追加

🔔 通知 ▾　10　分 ▾　×

4 [破棄]をクリックします。

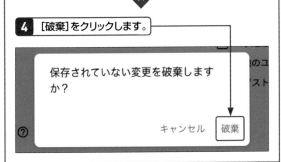

保存されていない変更を破棄しますか？

キャンセル　破棄

Q 150 ▶ 定期的な予定を変更したい！

A くり返しで登録した予定は変更が可能です。

毎日、毎週などで定期的な予定を登録していたが、諸事情により変更となるケースは多々あり、この場合も変更が可能です。

1 内容を変更したい定期的な予定をクリックし、

2 ✏（[編集]）をクリックします。

週次MTG
8月 12日 (金曜日)・午前10:00～11:00
毎週 土曜日

会議メモを使用
新しいドキュメントを開始してメモをキャプチャ

🔔 10 分前

📅 仕事用

3 日時を変更し、

4 繰り返しを変更して、

× 　週次MTG　　　　　　　　　　　　保存

2022年 8月 12日　午前10:00　～　午前11:00　2022年 8月 12日　(GMT +09:00) 日本標準時　タイム

☐ 終日　毎週 金曜日 ▾

予定の詳細　時間を探す　　　　　　　　　　　ゲスト

📷 Google Meet のビデオ会議を追加　　　　　ゲスト

5 [保存]をクリックします。

定期的な予定の編集

◉ この予定
◯ これ以降のすべての予定

キャンセル　OK

6 [この予定][これ以降のすべての予定]のいずれかをオンにし、

7 [OK]をクリックします。

Memo ▶ 繰り返しの予定を削除する

手順**2**の画面で🗑（[予定を削除]）をクリックし、[この予定][これ以降のすべての予定][すべての予定]のいずれかをオンにして、[OK]をクリックします。

基礎知識 1
メール 2
ビデオ会議 3
チャットツール 4
タスク管理ツール 5
スケジュール管理 6
データ保存 7
文書作成 8
表計算 9
プレゼンテーション 10
アンケート 11
管理者設定 12
セキュリティ強化 13
そのほか 14

Q ・Google カレンダーの基本・

151 ▶ Gmailから予定を登録したい！

A Gmailのアプリパネルやメール画面からも予定の登録ができます。

メールでスケジュールの連絡がきたとき、Google カレンダーに画面移動せずとも登録が可能です。早めにスケジュールの登録を行い、予定の登録漏れを防ぎましょう。

アプリパネルから予定を登録する

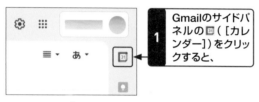

1 Gmailのサイドパネルの （［カレンダー］）をクリックすると、

↓

2 Gmailの右側にアプリパネルが開き、Googleカレンダーが表示されます。

3 予定を登録したい時間の部分をクリックし、

↓

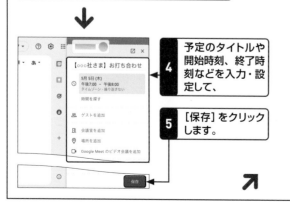

4 予定のタイトルや開始時刻、終了時刻などを入力・設定して、

5 ［保存］をクリックします。

↗

6 予定が登録されます。

メールから予定を登録する

1 Q.013を参考に予定を作成したいメールを表示します。

2 ⋮（［その他］）をクリックし、

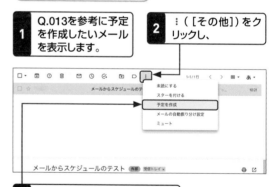

3 ［予定を作成］をクリックすると、

↓

4 予定の作成画面が表示されます。

5 予定のタイトルや開始時刻、終了時刻などを入力・設定し、

6 ［保存］をクリックします。

Q 152 ▶ 予定の通知を設定したい！

A 通知設定しておくことで開始前に通知が届きます。

カレンダーに登録したスケジュールは、予定の開始時間前に通知を届けるよう設定することができます。会議開始前などで設定しておくことで、会議用の用意をあわてることなく進めることができます。

1 Q.144手順**2**の画面で[通知を追加]をクリックし、

2 [通知]をクリックして、

3 通知方法をクリックしたら、 **4** 予定前に通知する時間を設定します。

通知する時間は予定の開始時間を起点にして、開始時間より何分前に通知するかを設定します。時間指定は[分][時間][日][週]から選択して設定します。

5 Q.144手順**2**以降を参考に、予定を登録します。

6 通知時間のタイミングでカレンダーに通知が表示されます。

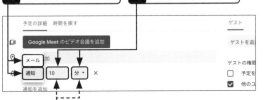

Q 153 ▶ 予定の通知が表示されない！

A 予定の登録内容やブラウザーの通知設定を確認しましょう。

予定に通知を設定したが、通知が届かないということがあります。さまざまな原因が考えられますが、ブラウザーの通知設定が原因が主な要因と考えられます。

予定の登録内容を確認する

通知対象の登録済み予定をクリックし、通知設定の確認を行います。開いた予定に🔔と通知時間が表示されているかを確認します。表示されていれば、通知の設定はできているため、ブラウザーに要因があると思われます。

ブラウザー（Google Chrome）の通知設定を確認する

1 Google カレンダーにアクセスし、

2 アドレスバーの左にある🔒（[サイト情報を表示]）をクリックして、

3 [サイトの設定]をクリックします。

4 「通知」が[確認]または[許可]に設定されているか確認します。

[ブロック]に設定されていると、通知されません。

基礎知識 1
メール 2
ビデオ会議 3
チャットツール 4
タスク管理ツール 5
スケジュール管理 6
データ保存 7
文書作成 8
表計算 9
プレゼンテーション 10
アンケート 11
管理者設定 12
セキュリティ強化 13
そのほか 14

基礎知識 1
メール 2
ビデオ会議 3
チャットツール 4
タスク管理ツール 5
スケジュール管理 6
データ保存 7
文書作成 8
表計算 9
プレゼンテーション 10
アンケート 11
管理者設定 12
セキュリティ強化 13
そのほか 14

Q •Google カレンダーの基本•

154 ▶ 通知を削除したい!

A 通知の編集画面から削除できます。

通知は便利な反面、過密なスケジュールを組んでいたり、ほかのアプリケーションでも通知設定をしていたりすると、邪魔になるケースもあります。Google カレンダーの通知が不要な場合は、削除することが可能です。

1 Q.147手順**3**の画面を表示します。

2 通知設定の✕([通知を削除])をクリックし、

3 [保存]をクリックします。

Q •Google カレンダーの基本•

155 ▶ 予定を検索したい!

A 🔍([検索])をクリックすると検索できます。

カレンダーの表示変更によって一覧性は確保できますが、特定予定の絞り込みという点では、やや可読性が落ちます。また、カレンダー表示の変更のみでは予定のタイトルが主体となるので、残したメモなどは表示ができません。このため検索を利用します。

1 カレンダーの上部にある🔍([検索])をクリックし、

2 検索キーワードを入力して、

3 キーボードの[Enter]を押すと、

4 登録済み予定の中で入力した検索キーワードとマッチする予定が表示されます。

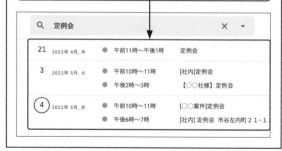

Q ●Google カレンダーの基本●

156 ▶ 予定にほかのユーザーを招待したい!

A これから登録する予定、登録済みの予定に招待できます。

予定を登録する際、ほかのユーザーを予定のゲストとして追加することによって、そのユーザーのカレンダーにも予定が登録されます。また会議場所、メモなども一緒に共有できるので、個別にスケジュール管理する必要がなくなります。

1 Q.147手順**3**の画面を表示します。

2 [ゲストを追加]をクリックし、

3 招待したいユーザーのメールアドレスか名前を入力し、

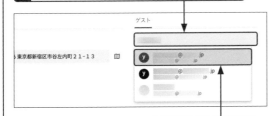

4 表示された候補の中から招待したいユーザーをクリックすると、

5 予定にゲストが追加されます。

6 必要であればゲストに付与したい権限（Memo参照）をオンにします。

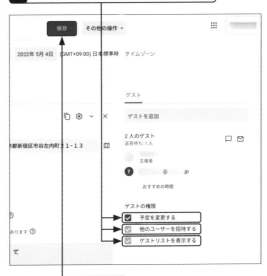

7 [保存]をクリックし、

8 [送信]をクリックします。

Google カレンダーのゲストに招待メールを送信しますか?

⑦　　　　　　　編集に戻る　送信しない　[送信]

Memo ▶ マウス操作以外の日時変更

手順**6**の「ゲストの権限」で主に利用する項目は下記の2点です。必要に応じて適宜変更しましょう。

予定を変更する：ゲスト側でも日時などの変更ができるようになります。
他のユーザーを招待する：ゲスト側でもほかのユーザーを招待できるようになります。

Q ●Google カレンダーの基本●

157 ▶ カレンダーのカテゴリを追加したい!

A カテゴリを追加して、よりわかりやすくスケジュールを管理できます。

予定はカテゴリごとに色を分けて表示することができます。仕事用は赤、プライベートは青など区別できるようにすることで、カレンダーを一見しただけで自分の予定をより把握しやすくなります。

新しいカレンダーを作成する

1 「他のカレンダー」の右にある＋（[他のカレンダーを追加]）をクリックし、

2 [新しいカレンダーを作成]をクリックします。

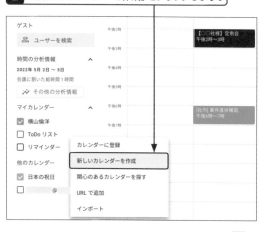

3 新しいカレンダーの「名前」を入力し、

4 必要であれば「説明」を入力して、

5 [カレンダーを作成]をクリックします。

6 新しいカレンダーが作成されます。

新しいカレンダーに予定を登録する

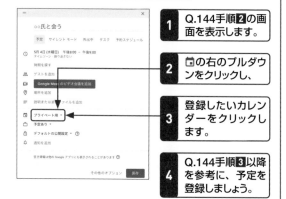

1 Q.144手順**2**の画面を表示します。

2 🗓の右のプルダウンをクリックし、

3 登録したいカレンダーをクリックします。

4 Q.144手順**3**以降を参考に、予定を登録しましょう。

基礎知識 1
メール 2
ビデオ会議 3
チャットツール タスク管理ツール 4 5
スケジュール管理 6
データ保存 7
文書作成 8
表計算 9
プレゼンテーション 10
アンケート 11
管理者設定 12
セキュリティ強化 13
そのほか 14

Q ·Google カレンダーの基本·

158 ▶ 予定ごとに色を付けて わかりやすくしたい！

A 通知の編集画面から色の変更が できます。

登録した予定は、同一色で登録されます。この状態で は、パッと見たときに社内の予定か、社外の予定か、会 議の予定かなどの見分けはすぐにできません。あらか じめ自身の予定の種類に合わせて色を決めておくこと で、どんな予定が入っているかを視覚的に把握しやす くできます。

1 Q.147手順**3**の画面を表示します。

2 📅の行にあるプルダウンをクリックし、

↓

3 変更したい色をク リックして、

4 「保存」をクリックすると、

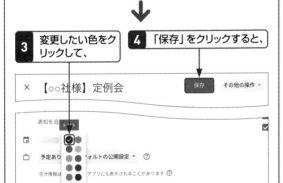

↓

5 予定の色が変更されます。

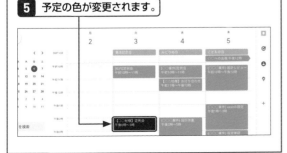

Q ·Google カレンダーの便利機能·

159 ▶ カレンダーを 削除したい！

A 「マイカレンダー」の×（[「○○」の 登録解除]）をクリックします。

複数カレンダーを作成し、利用し続けると不要となる ことがあります。画面上に不要な情報があれば、そのぶ ん探すときの妨げになり、余計な手間がかかります。不 要になったものは削除をしましょう。

1 削除したいカレンダーにマウスカーソルを合わせ、

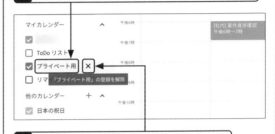

2 ×（[「○○」の登録を解除]）をクリックして、

↓

3 [リストからカレンダーを削除] をクリックすると、

> 「プライベート用」をリストから削除しても よろしいですか？削除すると、このカレンダ ーとその予定にアクセスできなくなります。 なお、このカレンダーへのアクセス権がある その他のユーザーは利用を継続できます。詳 細
>
> キャンセル　リストからカレンダーを削除

↓

4 カレンダーが削除されます。

基礎知識 1
メール 2
ビデオ会議 3
チャットツール 4
タスク管理ツール 5
スケジュール管理 6
データ保存 7
文書作成 8
表計算 9
プレゼンテーション 10
アンケート 11
管理者設定 12
セキュリティ強化 13
そのほか 14

Q 160 ▶ カレンダーの表示／非表示を切り替えたい！

•Google カレンダーの便利機能•

A 「マイカレンダー」でカレンダーをオン／オフにします。

複数のカレンダーを作成すると、一時的にカレンダーの表示で把握がしづらく、予定を入れたいときに妨げになることがあります。これを回避するには、表示／非表示の機能を使います。

1 予定を非表示にしたいカレンダーをオフにすると、

2 カレンダーの予定が非表示になります。

Q 161 ▶ カレンダー名を変更したい！

•Google カレンダーの便利機能•

A 「マイカレンダー」で⋮をクリックし、[設定と共有]をクリックします。

複数のカレンダーを利用していると、あとから追加したカレンダーの名称を変更したくなります。カレンダー名称は変更が可能ですので、用途に合わせて変更を推奨します。

1 Q.167手順**4**の画面を表示します。

2 名前を変更し、

3 キーボードの Enter を押すと、

4 カレンダー名が変更されます。

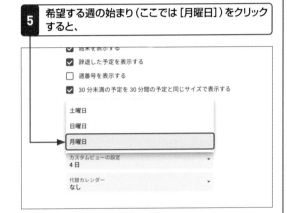

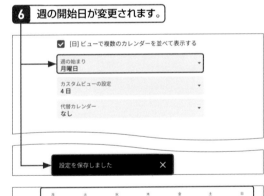

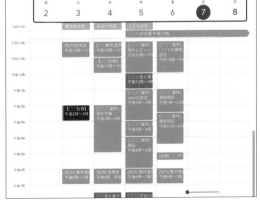

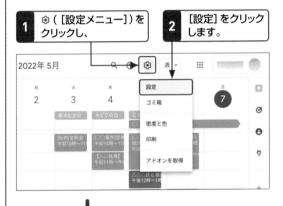

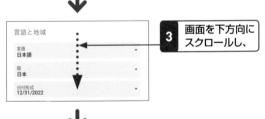

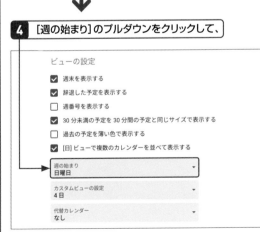

基礎知識 1

メール 2

ビデオ会議 3

チャットツール 4

タスク管理ツール 5

スケジュール管理 6

データ保存 7

文書作成 8

表計算 9

プレゼンテーション 10

アンケート 11

管理者設定 12

セキュリティ強化 13

そのほか 14

Q ●Google カレンダーの便利機能●

162 ▶週の開始日を変更したい!

A カレンダーの表示は、週開始日を月・土・日へ変更ができます。

カレンダーを1週間単位で表示した場合、たとえば、自身の営業日に合わせて月曜からの表示に変更すると、より見やすくなります。

1 ⚙ ([設定メニュー])をクリックし、

2 [設定]をクリックします。

3 画面を下方向にスクロールし、

4 [週の始まり]のプルダウンをクリックして、

5 希望する週の始まり(ここでは[月曜日])をクリックすると、

6 週の開始日が変更されます。

基礎知識 1

メール 2

ビデオ会議 3

チャットツール 4

タスク管理ツール 5

スケジュール管理 6

データ保存 7

文書作成 8

表計算 9

プレゼンテーション 10

アンケート 11

管理者設定 12

セキュリティ強化 13

そのほか 14

Q 163 ▶ カレンダーの週末を非表示にしたい!

•Google カレンダーの便利機能

A カレンダーの1週間、月の表示時、週末は非表示にすることができます。

1週間、もしくは月単位で表示した際に土曜日、日曜日を非表示にすることができます。週末は仕事を入れないなどの場合は、この設定を行ったほうがすっきりします。

1 画面上部の表示ビュー(ここでは[週])をクリックし、

2 [週末を表示する]をオフにすると、

3 週末(土曜日、日曜日)が非表示になります。

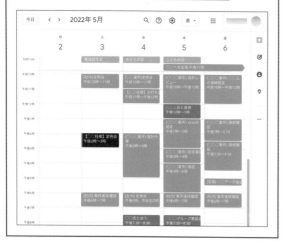

Q 164 ▶ カレンダーに世界時間を表示したい!

•Google カレンダーの便利機能

A 日本時間と世界時間を表示できます。

海外のユーザーとの日程調整や海外のイベントの開始時間をカレンダーに登録する場合、海外の時間帯を把握しておく必要があります。Google カレンダーでは、日本時間と世界時間との両方を表示することができます。

1 Q.162手順**3**の画面を表示します。 **2** [セカンダリタイムゾーンを表示する]をオンにし、

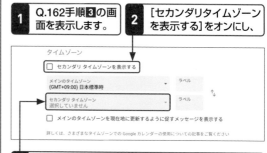

3 [セカンダリタイムゾーン]のプルダウンをクリックして設定すると、

4 セカンダリタイムゾーンの表示が設定されます。

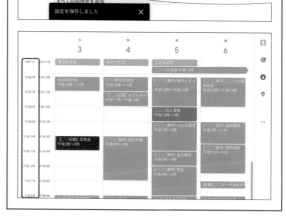

Q 165 ▶ カレンダーを印刷したい!

A ⚙([設定メニュー])をクリックし、[印刷]をクリックします。

カレンダーはパソコンでもスマートフォンでも閲覧できるので、印刷する場面はそれほど多くないかもしれません。ただ人に紙で渡したい、紙に書き込みをしたい場合は、印刷することも可能です。

1 ⚙([設定メニュー])をクリックし、

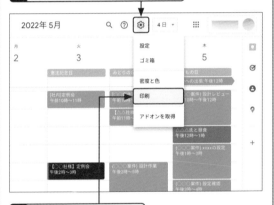

2 [印刷]をクリックすると、

3 [印刷プレビュー]ダイアログが表示されます。

4 各種項目を設定し、

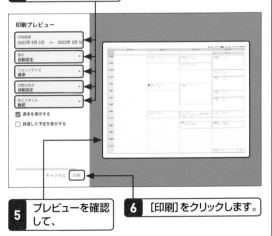

5 プレビューを確認して、

6 [印刷]をクリックします。

Q 166 ▶ 曜日ごとの勤務地を表示したい!

A 曜日ごとの勤務を表示しておくと、会議のセッティングなどに役立ちます。

テレワークの普及により、いつも同じオフィスに行くという仕事のスタイルに変化が起きています。カレンダーでは、曜日ごとに自分の勤務地を設定でき、カレンダーを共有していればほかのユーザーも確認できます。会議場所のセッティングする際に、確認の手間が省けるので便利です。

1 Q.162手順3の画面を表示します。

2 [業務時間と勤務場所]をクリックし、

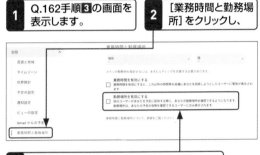

3 [勤務の場所を有効にする]をオンにします。

4 各曜日のプルダウンをクリックして、勤務地を設定すると、

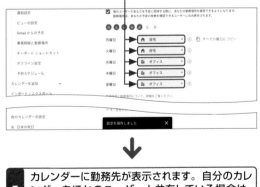

5 カレンダーに勤務先が表示されます。自分のカレンダーをほかのユーザーと共有している場合は、共有相手にも勤務地が表示されます。

基礎知識 1
メール 2
ビデオ会議 3
チャット・ツール 4
タスク管理ツール 5
スケジュール管理 6
データ保存 7
文書作成 8
表計算 9
プレゼンテーション 10
アンケート 11
管理者設定 12
セキュリティ強化 13
そのほか 14

Q ●Google カレンダーの共有設定●

167 ▶ 特定のカテゴリの予定をほかのユーザーと共有したい！

A 「マイカレンダー」で **⋮** をクリックし、[設定と共有]をクリックします。

カレンダーに設定したカテゴリをほかのユーザーと共有することができます。特定の用件のみ共有する必要がある場合などで便利な機能です。共有している場合は、相手にその用件のメールが送信されます。

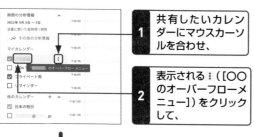

1 共有したいカレンダーにマウスカーソルを合わせ、

2 表示される **⋮**（[○○ のオーバーフローメニュー]）をクリックして、

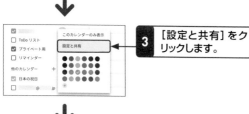

3 [設定と共有]をクリックします。

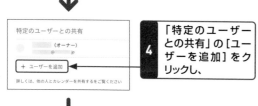

4 「特定のユーザーとの共有」の[ユーザーを追加]をクリックし、

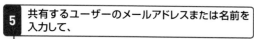

5 共有するユーザーのメールアドレスまたは名前を入力して、

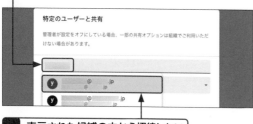

6 表示された候補の中から招待したいユーザーをクリックしたら、 ↗

7 [送信]をクリックします。

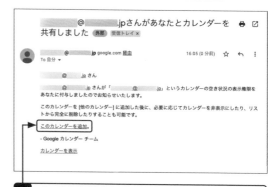

特定のユーザーと共有

管理者が設定をオフにしている場合、一部の共有オプションは組織でご利用いただけない場合があります。

メールアドレスまたは名前を追加

権限
予定の表示（時間枠のみ、詳細は非表示）

キャンセル　送信

8 共有するユーザーにメールが送られます。

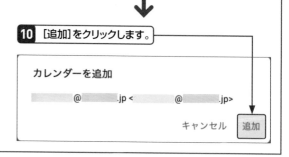

@　　　.jpさんがあなたとカレンダーを共有しました 外部 受信トレイ ×

9 メールに記載されている「このカレンダーを追加」をクリックし、

10 [追加]をクリックします。

カレンダーを追加

@　　　.jp <　　　@　　　.jp>

キャンセル　追加

Q 168 ▶ 共有されたカレンダーを確認したい!

A 「マイカレンダー」で ⋮ をクリックし、[設定と共有]をクリックします。

カレンダーの共有設定はかんたんに行えますが、共有したあとの管理はおろそかになりがちです。とくに時間が経った共有はすでに必要なくなっていることも多々ありますので、現在の共有状況を定期的に確認するようにしましょう。

1 共有したいカレンダーにマウスカーソルを合わせ、

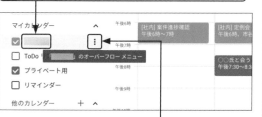

2 表示される ⋮（[「〇〇」のオーバーフローメニュー]）をクリックして、

3 [設定と共有]をクリックすると、

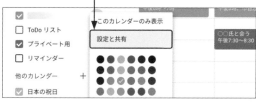

4 「特定のユーザーとの共有」に共有しているユーザーが一覧表示されます。

✕（[〇〇さんとのカレンダーの共有を停止]）をクリックすると共有を停止できます。

Q 169 ▶ カレンダーを共有した相手の権限を変更したい!

A 「マイカレンダー」で ⋮ をクリックし、[設定と共有]をクリックします。

カレンダーの共有設定は「予定の表示」のみの権限が基本ですが、「予定の変更」や管理権限など権限を強化することができます。

1 Q.168手順 **4** の画面を表示します。

2 権限のプルダウンをクリックし、

3 変更したい権限をクリックすると、

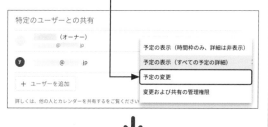

4 権限が変更されます。

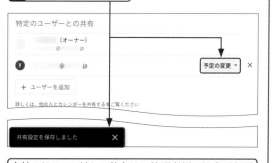

自社のドメイン外との共有は、管理者側の設定が必要です。詳しくは、Googleカレンダー公式ページを参照してください。

基礎知識 1
メール 2
ビデオ会議 3
チャットツール 4
タスク管理ツール 5
スケジュール管理 6
データ保存 7
文書作成 8
表計算 9
プレゼンテーション 10
アンケート 11
管理者設定 12
セキュリティ強化 13
そのほか 14

基礎知識 1
メール 2
ビデオ会議 3
チャットツール 4
タスク管理ツール 5
スケジュール管理 6
データ保存 7
文書作成 8
表計算 9
プレゼンテーション 10
アンケート 11
管理者設定 12
セキュリティ強化 13
そのほか 14

Q ● Google カレンダーの共有設定 ●

170 ▶ リマインダーを作成したい!

A リマインダーを設定することで、定刻になると通知がされます。

リマインダー機能は、予定を忘れないための通知機能です。通知に近い機能ですが、リマインダーは予定を完了させるまで、通知し続けるため、忘れずに実行するという点で通知より徹底している機能といえます。

1 「マイカレンダー」の[リマインダー]をオンにし、

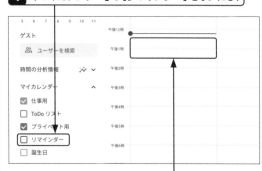

2 リマインダーを登録したい時間の部分をクリックします。

↓

3 予定の登録画面が表示されます。 **4** リマインダーのタイトルを入力し、

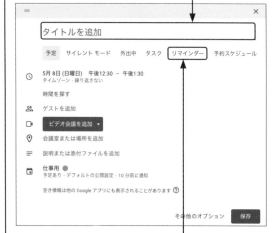

5 [リマインダー]をクリックします。 ↗

6 リマインダーの登録画面が表示されます。 **7** 日にちと時間をクリックして設定し、

8 繰り返し設定を変更する場合は◻のプルダウンをクリックして設定します。

↓

9 リマインダーの内容が終日の場合は[終日]をオンにして、

10 [保存]をクリックします。

↓

11 指定した日時に画面上部にリマインダーが通知されます。

手順**8**で[毎日]や[毎週]などを設定した場合、反映にやや時間がかかります。

Q 171 ▶ リマインダーを消去したい！

A リマインダーをクリックし、🗑（［リマインダーを削除］）をクリックします。

予定が変更になり、設定したリマインダーが不要になる場合があります。とくに、毎日・毎週などの繰り返し機能を使った場合、リマインダーの通知は不要となるため、削除しましょう。

1 削除したいリマインダーをクリックし、

2 🗑（［リマインダーを削除］）をクリックすると、

3 ［定期的なリマインダーの削除］ダイアログが表示されます。

4 ［これ以降のすべてのリマインダー］をオンにし、

5 ［OK］をクリックすると、

6 リマインダーが削除されます。

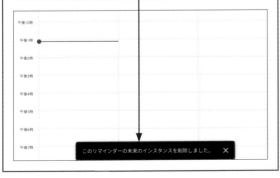

Q 172 ▶ ほかのユーザーの空き時間を確認したい！

A 空き時間を見つけて予定の招待ができます。

カレンダーの共有設定によっては、ほかのユーザーの空き時間を事前に確認できます。状況を確認しながら会議の設定ができるので便利ですが、すべて相手に見られてしまうので、設定する際は十分注意してください。

1 Q.156手順**1**〜**5**を参考に、予定作成画面でゲストを追加します。

2 ［時間を探す］タブをクリックすると、

3 招待者と自分の当日の日程が表示され、空いている時間が確認できます。

4 日時を変更し、 **5** 必要な項目を入力・設定して、

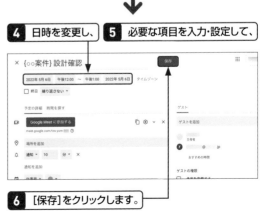

6 ［保存］をクリックします。

基礎知識 1
メール 2
ビデオ会議 3
チャットツール 4
タスク管理ツール 5
スケジュール管理 6
データ保存 7
文書作成 8
表計算 9
プレゼンテーション 10
アンケート 11
管理者設定 12
セキュリティ強化 13
そのほか 14

基礎知識 1
メール 2
ビデオ会議 3
チャットツール 4
タスク管理ツール 5
スケジュール管理 6
データ保存 7
文書作成 8
表計算 9
プレゼンテーション 10
アンケート 11
管理者設定 12
セキュリティ強化 13
そのほか 14

● Google カレンダーの共有設定 ●

173 ▶ 既存のカレンダーツールから予定を移行したい！

A Outlookなどほかのカレンダーの予定のデータをインポートできます。

Outlookなど、ほかのカレンダーツールからGoogle カレンダーに予定データを移行することができます。移行する場合は、既存のカレンダーツールからCSVまたはiCal形式でエクスポートを実行し、それをGoogle カレンダーにインポートすることで入力済の予定を引き継げます。

1 Outloookなど、ほかのカレンダーから予定をCSV、またはiCal形式でエクスポートします。ほかのツールによっては、CSV、またはiCal形式でエクスポートできない可能性があります（詳しくはほかのツールの公式サイトを参照してください）。

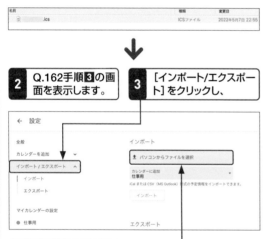

2 Q.162手順**3**の画面を表示します。

3 [インポート/エクスポート] をクリックし、

4 [パソコンからファイルを選択] をクリックして、

5 手順**1**でエクスポートしたファイルをクリックし、

6 [開く]をクリックします。

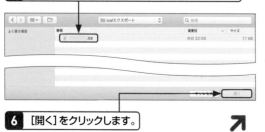

7 [インポート] をクリックし、

8 [OK]をクリックすると、

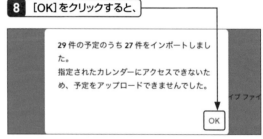

29 件の予定のうち 27 件をインポートしました。
指定されたカレンダーにアクセスできないため、予定をアップロードできませんでした。

OK

9 ほかのカレンダーの予定がインポートされます。

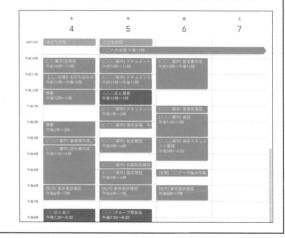

第 **7** 章

データ保存
「ドライブ」
の活用技！

基礎知識 1
メール 2
ビデオ会議 3
チャットツール 4
タスク管理ツール 5
スケジュール管理 6
データ保存 7
文書作成 8
表計算 9
プレゼンテーション 10
アンケート 11
管理者設定 12
セキュリティ強化 13
そのほか 14

Q 174 ▶ Google ドライブ とは？

A ファイルの保存や、ほかのユーザー とのファイル共有ができます。

Google ドライブは、Google で管理しているサーバー にファイルをアップロードして管理できるサービスで す。ファイルはサーバーにあるため、自宅や外出先でも 同じファイルを閲覧したり、ダウンロードしたりする ことができます。これにより、別々の環境下でファイル を複数持つことはなくなるため、ファイルの先祖返り の発生率が抑えられます。また、Google ドライブはほ かのユーザーとのファイル共有ができ、共同作業も可 能です。

ファイル一覧では、普段利用しているパソコンのエクスプ ローラー（Macの場合はFinder）と同様に、アイコンで ファイル（またはフォルダ）の形式が視覚的にわかります。

一覧表示では、リストタイプからタイル形式に変更するこ とにより、中身がプレビューとして見ることができ、「ど のようなファイルか？」を開かずとも見ることができます。

Q 175 ▶ Google ドライブを 使うには？

A 快適に利用するには適切な要件を 満たすことが必要です。

Google ドライブを快適に利用するには、Google が 推奨する要件が必要です。詳しくは、「Google ドラ イブ ヘルプ」（https://support.google.com/drive/ answer/2375082）を参照してください。

パソコン版ドライブ（Q.180 参照）

● Windows
・Windows 7以降
・Windows Server 2012以降

● Mac
・High Sierra 10.13 以降

● Linux
Linux オペレーティングシステムでは、パソコン版ドラ イブは利用できません。ブラウザーでのGoogle ドラ イブをご利用ください。

ブラウザーについて

・Google Chrome
・Mozilla Firefox
・Microsoft Edge
・Safari
いずれも最新バージョンを推奨します。ほかのブラウ ザーでも動作する場合がありますが、一部の機能が使 用できない可能性があります。

Q 176 ▶ Google ドライブの 画面構成を知りたい！

A シンプルな画面構成なので、操作に迷うことはありません。

Google ドライブの画面構成はとてもシンプルです。ほかのGoogleのサービスで利用している画面構成と類似しているので、操作で迷うことはありません。

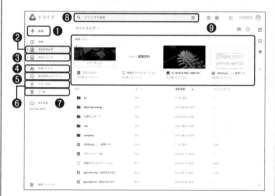

	名称	機能
❶	新規	ファイルやフォルダのアップロードや、Google ドキュメント、Google スプレッドシートなどの新規作成ができます。
❷	マイドライブ	ファイルやフォルダが管理できます。
❸	共有ドライブ	ほかのユーザーとファイルやフォルダを共有できます。
❹	共有アイテム	共有している・されているファイルやフォルダ（アイテム）を一覧表示できます。
❺	最近使用したアイテム	最近使ったファイルを一覧表示できます。
❻	スター付き	スターを付けたファイルやフォルダを一覧表示できます。
❼	ゴミ箱	削除したファイルを一覧表示できます。
❽	ドライブで検索	ファイルやフォルダを検索できます。
❾	候補リスト	最近利用・更新したファイルが表示されます。

Q 177 ▶ ファイルを アップロードしたい！

A ファイルをドラッグするか、[新規]をクリックします。

ファイルをバックアップ目的でほかのストレージサービスにアップロードしたり、ほかのユーザーとのファイル共有目的でストレージサービスを利用したりする際、アップロード作業が手間に感じるケースがあります。Google ドライブではファイルのアップロードも直感的な操作で完了します。

ドラッグしてファイルをアップロードする

1 アップロードしたいパソコン内のファイルをGoogle ドライブのファイル一覧部分にドラッグします。

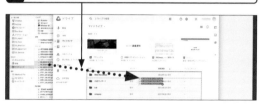

[新規] からファイルをアップロードする

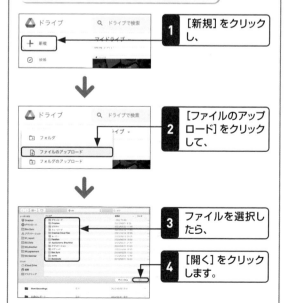

1 [新規]をクリックし、

↓

2 [ファイルのアップロード]をクリックして、

↓

3 ファイルを選択したら、

4 [開く]をクリックします。

1 基礎知識
2 メール
3 ビデオ会議 チャットツール
4 タスク管理ツール
5 スケジュール管理
6 データ保存
7 データ保存
8 文書作成
9 表計算
10 プレゼンテーション アンケート
11 管理者設定 セキュリティ強化
12
13
14 そのほか

Q 178 ▶ ファイルを ダウンロードしたい！

・Google ドライブの基本・

A ファイルを右クリックし、 [ダウンロード]をクリックします。

Google ドライブにアップロードしたファイルやほかのユーザーから共有されているファイルは、パソコンにダウンロードすることができます。ダウンロードは難しい操作もなく、マウス操作でできます。

1 ダウンロードしたいファイルを右クリックし、

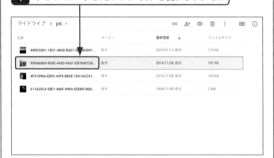

2 [ダウンロード] をクリックします。

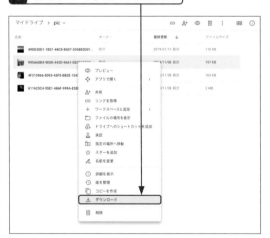

Memo ▶ 複数ファイルをダウンロードする

手順**1**で Ctrl を押しながらファイルをクリックすると、複数のファイルを選択できるので右クリックし、[ダウンロード] をクリックします。

Q 179 ▶ ファイルを 新規作成したい！

・Google ドライブの基本・

A ファイルの一覧画面を 右クリックします。

Google ドキュメントやGoogle スプレッドシートの各サービスの画面からファイルの新規作成ができますが、Google ドライブのファイルの一覧画面からも各ファイルの新規作成ができます。

1 ファイルを配置したいフォルダを開きます。

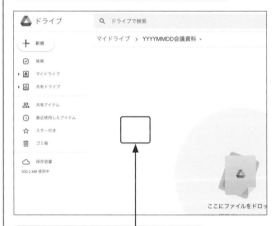

2 ファイルの一覧画面で右クリックし、

3 希望するファイルの種類をクリックすると、選択したファイルのサービス画面が開きます。

Q  ● Google ドライブの基本 ●

180 ▶ ファイルをGoogle ドライブに自動バックアップしたい！

A 「パソコン版ドライブ」アプリをダウンロードします。

Google ドライブは、バックアップ用アプリとして「パソコン版ドライブ」アプリが提供されており、パソコン内のフォルダとGoogle ドライブのフォルダを同期できます。常時起動のアプリなため、連携したフォルダ内を監視し、ファイルの追加や更新があれば、即座にバックアップデータに反映されます。

1 Google ドライブのダウンロードページ（https://www.google.com/intl/ja_jp/drive/download/）にアクセスし、

2 ［パソコン版ドライブをダウンロード］をクリックして、アプリケーションをダウンロード・インストールします。

3 インストールしたアプリを起動します。

4 Google アカウントのログイン画面が表示されるのでアカウントのGmailアドレスを入力し、

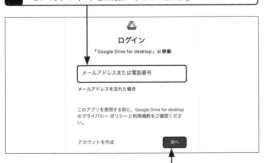

5 ［次へ］をクリックして画面に従いログインします。

6 アプリが起動したら、同期するフォルダを設定します。

7 ［フォルダを追加］をクリックし、

8 同期のオプションを選択して、

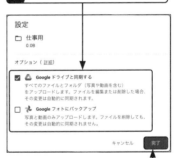

9 ［完了］をクリックしたら、

10 ［保存］をクリックします。

基礎知識 1
メール 2
ビデオ会議 3
チャットツール 4
タスク管理ツール 5
スケジュール管理 6
データ保存 7
文書作成 8
表計算 9
プレゼンテーション 10
アンケート 11
管理者設定 12
セキュリティ強化 13
そのほか 14

基礎知識 1
メール 2
ビデオ会議 3
チャットツール 4
タスク管理ツール 5
スケジュール管理 6
データ保存 7
文書作成 8
表計算 9
プレゼンテーション 10
アンケート 11
管理者設定 12
セキュリティ強化 13
そのほか 14

Q ● Google ドライブの基本 ●

181 ▶ パソコンからGoogle ドライブのファイルを操作したい！

A パソコンで保存しているファイルの自動バックアップができます。

「パソコン版ドライブ」アプリを使うことで、利用中のパソコンからGoogle ドライブにあるファイルの操作が可能になります。このため、ブラウザーでGoogle ドライブのページを開かなくてもパソコンから操作可能になるので、手間が省けます。

1 「パソコン版ドライブ」アプリを起動します。

2 [Google ドライブ] をクリックし、

3 [Finderで開く]（Windowsの場合は [エクスプローラーで開く]）をクリックすると、

↓

4 Finder（Windowsの場合はエクスプローラー）が開き、Google ドライブ内のアクセス可能なフォルダが表示されます。

5 操作の確認のため、ここでは例として [マイドライブ] フォルダをダブルクリックして開きます。

6 [マイドライブ] フォルダ内の [YYYYMMDD会議資料] フォルダにあるファイル（メモ.gdoc）を、[会議のレポート] フォルダに移動すると、

↗

7 Google ドライブにFinderでの変更が反映されて表示されます。

Memo ▶ オフラインで利用する

外出先からGoogle ドライブを開きたいケースもあり、外出先は必ずしもネット回線が使えるわけではありません。Google ドライブではオフラインの場合も対応し、オンラインとなったときに同期を行うといった機能もあります。手順**1**の画面で右上の⚙をクリックし、「オフライン」の [オフラインでも、このデバイスで〜] をオンにします。オフライン機能を利用するには、Chromeの拡張機能を入れる必要があり、Chromeに拡張機能が入っていない場合はインストールが促される画面が表示されるので、[インストール] をクリックします。インストール完了後、再度「オフライン」の [オフラインでも、このデバイスで〜] をオンにし、[完了] をクリックします。オフラインでも利用したい対象のファイルを右クリックし、[オフラインで使用可] をオンにすると、オフラインでの利用が可能になります。

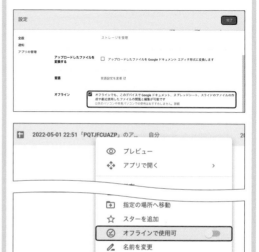

Q 182 ▶ ファイル名を変更したい！

A ファイルを右クリックし、[名前を変更]をクリックします。

ファイルの作成時に名前を付けないと、「無題の……」というファイル名に自動で付けられます。これだとあとで何のファイルかわからなくなるので、ファイル名を変更するようにしましょう。

1 名前を変更したいファイルを右クリックし、

2 [名前を変更]をクリックします。

3 [名前を変更]ダイアログが表示されます。

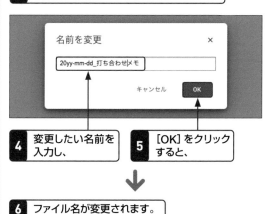

4 変更したい名前を入力し、

5 [OK]をクリックすると、

6 ファイル名が変更されます。

Q 183 ▶ ファイルを閲覧したい！

A ファイルを右クリックし、[プレビュー]をクリックします。

Google ドライブでは、パソコンと同じようにブラウザー上でファイルのプレビューが可能です。各サービスを立ち上げなくてもファイルの内容を確認できるので便利です。

1 閲覧したいファイルを右クリックし、

2 [プレビュー]をクリックすると、

3 ファイルがプレビュー表示され、閲覧することができます。

4 ←（[閉じる]）をクリックする（または[Esc]を押す）と、プレビューが解除されます。

プレビューは、Google ドキュメント、Google スプレッドシートなどのGoogleのサービス以外にも、写真や動画も閲覧できます。

Q 184 ▶ Google ドライブから ファイルを編集したい！

● Google ドライブの基本 ●

A ファイルをダブルクリックします。

Google ドライブでは、関連するGoogle ドキュメント、スライド、スプレッドシートの画面に移動せずに、編集画面を開くことができます。また、同じようにGoogle ドキュメント、スライド、スプレッドシートのファイルを新規作成することも可能です（Q.179参照）。

1 編集したいファイルをダブルクリックすると、

2 ブラウザーの新規タブが開き、編集画面が表示されます。

Memo ▶ 右クリックで編集画面を開く

編集したいファイルを右クリックし、［アプリで開く］をクリックすることでも、編集画面を開くことができます。

Q 185 ▶ Officeファイルを Google形式に変換したい！

● Google ドライブの基本 ●

A ［ファイル］→［Google 〇〇として保存］の順にクリックします。

Google ドライブにアップロードしたWord、Excel、PowerPoint のOffice ファイルは、対応するGoogle サービスの形式に変換でき、編集も可能です。

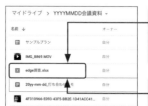

1 Google形式に変換したいOfficeファイルをアップロードし、

2 ダブルクリックすると、

3 ファイルが変換され、Office製品で作成した内容とほぼ同等の状態で開きます。

4 画面左上にはファイル名が表示され、開いているOffice製品の拡張子が表示されます。

5 メニューバーの［ファイル］をクリックし、

6 ［Google 〇〇として保存］をクリックすると、

7 ブラウザーのタブが開き、Google 形式に変換されたファイルが表示されます。

8 ファイルの一覧画面を確認すると、変換元のファイルと、変換されたファイルの2つが確認できます。

基礎知識 1
メール 2
ビデオ会議 3
チャットツール 4
タスク管理ツール 5
スケジュール管理 6
データ保存 7
文書作成 8
表計算 9
プレゼンテーション 10
アンケート 11
管理者設定 12
セキュリティ強化 13
そのほか 14

Q 186 ▶ Google形式のファイルを Officeファイルに変換したい!

・Google ドライブの基本・

A [ファイル]→[ダウンロード]の順にクリックします。

Q.185とは逆にGoogle ドキュメント、スプレッドシート、スライドのファイルは、Office形式(Word、Excel、PowerPoint)に変換ができます。

1 Officeファイルに変換したいファイルを開きます。

2 メニューバーの[ファイル]をクリックし、

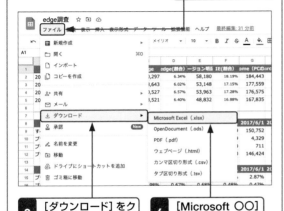

3 [ダウンロード]をクリックして、

4 [Microsoft ○○]をクリックします。

5 ファイル名を入力し、

名前: edge調査 (1).xlsx

タグ:

場所: ダウンロード

キャンセル　保存

6 保存場所を設定して、

7 [保存]をクリックします。

自動的な変換となるため完全な変換とはならず、主に装飾的な所で調整が必要となります。また、細かい所でも変換が完全ではないところがあるため、変換後は確認と調整が必要です。

Q 187 ▶ フォルダを作成したい!

・Google ドライブの基本・

A 右クリックし、[新しいフォルダ]をクリックします。

Google ドライブ内にファイルをアップロードや新規ファイルを作成するとファイル管理上でフォルダの作成が必要になります。フォルダの作成はかんたんにできますので、必要に応じて作成します。

1 マウスを右クリックし、

2 [新しいフォルダ]をクリックします。

3 フォルダ名を入力し、

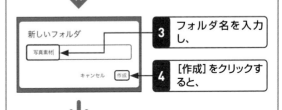

新しいフォルダ

写真素材

キャンセル　作成

4 [作成]をクリックすると、

5 フォルダが作成されます。

Memo ▶ [新規]からフォルダを作成する

フォルダの新規作成はもう1つ方法があります。手順**1**の左上の[新規]をクリックし、[フォルダ]をクリックすると、手順**3**の画面が表示されます。

基礎知識 1
メール 2
ビデオ会議 3
チャットツール 4
タスク管理ツール 5
スケジュール管理 6
データ保存 7
文書作成 8
表計算 9
プレゼンテーション 10
アンケート 11
管理者設定 12
セキュリティ強化 13
そのほか 14

Q • Google ドライブの便利機能 •

188 ▶ お気に入りのファイルに スターを付けたい!

A ファイルを右クリックし、 [スターを追加]をクリックします。

Google ドライブを利用すると、日々ファイルが増えていくため、目的のファイルを探す手間が増えます。利用頻度の高いファイルや重要度が高いファイルにはスターを付けることができ、探す手間を省くことができます。

1 スターを付けたいファイルを右クリックし、

2 [スターを追加]をクリックすると、

3 ファイルにスターが付きます。

Memo ▶ スターの付いたファイルを絞り込み表示する

画面左メニューの[スター付き]をクリックすると、スターを付けたファイルのみが一覧表示されます。

Q • Google ドライブの便利機能 •

189 ▶ ファイルの変更履歴を 確認したい!

A ファイルを右クリックし、 [詳細を表示]をクリックします。

Google ドライブのファイルは、ファイルの一覧画面に最新の更新日が表示されますが、それ以前の履歴についてはパッと見ではわかりません。過去の更新日時は管理されており、確認することができます。1つのファイルを複数人で更新した場合などは、履歴を追うことができます。

1 変更履歴を確認したいファイルを右クリックし、

2 [詳細を表示]をクリックすると、

3 ページの右側にサイドバーが表示されます。

4 [履歴]タブをクリックすると、

5 誰がいつ変更したかの履歴が確認できます。

ファイルの変更履歴を追うものとなり、戻す機能はありません。

Q 190 ▶ ファイルを検索したい！

A 検索フィールドに検索キーワードを
入力します。

Google ドライブのファイルは、日々増えていきます。
そのため目的のファイルをどこに格納していたかがわ
からなくなることがあります。こういった場合に検索
機能を使うことで、ファイルを探すことができます。

1 [ドライブで検索]をクリックし、検索キーワードを
入力すると、

2 検索候補が表示されます。探しているファイルな
どが表示されたら、クリックします。

3 探しているファイルが候補に表示されない場合は
Enter を押すと、

4 検索結果が表示されます。

Q 191 ▶ Gmailの添付ファイルを Google ドライブに保存したい！

A 添付ファイルの 🌐（[ドライブに追
加]）をクリックします。

Gmail に添付されたファイルは、別環境へ保存し忘れ
ることが多く、必要になったときに該当メールを探し
て保存し直すという非効率的な行動になりがちです。
これはメールの環境とファイルの保存先がそれぞれ別
環境となっていることに起因していると思われます。
Gmail ＋ Google ドライブではこの非効率な状況を最
小限にしてくれます。

1 Gmailを開きます。

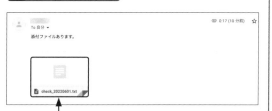

2 メールに添付されているファイルにマウスポイン
ターを合わせ、

3 表示される 🌐（[ドライブに追加]）をクリックする
と、

4 Google ドライブの [マイドライブ] 内にファイルが
保存されます。

基礎知識 1

メール 2

ビデオ会議 3

チャットツール タスク管理ツール 4

スケジュール管理 5

6

データ保存 7

文書作成 8

表計算 9

プレゼンテーション 10

アンケート 11

管理者設定 12

セキュリティ強化 13

そのほか 14

Q • Google ドライブの便利機能 •

192 ▶ オーナー権限を変更したい！

A 共有のダイアログで［オーナー権限の譲渡］をクリックします。

Google ドライブにファイルのアップロードやファイルの作成を行うと、自動的に自身がファイルのオーナーの権限となりますが、オーナー権限を持つユーザーが組織内の移動や退社などでオーナー権限が不在になった場合、容易にファイルの共有ができない、削除ができないといったことになります。このため、ファイルのオーナー権限を事前にほかのユーザーに譲渡し、後任者がこまらないようにする機能があります。

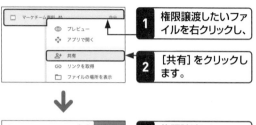

1 権限譲渡したいファイルを右クリックし、

2 ［共有］をクリックします。

3 権限譲渡したいユーザーの右にあるプルダウンをクリックし、

4 ［オーナー権限の譲渡］をクリックして、

5 ［招待メールを送信］をクリックします。

6 権限譲渡者宛に送られるメールに記載されている［承認］をクリックすると、オーナー権限が譲渡されます。

組織外へ権限を譲渡する場合、管理コンソールからの設定が必要となります。管理権限を持っているユーザーの操作が別途必要です。

Q • Google ドライブの便利機能 •

193 ▶ 共有されたファイルを編集したい！

A ［共有アイテム］からファイルを開きます。

ほかのユーザーに「編集者権限」を付与してもらえば、そのファイルを編集することができます。1つのファイルを複数人で共有すればファイル管理が容易になり、先祖返り（前の状態に戻ること）を抑えることができ、常に最新の状態のファイルを確認できるというメリットがあります。

1 画面左メニューの［共有アイテム］をクリックし、

2 共同編集したいファイルのあるフォルダをダブルクリックして、

3 共同編集したいファイルをダブルクリックすると、

4 ファイルが開きます。

5 ファイルを編集して閉じます。

Marketingの活動状況と

Q ● Google ドライブの便利機能 ●

194 ▶ ファイルを共有したい!

A フォルダを右クリックし、[共有]をクリックします。

組織内やプロジェクト進行上でファイルを共有したい場合があります。Google ドライブではファイルの共有もかんたんにできます。また、ファイル共有時に共有相手ごとに権限の選択が可能で、閲覧権限のみにしたり、編集権限を付与したりという設定ができます。

1 共有したいファイルを1つのフォルダ内に格納しておきます。

これは、1つのファイルのみ共有ということは頻度的に低く、のちに複数のファイルを共有することがあるため、1ファイルごとに権限を付与するという非効率的なことを避けるためです。

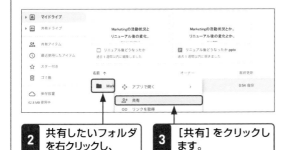

2 共有したいフォルダを右クリックし、

3 [共有]をクリックします。

4 共有相手の選択や、権限の設定画面が表示されます。

5 共有相手のメールアドレスを入力して候補をクリックし、

共有相手は複数名の入力もできます。

6 共有の権限をクリックして設定して、

7 共有相手にメール通知をする場合は[通知]をオンにし、

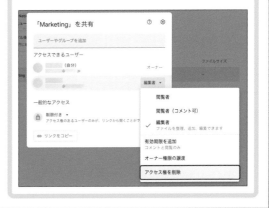

8 手順**7**をオンにした場合はメッセージを入力して、

9 [送信]をクリックします。

ファイルを共有する相手が組織外のユーザーの場合、セキュリティの設定により共有できない場合があります。この場合、管理コンソールからの変更が必要となりますので、組織内の管理者への相談してください。

Memo ▶ 共有を解除する

ファイル共有が不要になった場合、権限の付与を解除することが可能です。共有しているフォルダを右クリックし、[共有]をクリックします。共有している相手の一覧が表示されるので、共有を解除するユーザーの右にある権限選択から、[アクセス権を削除]をクリックし、[保存]をクリックします。

基礎知識 1
メール 2
ビデオ会議 3
チャットツール 4
タスク管理ツール 5
スケジュール管理 6
データ保存 7
文書作成 8
表計算 9
プレゼンテーション 10
アンケート 11
管理者設定 12
セキュリティ強化 13
そのほか 14

基礎知識 1
メール 2
ビデオ会議 3
チャットツール 4
タスク管理ツール 5
スケジュール管理 6
データ保存 7
文書作成 8
表計算 9
プレゼンテーション 10
アンケート 11
管理者設定 12
セキュリティ強化 13
そのほか 14

Q

● Google ドライブの便利機能 ●

195 ▶ ファイルを公開したい！

A 共有設定のダイアログで「一般的なアクセス」を
[リンクを知っている全員]に設定します。

Google ドライブでは、権限を付与した特定のユーザーとの共有や、不特定多数との共有などが容易に行えます。たとえばGoogle サイトでページを作成し、これに会社説明用のPDFや製品紹介PDFなどを共有するといった使い方も可能です。

1 Q.194手順**4**の画面を表示します。

2「一般的なアクセス」のプルダウンをクリックし、

3 不特定多数の人に公開の場合は、[リンクを知っている全員]をクリックします。

4 必要であれば編集権限のプルダウンをクリックし、

5 設定したい編集権限をクリックします。

初期状態では[閲覧者]が選択されており、閲覧のみとなります。編集権限は付与できますが、不特定多数が編集可能となるため、セキュリティの注意が必要です。

6 [完了]をクリックします。

これで共有リンクを知っているユーザーは閲覧可能となります。

7 共有リンクの取得は、対象となるフォルダ（またはファイル）を右クリックし、

名前 ↑		オーナー	最終更新
📁 Marketing			2:23 自分
	✛ アプリで開く ＞		
	👤+ 共有		
	🔗 リンクを取得		
	📁 フォルダの場所を表示		

8 [リンクを取得]をクリックします。

組織のセキュリティ設定によりファイルを公開できない場合があります。この場合、管理コンソールからの変更が必要となりますので、組織内の管理者への相談してください。

Memo ▶ 公開をやめる

ファイルの公開をやめる場合、共有済みフォルダを右クリックし、[共有]をクリックして、共有設定のダイアログを開きます。「一般的なアクセス」のプルダウンをクリックし、[制限付き]をクリックして、右下にある[完了]をクリックします。

第 **8** 章

文書作成「ドキュメント」の活用技！

基礎知識 1
メール 2
ビデオ会議 3
チャットツール 4
タスク管理ツール 5
スケジュール管理 6
データ保存 7
文書作成 8
表計算 9
プレゼンテーション 10
アンケート 11
管理者設定 12
セキュリティ強化 13
そのほか 14

Q 196 ▶ Google ドキュメントとは？

●Google ドキュメントの基本●

A 文章の作成・編集・共同作業を行うことができるツールです。

Googleドキュメントでは数多くの機能を使って、魅力的なドキュメントが作成できます。編集ツールやスタイル設定ツールを使用して、テキストや段落の書式が設定でき、使用フォントの変更やリンクの追加、画像の挿入など、さまざまな編集作業ができます。デバイスを選ばず利用でき、オフライン中でも作業の継続が可能です。同じドキュメントを複数のユーザーと同時に作業することもできます。変更内容は自動で保存され、変更履歴から古いバージョンを確認することも可能です。また、Microsoft Wordファイルに対応しているので、Wordファイルを編集したり、ドキュメント形式とWord形式を相互に変換することも可能です。さらにアドオンを追加して、さまざまな機能を追加することができます。

1 Google Workspaceにログインした状態で、Google検索ページ（https://www.google.co.jp/）にアクセスし、

2 ページ右上にある ⠿（[Google アプリ]）をクリックして、

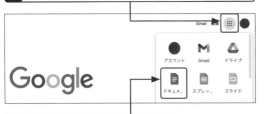

3 [ドキュメント] をクリックすると、

↓

4 ドキュメントのトップページにアクセスできます。

Q 197 ▶ Google ドキュメントの画面構成を知りたい！

●Google ドキュメントの基本●

A 新規ドキュメントの作成や、過去に利用したドキュメントが表示されます。

ドキュメントのトップページはとてもシンプルです。新規ドキュメントを作成するには、ページ上部の「新しいドキュメントを作成」エリアを利用します。過去のドキュメントを利用するときは、ページ下部の「最近使用したドキュメント」エリアから、利用したいドキュメントを探します。

名称	機能
❶ 新しいドキュメントを作成	テンプレートが表示されています。
❷ 最近使用したドキュメント	過去に利用したドキュメントが表示されています。
❸ メインメニュー	ドキュメントのほかにスプレッドシート、スライド、フォームなどへ移動できます。
❹ テンプレートギャラリー	[全般] タブ内にさまざまなテンプレートがあらかじめ登録されています。自ドメインタブには、自身で登録したテンプレートが表示されます。
❺ リスト表示	アイコン表示とリスト表示を切り替えることができます。
❻ ファイル選択ツール	任意の場所にあるドキュメントやローカル環境に保存されているドキュメントを読み込むことができます。

198 ▶ Google ドキュメントで 文書を作成したい！

A 空白テンプレートか、テンプレートギャラリーのテンプレートを選びます。

豊富なテンプレートから目的に合ったテンプレートを見つけ、新規ドキュメントを作成することができます。「空白」を選択すると、真っ白な空白ドキュメントが立ち上がりますので、イチから自分なりのドキュメントを作ることができます。新規ドキュメントを作成すると、ドキュメントの編集ページに移動します。

> ページ上部の「新しいドキュメントを作成」エリアにある[空白]をクリックして、何も設定されていない真っ白なドキュメントを作成します。

> ページ上部の「新しいドキュメントを作成」エリアにある「テンプレートギャラリー」から、目的に合ったテンプレートを選択して、新規ドキュメントを作成します。

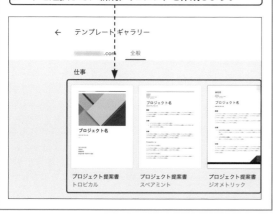

199 ▶ 文書のファイル名を 変更したい！

A ドキュメント名を変更すれば、 ファイル名も変更されます。

「空白」を選んで新規ドキュメントを作成した場合、最初に「無題のドキュメント」という名前が付けられています。そのままにしておくと「無題のドキュメント」だらけになり、ドキュメントの検索などがしづらくなります。内容が判断しやすいドキュメント名を付けるように心がけましょう。

編集画面から変更する

1 ドキュメント名をクリックします。

2 ドキュメント名部分が入力モードに変わり、ドキュメント名を変更できるようになります。ここで設定する名前がファイル名にもなります。

トップページから変更する

1 目的のドキュメントの右下にある⋮をクリックし、

2 [名前を変更]をクリックします。

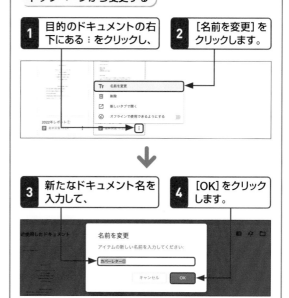

3 新たなドキュメント名を入力して、

4 [OK]をクリックします。

基礎知識 1
メール 2
ビデオ会議 3
チャットツール 4
タスク管理ツール 5
スケジュール管理 6
データ保存 7
文書作成 8
表計算 9
プレゼンテーション 10
アンケート 11
管理者設定 12
セキュリティ強化 13
そのほか 14

基礎知識 1
メール 2
ビデオ会議 3
チャットツール 4
タスク管理ツール 5
スケジュール管理 6
データ保存 7
文書作成 8
表計算 9
プレゼンテーション 10
アンケート 11
管理者設定 12
セキュリティ強化 13
そのほか 14

Q 200 ▶ 段落を変えずに改行したい!

● Google ドキュメントの基本 ●

A Enter を押して段落を分け、Shift + Enter で改行を行います。

文章をいくつかの部分に分けたものを段落と呼びますが、その段落の中で改行したい場面があります。キーボードの Enter を押すと、段落を区切り次の段落に移ることになります。段落内で改行を行いたい場合には Shift + Enter を押します。

1 段落の改行したい位置にカーソルを合わせ、

> 清和源氏の一流たる河内源氏の源義朝の三男として生まれ、父・義朝が平治の乱で敗れると伊豆国へ配流される。伊豆で以仁王の令旨を受けると北条時政、北条義時などの坂東武士らと平家打倒の兵を挙げ、鎌倉を本拠として関東を制圧する。弟たちを代官として源義仲や平家を倒し、戦功のあった末弟・源義経を追放の後、諸国に守護と地頭を配し て力を強め、奥州合戦で奥州藤原氏を滅ぼす。建久3年（1192年）に征夷大将軍に任じられた。これにより、朝廷と同様に京都を中心に権勢を誇った平氏政権とは異なる、東国に独立した武家政権が開かれ、後に鎌倉幕府と呼ばれた。頼朝の死後、御家人の権力闘争によって頼朝の嫡流は断絶し、その後は、北条義時の嫡流（得宗家）が鎌倉幕府の支配者となった。
> ("源頼朝 - Wikipedia")

2 Shift + Enter を押すと、

3 カーソルの位置で改行が行われます。

> 清和源氏の一流たる河内源氏の源義朝の三男として生まれ、父・義朝が平治の乱で敗れると伊豆国へ配流される。伊豆で以仁王の令旨を受けると北条時政、北条義時などの坂東武士らと平家打倒の兵を挙げ、鎌倉を本拠として関東を制圧する。
> 弟たちを代官として源義仲や平家を倒し、戦功のあった末弟・源義経を追放の後、諸国に守護と地頭を配し て力を強め、奥州合戦で奥州藤原氏を滅ぼす。建久3年（1192年）に征夷大将軍に任じられた。これにより、朝廷と同様に京都を中心に権勢を誇った平氏政権とは異なる、東国に独立した武家政権が開かれ、後に鎌倉幕府と呼ばれた。頼朝の死後、御家人の権力闘争によって頼朝の嫡流は断絶し、その後は、北条義時の嫡流（得宗家）が鎌倉幕府の支配者となった。
> ("源頼朝 - Wikipedia")

4 段落を区切りたい位置にカーソルを合わせ、

5 Enter を押すと、

6 段落が区切られます。

> 清和源氏の一流たる河内源氏の源義朝の三男として生まれ、父・義朝が平治の乱で敗れると伊豆国へ配流される。伊豆で以仁王の令旨を受けると北条時政、北条義時などの坂東武士らと平家打倒の兵を挙げ、鎌倉を本拠として関東を制圧する。
> 弟たちを代官として源義仲や平家を倒し、戦功のあった末弟・源義経を追放の後、諸国に守護と地頭を配し て力を強め、奥州合戦で奥州藤原氏を滅ぼす。建久3年（1192年）に征夷大将軍に任じられた。これにより、朝廷と同様に京都を中心に権勢を誇った平氏政権とは異なる、東国に独立した武家政権が開かれ、後に鎌倉幕府と呼ばれた。
>
> 頼朝の死後、御家人の権力闘争によって頼朝の嫡流は断絶し、その後は、北条義時の嫡流（得宗家）が鎌倉幕府の支配者となった。
> ("源頼朝 - Wikipedia")

Q 201 ▶ フォントや文字サイズを変更したい!

● Google ドキュメントの基本 ●

A ツールバーから変更できます。

タイトルや見出し、本文に装飾を加えることで、ドキュメントの魅力はぐんとアップします。タイトルは大きく、見出しはちょっと大きめに、それぞれゴシック体にし、本文は明朝体にするなどです。そのような設定も段落やテキストごとに、ツールバーから変更できます。

フォントを変更する

1 フォントを変更したい箇所を選択し、

2 ツールバーの [フォント] をクリックします。

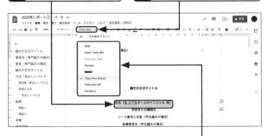

3 表示されたフォントリストから目的に合ったフォントをクリックすると、選択箇所に反映します。

文字サイズを変更する

1 文字の大きさを変更したい箇所を選択し、

2 ツールバーの [フォントサイズ] をクリックします。

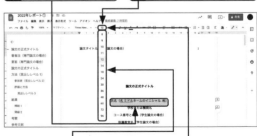

3 開かれた数値リストから値をクリックします。

4 直接数値を入力することもできます。また、左右にある＋と－をクリックして調整も可能です。

Q 202 ▶ 文字の配置を変更したい！

A 配置オプションを利用して設定できます。

タイトルを中央に揃えたい、宛先を左に揃えたいなど、ドキュメント内で文字の揃え方を変更したい場合があります。変更したい段落やテキストごとに設定を行うことができるので、ツールバーの配置オプションを使って左に揃えたり、中央に揃えたりすることができます。

1 配置を変更したい段落を選択し、

2 ツールバーの ≡・（[配置]）をクリックして、

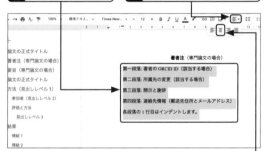

3 開かれた配置オプションから目的に合った配置（ここでは ≡（[中央揃え]））をクリックすると、

4 選択箇所に反映されます。

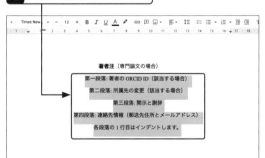

Memo ▶ メニューバーから変更する

メニューバーの［表示形式］→［配置とインデント］の順にクリックすることでも、同様に配置を変更できます。

Q 203 ▶ 行間を調整したい！

A 段落ごとの行間隔の調整や、段落間隔の調整ができます。

文章は行間が広すぎても、狭すぎても読みにくく、適度な行間に設定することが肝心です。段落間隔も狭ければ段落ごとの関係性を高く感じ、広ければ関係性は薄く感じられます。間隔を適切に作ることで、ドキュメントの読みやすさ、理解のしやすさにつながります。

1 段落位置にカーソルを合わせます。

2 メニューバーの［表示形式］をクリックし、

3 ［行間隔と段落の間隔］をクリックして、

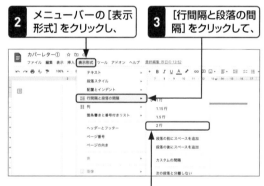

4 適当な行間隔（ここでは [2行]）をクリックして選択します。

5 行間が設定されます。

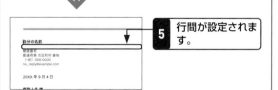

Memo ▶ 間隔をカスタムする

手順**4**で［カスタムの間隔］をクリックすると、［カスタムの間隔］ダイアログが開き、独自に設定することができます。

基礎知識 1
メール 2
ビデオ会議 3
チャットツール 4
タスク管理ツール 5
スケジュール管理 6
データ保存 7
文書作成 8
表計算 9
プレゼンテーション 10
アンケート 11
管理者設定 12
セキュリティ強化 13
そのほか 14

Q 204 ▶ 文章を箇条書きしたい！

・Google ドキュメントの基本・

A 箇条書きや番号付きリストなどを追加することができます。

通常の箇条書きリストに加え、手順を書くには番号付きリスト、ToDoのような使い方ならチェックリストなど、使い方次第でリストは便利に使えます。文章中にただ羅列するよりも、リスト表示に整えることで見やすさも、読みやすさもよくなります。

1 箇条書きを適用したい箇所を選択し、

2 ツールバーの ☰・（［箇条書き］）をクリックして、

3 6種類の箇条書きの中から適用したいスタイルをクリックすると、

↓

4 選択した箇所に箇条書きが適用されます。

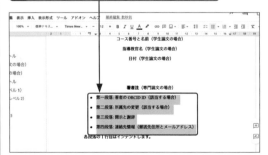

Memo ▶ 番号付きやチェックリストにする

手順**2**でツールバーの ☰・（［番号付きリスト］）をクリックすると番号付きに、✓・（［チェックリスト］）をクリックするとチェックリストにすることができます。

Q 205 ▶ 文書に画像を挿入したい！

・Google ドキュメントの基本・

A さまざまな方法でドキュメントに画像を挿入できます。

文章だけでは伝えきれない事柄も画像が挿入されていることで、より伝わりやすく、華やかに閲覧者へ伝えることができます。画像の挿入には［パソコンからアップロード］のほかに、［ウェブを検索］や［ドライブ］（Google ドライブ）、［フォト］（Google フォト）、［URL］、［カメラ］とさまざまな方法が用意され、多くのファイル形式に対応しています。

1 画像を挿入したい箇所にカーソルを合わせ、

2 ツールバーの 🖼・（［画像の挿入］）をクリックして、

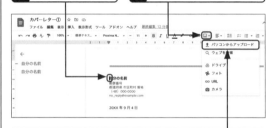

3 開かれたリストから［パソコンからアップロード］をクリックします。

↓

4 パソコンに保存されている画像を選択すると、画像が挿入されます。

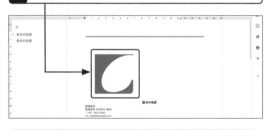

Memo ▶ 画像のサイズや配置を変更する

挿入した画像を選択し、ツールバーに表示される［画像オプション］をクリックすると、ページの右側に「画像オプション」サイドバーが表示され、画像にさまざまな設定を行うことができます。

206 ▶ 文書に表を挿入したい！

A 表をはじめから作成することも、スプレッドシートからコピーして貼り付けることもできます。

統計などの表データを挿入すれば、より詳細に説得力のある文書にすることができます。ドキュメントでも表を作成できますが、スプレッドシートで表を作成し、それを挿入すれば、よりかんたんに作成できる上、更新があった場合でもドキュメントに挿入した表が連動して更新されるため便利です。

表を作成する

1 表を挿入したい箇所にカーソルを合わせます。

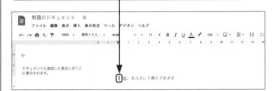

2 メニューバーの[挿入]をクリックし、

3 [表]をクリックすると、マス目が描かれたメニューが開きます。

4 マウスポインターをドラッグし、表の行数と列数を指定して表を作成します。

5 目的の行数、列数で表が作成されます。

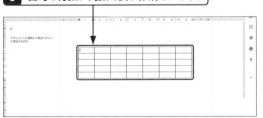

表をコピーして貼り付ける

1 スプレッドシートからコピーするには、あらかじめ作成しておいたスプレッドシートを開きます。

2 必要な箇所を選択し、

3 コピーします。

4 ドキュメントに貼り付けると、[表の貼り付け]ダイアログが開きます。[スプレッドシートにリンク]をオンにし、

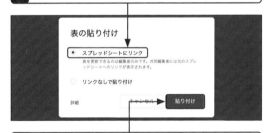

表の貼り付け

● スプレッドシートにリンク
表を更新できるのは編集者のみです。共同編集者には元のスプレッドシートへのリンクが表示されます。

○ リンクなしで貼り付け

詳細　　　　キャンセル　貼り付け

5 [貼り付け]をクリックすると、スプレッドシートの内容更新と連動して、ドキュメントの表も更新されるようになります。

6 スプレッドシートから表がコピーされます。

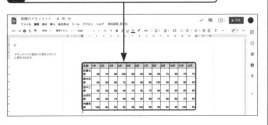

基礎知識 1
メール 2
ビデオ会議 3
チャットツール 4
タスク管理ツール 5
スケジュール管理 6
データ保存 7
文書作成 8
表計算 9
プレゼンテーション 10
アンケート 11
管理者設定 12
セキュリティ強化 13
そのほか 14

Q ●Google ドキュメントの基本●

207 ▶文書にグラフを挿入したい!

A 新規に作成するか、スプレッドシートからコピーして貼り付けます。

グラフをはじめから作成したり、スプレッドシートで作ったグラフを貼り付けて文章中に配置すると、数値をビジュアルで理解をしやすくすることができます。スプレッドシートから貼り付けたグラフはスプレッドシートの更新に連動して、最新の内容に更新する機能が使えるので便利です。

グラフを挿入する

1 ドキュメントを開き、表を挿入したい箇所にカーソルを合わせます。

2 メニューバーの「挿入」をクリックし、

3 [グラフ] をクリックして、

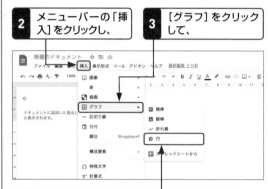

4 グラフの種類(ここでは [円])をクリックすると、

5 新規のグラフが挿入されます。

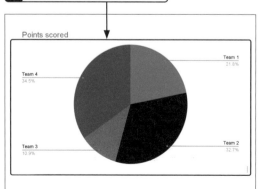

グラフデータを更新する

1 新規のグラフはデータが初期値です。グラフを選択し、グラフの右上にある∞をクリックし、

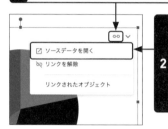

2 [ソースデータを開く]をクリックすると、スプレッドシートが開き、目的の内容に合わせてデータを更新します。

コピーして貼り付ける

1 スプレッドシートであらかじめ作成したグラフをコピーしてくる場合は、グラフを作成してあるスプレッドシートを開き、グラフをコピーします。

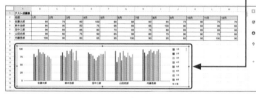

2 ドキュメントに貼り付けると、[グラフの貼り付け]ダイアログが開きます。[スプレッドシートにリンク]をオンにし、

3 [貼り付け]をクリックすると、スプレッドシートの内容更新と連動して、ドキュメントの表も更新されるようになります。

Q ·Googleドキュメントの便利機能·

208 ▶ Wordファイルを 編集したい！

A Google ドライブに保存した Wordファイルを編集できます。

Google ドキュメントは、ドキュメント作成の標準ソフトになっているWordファイルに対応しており、Wordファイルの閲覧・編集を行うことができます。ドキュメントでWordファイルを開いた場合も拡張子は「.DOCX」のままで、編集を行ったあとももとのWordファイルとして保存されます。

1 Google ドライブに保存したWordファイルを右クリックし、

2 [アプリで開く]をクリックして、

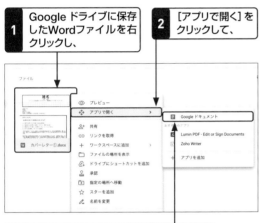

3 [Google ドキュメント]をクリックすると、

Wordファイルが開きます。

4 ドキュメントでWordファイルを開くと、ドキュメント名の右側に「.DOCX」と表示されます。

Q ·Googleドキュメントの便利機能·

209 ▶ Word形式で 保存したい！

A ダウンロード形式に［Microsoft Word（.docx）］を選択します。

Microsoft Wordしか利用できない相手とドキュメントを共有したい場合、ファイル形式をWord形式に変換してパソコンにダウンロードすることで、ファイルの共有ができるので便利です。

1 メニューバーの［ファイル］をクリックし、

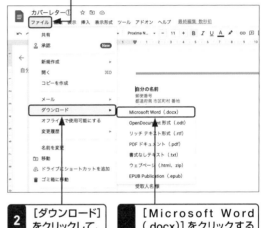

2 ［ダウンロード］をクリックして、

3 ［Microsoft Word（.docx）］をクリックすると、パソコンにWordファイルがダウンロードされます。

4 ダウンロードされたWordファイルは、Microsoft Wordで開くことができます。

基礎知識 1
メール 2
ビデオ会議 3
チャットツール 4
タスク管理ツール 5
スケジュール管理 6
データ保存 7
文書作成 8
表計算 9
プレゼンテーション 10
アンケート 11
管理者設定 12
セキュリティ強化 13
そのほか 14

基礎知識 1
メール 2
ビデオ会議 チャットツール 3
タスク管理ツール 4
スケジュール管理 5
データ保存 6
7
文書作成 8
表計算 9
プレゼンテーション アンケート 10
11
管理者設定 12
セキュリティ強化 13
そのほか 14

Q

210 ▶ PDFにしたい！

A ダウンロード形式に [PDFドキュメント（pdf）] を選択します。

ドキュメントを電子書類の標準的な形式であるPDF形式に変換してパソコンにダウンロードすることで、より多くの人とドキュメントを共有することができます。またPDF形式であれば、ドキュメント内容の改ざんも行いにくい、というメリットもあります。

1 メニューバーの[ファイル]をクリックし、

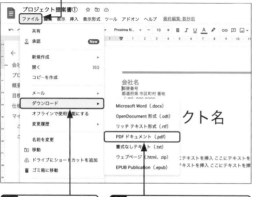

2 [ダウンロード] をクリックして、

3 [PDFドキュメント（.pdf）] を選択すると、パソコンにPDFファイルがダウンロードされます。

4 ダウンロードされたPDFファイルは、Adobe Acrobatで開くことができます。

Q

211 ▶ OCR機能を使いたい！

A あらかじめGoogle ドライブへ画像やPDFを保存をしておく必要があります。

見ながら書き起こすよりも、OCR機能を使用すると短時間で高精度な書き起こしが可能になります。OCR機能は、JPEG、PNG、GIF、PDFの各ファイル形式に対応し、ファイルサイズは2MBまで対応しています。なお、リストや表、列などは検出されない場合があります。

1 Google ドライブに保存した画像またはPDFファイルを右クリックし、

2 [アプリで開く] をクリックして、

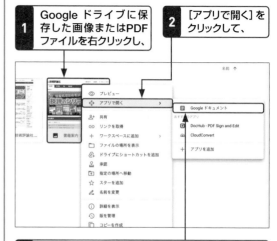

3 [Google ドキュメント]をクリックすると、OCR処理が開始します。

4 OCR処理が終わると、ドキュメントとしてファイルが開きます。

Q 212 ▶ 音声入力で文字を入れたい！

●Google ドキュメントの便利機能●

A パソコンに接続されたマイクが利用可能であれば、音声で文字を入力できます。

キーボードで入力するのが苦手な方にとって、音声入力はとくに重宝される機能かもしれません。日本語以外にも多くの言語に対応していますが、利用できるブラウザーは、Google Chromeのみとなっています。

1 メニューバーの [ツール] をクリックし、

 2 [音声入力]をクリックします。

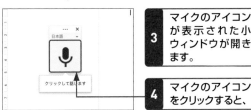

3 マイクのアイコンが表示された小ウィンドウが開きます。

 4 マイクのアイコンをクリックすると、

5 マイク利用許可のダイアログが開きます。[許可]をクリックすると、音声入力を開始します。

 6 入力したい位置にカーソルを合わせ、

7 話しはじめることで、音声で入力を行うことができます。

Q 213 ▶ ファイルに透かしを入れたい！

●Google ドキュメントの便利機能●

A かんたんに企業ロゴやサンプルなどの透かしを追加できます。

著作権保護などの目的で、テキストや画像を使ってドキュメントに透かしを追加できます。あらかじめGoogle ドライブに画像を保存しておく必要がありますが、企業ロゴや印影なども透かしとして利用できます。透かしはすべてのページに挿入されますが、不要になった場合は、操作パネルで削除できます。

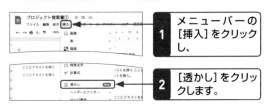

1 メニューバーの[挿入]をクリックし、

2 [透かし]をクリックします。

3 ページの右側に操作パネルが表示されます。

4 画像の透かしを設定するには [画像]タブを選びます。

5 画像を設定すると、ドキュメントに画像の透かしが設定されます。

Memo ▶ テキストの透かしを設定する

手順**4**の画面で、[テキスト]タブをクリックし、入力フィールドに任意の文字を入力すると、ドキュメントに入力した文字が透かしとして設定されます。

基礎知識 1
メール 2
ビデオ会議 チャットツール 3
タスク管理ツール 4
スケジュール管理 5
データ保存 6
文書作成 7
8
表計算 9
プレゼンテーション 10
アンケート 11
管理者設定 12
セキュリティ強化 13
そのほか 14

Q 214 ▶ ページ数を追加したい！

●Google ドキュメントの便利機能●

A ページ番号や合計ページ数をドキュメントに追加することができます。

合計ページ数、現在のページ番号をページ内で常に表示しておくと、ドキュメント全体のボリュームや現在の位置を掴みやすくなります。合計ページ数は、ページ数に変更があると自動で更新され、ページ番号も連動して更新されます。ページ番号には最初のページをスキップするなどの設定ができます。

1 メニューバーの［挿入］をクリックし、

2 ［ページ番号］をクリックして、

3 4つの追加設定のいずれかをクリックします。

Memo ▶ 最初のページをスキップさせる

手順**3**の画面で［その他のオプション］をクリックすると［ページ番号］ダイアログが開き、最初のページをスキップするかなどを設定することができます。

Memo ▶ 「1/1」のように表示する

ページ数を追加したい位置にカーソルを合わせ、メニューバーの［挿入］→［ページ番号］の順にクリックし、［ページ数］をクリックします。合計ページ数を追加すると、ページの右上に「1/1」と追加できます。

Q 215 ▶ 文書のすべてのページにフッターを入れたい！

●Google ドキュメントの便利機能●

A ［ヘッダーとフッター］を使えば、固定情報の表示に便利なフッターを利用できます。

フッターは、ページの下端部に、固定の情報を常に表示する場合に便利な機能です。オプションを設定すれば、最初のページのみ内容を変更したり、ページ番号を追加したりすることも可能です。フッターと同様にヘッダーも追加することができるので、ページの上端部に固定情報を表示したいときに便利な機能です。

1 メニューバーの［挿入］をクリックし、

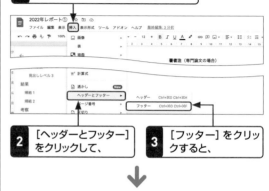

2 ［ヘッダーとフッター］をクリックして、

3 ［フッター］をクリックすると、

4 ページの下端部に「フッター」が表示されます。

5 固定文章などを入力します。入力した文章はすべてのページに表示されます。

6 ［オプション］をクリックし、

7 設定したい項目をクリックすると、最初のページのみ内容を変更したり、ページ番号を追加したりすることも可能です。

Q 216 ▶ 文章を翻訳したい！

A ドキュメントの翻訳機能は、
多くの言語を翻訳できます。

海外のドキュメントなど、翻訳を行って内容を確認したい場合などに便利な翻訳機能です。ドキュメント名を命名し、何言語に翻訳したいかを選択すれば、別ファイルとしてGoogleドライブに保存されます。日本語、英語だけでなく、中国語、韓国語、ポルトガル語など100以上の言語に対応しています。

1 メニューバーの [ツール] をクリックし、

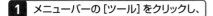

2 [ドキュメントの翻訳機能] をクリックします。

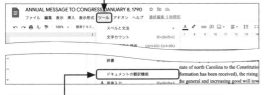

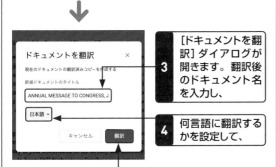

3 [ドキュメントを翻訳] ダイアログが開きます。翻訳後のドキュメント名を入力し、

4 何言語に翻訳するかを設定して、

5 [翻訳] をクリックします。

6 本文が翻訳されます。

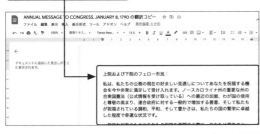

Q 217 ▶ ほかのドキュメントとの差分を知りたい！

A 2つのドキュメントを比較して、相違点を示す3つ目のドキュメントを作成します。

2つの文章を比較して相違点を調べます。文章量が多ければ多いほど便利な機能になります。修正作業を繰り返しているうちに、過去の内容とどこが違うのかがわからなくなってしまったときなどに相違点を調べれば、違いを確認できるので重宝します。

1 メニューバーの [ツール] をクリックし、

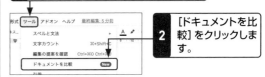

2 [ドキュメントを比較] をクリックします。

3 [ドキュメントの比較] ダイアログが開きます。

4 比較対象としたいドキュメントを選択し、

5 [比較] をクリックします。

6 比較対象のドキュメントをクリックして選択し、

7 [開く] → [開く] の順にクリックします。

8 相違点をまとめたドキュメントが開きます。

基礎知識 1
メール 2
ビデオ会議 3
チャットツール 4
タスク管理ツール 5
スケジュール管理 6
データ保存 7
文書作成 8
表計算 9
プレゼンテーション 10
アンケート 11
管理者設定 12
セキュリティ強化 13
そのほか 14

基礎知識 1
メール 2
ビデオ会議 3
チャットツール 4
タスク管理ツール 5
スケジュール管理 6
データ保存 7
文書作成 8
表計算 9
プレゼンテーション 10
アンケート 11
管理者設定 12
セキュリティ強化 13
そのほか 14

Q ・Google ドキュメントの便利機能・

218 ▶ 文字数を確認したい！

A ドキュメント全体や一部分の文字数のカウントができます。

140文字までの投稿が可能なTwitterなど、用途によっては文字数が制限されることがあります。そのような場合は、文字数のカウント機能を使います。文章の文字数をカウントして、出力先に合わせた文字数に調整しながら作成できるのはたいへん便利です。

1 メニューバーの［ツール］をクリックし、

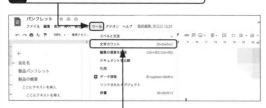

2 ［文字カウント］をクリックすると、

3 ［文字カウント］ダイアログが開き、ドキュメントの文字数を確認できます。

4 一部を選択状態にして［文字カウント］ダイアログを開くと、選択状態の箇所の文字数を確認できます。

Q ・Google ドキュメントの便利機能・

219 ▶ 文章の構造を確認したい！

A ドキュメントを構造化すると整理にも役立ちます。

文章の構造をタイトル、サブタイトル、見出し1、見出し2……本文と構造化することによって、全体が見通しよく、読みやすいドキュメントを作成することができます。タイトルや見出しなどのスタイルを適用すれば、左のサイドバーに表示され、所定の場所まで移動するリンクとしても利用できます。

1 ドキュメントの左上にある ▤（［ドキュメントの概要を表示］）をクリックします。

2 左のサイドバーに「概要」が表示されます。

3 見出しに追加するには、追加したい部分を選択し、

4 ツールバーの［スタイル］から任意のスタイルをクリックします。

5 「概要」から削除するには、追加されている見出しにマウスポインターを合わせると表示される×をクリックします。

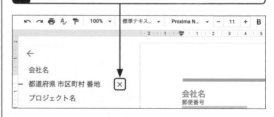

Q 220 ▶ 引用や参考文献情報を管理したい！

A 引用ツールによって生成される要素は、英語のみとなります。

煩雑になりがちな引用・参考文献情報を、ドキュメントのサイドバー内で一括管理できます。引用は、[MLA][APA][シカゴ　著者 - 日付]のスタイルから選ぶことができ、参考文献リストも挿入するだけで自動生成されます。引用・参考文献情報は、サイドバー内で追加・削除がかんたんに行えるので便利です。

1 メニューバーの［ツール］をクリックし、

2 ［引用］をクリックします。

↓

3 ページの右側にサイドバーが開きます。

4 ［MLA（第8版）］をクリックし、［MLA（第8版）］［APA（第7版）］［シカゴ　著者 - 日付（第17版）］のいずれかのスタイルから引用を選択して、

5 ［引用元を追加］をクリックします。

↓

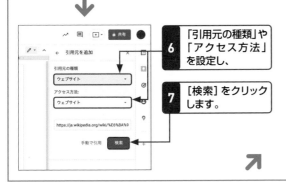

6 「引用元の種類」や「アクセス方法」を設定し、

7 ［検索］をクリックします。

↗

8 検索結果を確認し、

9 ［次へ進む］をクリックします。

↓

10 項目情報などの編集を行い、

11 ［引用元を追加］をクリックします。

↓

12 文中に引用を追加するには、挿入位置にカーソルを合わせ、

13 挿入したい引用を選択すると表示される［引用］をクリックします。

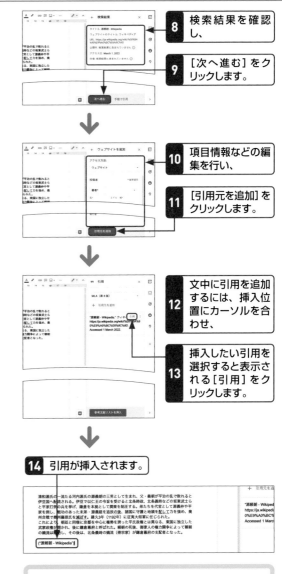

↓

14 引用が挿入されます。

Memo ▶ 文献リストを挿入する

挿入する位置にカーソルを合わせ、手順**13**の画面で［参考文献リストを挿入］をクリックします。

基礎知識　1
メール　2
ビデオ会議　3
チャットツール　4
タスク管理ツール　5
スケジュール管理　6
データ保存　7
文書作成　8
表計算　9
プレゼンテーション　10
アンケート　11
管理者設定　12
セキュリティ強化　13
そのほか　14

基礎知識 1
メール 2
ビデオ会議 3
チャットツール 4
タスク管理ツール 5
スケジュール管理 6
データ保存 7
文書作成 8
表計算 9
プレゼンテーション 10
アンケート 11
管理者設定 12
セキュリティ強化 13
そのほか 14

Q ● Google ドキュメントの便利機能 ●

221 ▶ ドキュメントにフロー図を入れたい!

A 「Lucidchart」で作成したフロー図を画像として配置できます。

機能拡張の「Lucidchart」を利用してドキュメントに組織図やフロー図を配置し、説明をよりわかりやすくできます。「Lucidchart」はフロー図などのほかに、ネットワークダイアグラムやワイヤーフレームなどさまざまな作図ができるツールです。Google ドライブ、Slack、Atlassian などほかのサービスとも統合することができる、非常に強力な機能拡張です。

1 あらかじめQ.463を参考に「Lucidchart」のアドオンをインストールしておきます。

2 インストール後、画面右側に「Lucidchart Diagrams」のサイドバーが開きます。

3 [Sign in with Google] をクリックしてサインインします。

4 ブラウザーの別タブに Lucidchartのプラン選択が開きます。

5 最適なプランをクリックして選択し、

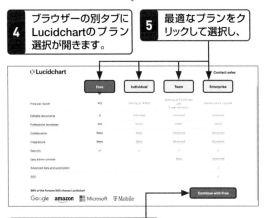

6 右下のボタンをクリックして質問に回答します。

7 質問の回答を完了すると、作図を行えるようになります。

8 目的の図を作成したら、ドキュメントのタブに戻ります。

9 メニューバーの[拡張機能]をクリックし、

10 [Lucidchart] をクリックして、

11 [Insert Diagram] をクリックすると、

12 画面右側に「Lucidchart Diagrams」のサイドバーが開きます。

13 挿入したいファイルをクリックし、[INSERT] をクリックすると、

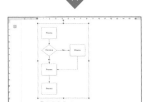

14 ドキュメントに画像としてフロー図が配置されます。

Q 222 ▶ 目次を挿入したい！

●Google ドキュメントの便利機能●

A 目次を挿入すると、タイトルや見出しに対応した一覧を自動で生成します。

複数ページに渡るドキュメントなどは、目次を付けることでドキュメント全体を見通ししやすくなります。目次は適宜更新することで、最新の内容に更新されます。なお、タイトルや見出しなどのスタイルが適用されていないと、目次に追加されません。

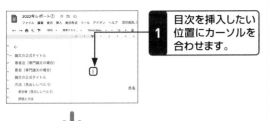

1 目次を挿入したい位置にカーソルを合わせます。

↓

2 メニューバーの［挿入］をクリックし、

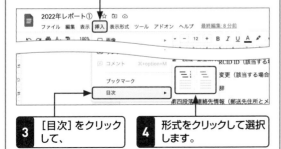

3 ［目次］をクリックして、

4 形式をクリックして選択します。

↓

5 目次には、ドキュメントのタイトルや見出しが反映されます。

6 目次の左側にある ↻（［更新］）をクリックして、目次を更新します。

Q 223 ▶ 作成したドキュメントの校正作業をしたい！

●Google ドキュメントの便利機能●

A 文法やスペルチェックなどをボタン1つで実行できます。

文章の校正では、スペルチェックや文法チェックは重要な作業となりますが、Google ドキュメントならボタン1つで、修正の提案を表示します。誤字脱字はもちろん些細なスペルミスでも提案してくれます。提案された修正を承諾する場合も、ボタン1つで提案を反映できます。

1 ツールバーの（［スペルと文法のチェック］）をクリックすると、スペルチェック、文法チェックが行われ、ページ右側に修正などの提案が表示されます。

↓

2 提案通りに修正を行うには、［承諾］をクリックします。

Memo ▶ チェック内容を設定する

メニューバーの［ツール］→［スペルと文法］の順にクリックすることで、チェックの内容を設定することができます。

基礎知識 1
メール 2
ビデオ会議 3
チャットツール 4
タスク管理ツール 5
スケジュール管理 6
データ保存 7
文書作成 8
表計算 9
プレゼンテーション 10
アンケート 11
管理者設定 12
セキュリティ強化 13
そのほか 14

Q 224 ▶ 修正箇所を提案したい!

●Google ドキュメントの便利機能

A ドキュメントには編集・提案・閲覧モードがあり、ツールバーで切り替えます。

ドキュメントを作成する場合は「編集モード」、修正などの提案を書き込みたい場合には、「提案モード」を利用します。提案で入力した内容は、編集で確認しながらドキュメントを修正し、最終的なプリントなどは「閲覧モード」を使って行います。

モードを切り替える

1 ツールバーの ✎ ▾（[モード]）をクリックし、

2 切り替えたいモード（ここでは [提案]）をクリックすると、

3 モードが切り替わります。

ここで変更した提案モードでは、ドキュメントに提案を書き込むことで、修正箇所のもとのテキストは残し、修正案を直接書き込むことができます。

Q 225 ▶ 変更前の内容に戻したい!

●Google ドキュメントの便利機能

A 区切りが付くごとに版に名前を付けておくと、あとで見つけやすいです。

ドキュメントの作成過程では、何度も内容の見直しや書き換え、修正を行います。その都度わかりやすい名前を版に付けておくと、○○時点の内容に戻したい！といった場合に、かんたんに戻すことができます（版はドキュメントの保存タイミングごとに自動で作成され、ファイルのバージョンに相当します）。

版に名前を付ける

1 開いているドキュメントの最新の版に名前を付けるには、メニューバーの [ファイル] をクリックし、

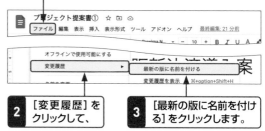

2 [変更履歴] をクリックして、

3 [最新の版に名前を付ける] をクリックします。

↓

4 わかりやすい名前を入力し、

5 [保存] をクリックします。

過去の内容に戻す

1 上の手順3の画面で [変更履歴を表示] をクリックします。

2 画面の右側に開いた「変更履歴」のサイドバーにある目的の版をクリックし、

3 [この版を復元] をクリックします。

変更履歴に復元されたことが記録されます。

226 ▶ ドキュメントをテンプレート化して社内で共有したい！

A ドキュメントギャラリーに送信するだけで、独自のテンプレートが登録できます。

統一性を保ってドキュメント作成を続けるには、社内やチームでテンプレートを活用してドキュメントの作成を進めると便利です。多くの場合、携わる人数が増えるほどに統一性は薄れていきます。段落ごとにフォントが違っていたり、色使いがまちまちになっていたりすることを防げます。

> ドキュメントのトップページにアクセスします（Q.196参照）。

1 [テンプレートギャラリー] をクリックし、テンプレートギャラリーを開きます。

2 テンプレートギャラリーの自ドメインタブにある [テンプレートを送信] をクリックします。

3 [テンプレートを送信] ダイアログが開きます。

4 [ドキュメントを選択] をクリックし、

5 作成したテンプレート用ドキュメントをクリックして、

6 [開く] をクリックします。

7 「カテゴリ」を設定し、

8 [送信] をクリックします。

9 送信したドキュメントは、テンプレートギャラリーに表示されます。

基礎知識 1
メール 2
ビデオ会議 3
チャットツール 4
タスク管理ツール 5
スケジュール管理 6
データ保存 7
文書作成 8
表計算 9
プレゼンテーション 10
アンケート 11
管理者設定 12
セキュリティ強化 13
そのほか 14

Q 227 ▶ ウェブで公開したい！

Google ドキュメントの便利機能

A メニューバーから簡易ウェブページを公開できます。

ドキュメントは、ファイルのコピーを独自のURLを持った誰でも閲覧可能な簡易ウェブページとして公開することができます。コンテンツの設定を行えば、アクセス制限も可能になります。なお、そのままファイルを公開すると、誰もが閲覧可能な状態で公開されるので、個人情報や機密情報の取り扱いに注意してください。

1 メニューバーの［ファイル］をクリックし、

2 ［ウェブに公開］をクリックします。

3 ［ウェブに公開］ダイアログが開いたら、［公開］→［OK］の順にクリックします。

4 公開が完了すると、URLが取得できます。このURLを閲覧用URLとして利用します。

5 ［公開するコンテンツと設定］をクリックすると、公開の停止やアクセス制限などの設定ができます。

Q 228 ▶ ドキュメントを共有したい！

Google ドキュメントの共有設定

A ユーザーやグループとドキュメントを共有すれば、共同作業ができます。

ユーザーやグループと共有したドキュメントに、それぞれが加筆したり、校正や校閲など分担作業をすることができます。Google ドキュメント内ですべて完結することができ、似たようなファイルが散在することを防ぐことができます。

1 画面右上の［共有］をクリックし、

2 ユーザーやグループを入力して表示されるプルダウンをクリックします。

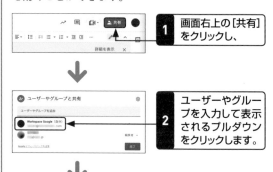

3 共有権限のプルダウンをクリックし、

4 設定したい共有権限をクリックして選択したら、

5 ［送信］をクリックします。

ドキュメントを共有したことがユーザーやグループにメールで通知されます。

Memo ▶ チェック内容を設定する

ユーザーやグループと共有ダイアログの右上にある⚙から、共有後にユーザーが新たに別のユーザーに共有することを許可するか、などの設定が可能です。

基礎知識 1
メール 2
ビデオ会議 3
チャットツール 4
タスク管理ツール 5
スケジュール管理 6
データ保存 7
文書作成 8
表計算 9
プレゼンテーション 10
アンケート 11
管理者設定 12
セキュリティ強化 13
そのほか 14

Q 229 ▶ 他人の文章にコメントを入れて共有したい！

●Google ドキュメントの共有設定●

A 共有ドキュメントにコメントを残せば、作成者とのやり取りがスムーズです。

ドキュメント内の段落やテキストにコメントできるので、要望や修正などの指示が出しやすく、共同作業を進めるうえで大切な進捗も把握しやすくなります。過去のコメントが残せるため、変更や修正の経緯をあとから確認することができます。

1 ドキュメントが「閲覧モード」（◉）ではないことを確認します。閲覧モードの場合は、ドキュメントファイルのオーナーに確認してください。

2 段落の右側にある 田（[コメントを追加]）をクリックして、コメントをします。

3 コメントはスレッドにまとめられます。

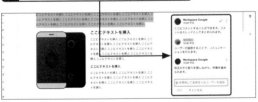

4 ページ右上の ▣（[コメント履歴を開く]）から、過去のコメント履歴を確認できます。

Q 230 ▶ 共有したドキュメントの閲覧者を確認したい！

●Google ドキュメントの共有設定●

A アクティビティダッシュボードでファイルの閲覧状況を確認できます。

ドキュメントの共有相手がファイルを閲覧したか心配になることがありますが、そういった心配事を解消できます。アクティビティダッシュボードでは、何時頃に誰が閲覧しているかが確認できるので、グループでの共有時などで確認漏れを防ぐことができます。ほかにコメントのトレンドなども確認できます。ただし、ユーザーは自分の閲覧履歴をオフに設定することができるので、アクティビティダッシュボードの情報が完全なものとは限らないことに注意してください。

1 共有しているドキュメントの右上にある ∿（[アクティビティダッシュボード]）をクリックすると、

ドキュメントの編集者は、このファイルに関するあなたの閲覧履歴を確認できます

2 アクティビティダッシュボードが開きます。

3 [閲覧者]をクリックすると、ドキュメントの閲覧状況を確認できます。

4 ほかにも[コメントのトレンド]や[共有履歴]などを確認できます。

基礎知識 1
メール 2
ビデオ会議 3
チャットツール 4
タスク管理 5
スケジュール管理 6
データ保存 7
文書作成 8
表計算 9
プレゼンテーション 10
アンケート 11
管理者設定 12
セキュリティ強化 13
そのほか 14

Q ●Google ドキュメントの共有設定●

231 ▶ 文章の特定セクションを共有相手に知らせたい！

A ブックマーク機能を利用してリンクを通知します。

共同作業を行っている共有相手に通知をすることで、見落としなどの漏れを減らし、効率よく作業を続けることができます。コメントを残すだけでなく、割り当てたユーザーにメールで通知します。メールに記載されたURLからドキュメントにアクセスできるので、便利に活用できます。

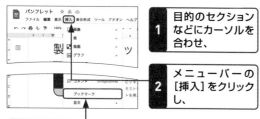

1 目的のセクションなどにカーソルを合わせ、

2 メニューバーの［挿入］をクリックし、

3 ［ブックマーク］をクリックして、

↓

4 ブックマークメニューの 🔗（［リンクをコピー］）をクリックします。

5 ツールバーの 💬（［コメントを追加］）をクリックすると、

↓

6 コメントの入力ウィンドウが表示されます。

7 フィールドに「@」（半角）を入力し、

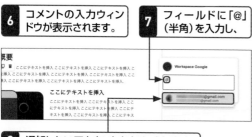

8 通知したいアカウントをクリックします。

9 必要なコメントを入力し、

10 手順 **4** でコピーしたリンクを貼り付けます。

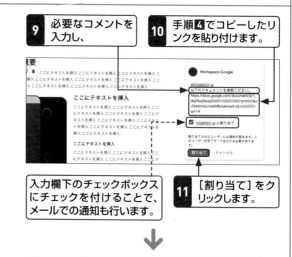

入力欄下のチェックボックスにチェックを付けることで、メールでの通知も行います。

11 ［割り当て］をクリックします。

↓

12 通知したアカウントに対し、割り当てが行われます。

↓

13 通知したアカウントにメールが届き、記載されているURLから目的のドキュメントのセクションにアクセスできます。

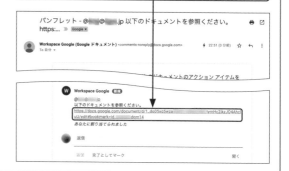

Q

232 ▶ 承認を得てドキュメントを完成させたい！

A 作成したドキュメントが上長などの承認を得る必要がある場合には、
上長に承認のリクエストを送ります。

組織によっては、ドキュメントの最終確認という形で
上長などの承認を必要とする場合があります。上長に
承認のリクエストを送り、上長の確認・フィードバック
を経て完了する、というワークフローをGoogle ドキュ
メントだけで完結することができます。承認リクエス
トは複数のユーザーに対して送ることができます。

1 メニューバーの［ファ
イル］をクリックし、

2 ［承認］をクリックし
ます。

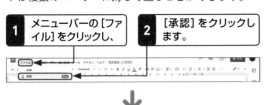

3 ページの右側に「承認」サイドバーが開きます。

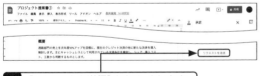

4 ［リクエストを送信］をクリックします。

5 ［承認のリクエスト］ダイアログが表示されます。

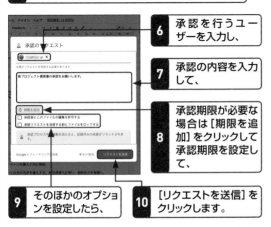

6 承認を行うユー
ザーを入力し、

7 承認の内容を入力
して、

8 承認期限が必要な
場合は［期限を追
加］をクリックして
承認期限を設定し
て、

9 そのほかのオプショ
ンを設定したら、

10 ［リクエストを送信］を
クリックします。

11 送信が完了すると、ドキュメントは「承認待ち」にな
ります。

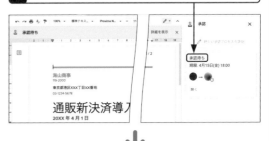

12 承認者はドキュメントにアクセスし、ページの右上
にある［詳細を表示］をクリックすると、

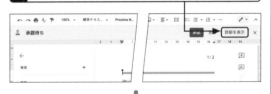
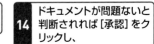

13 承認の経過を
確認できます。

14 ドキュメントが問題ないと
判断されれば［承認］をク
リックし、

15 コメントを入力し
て、

16 ［承認］をクリック
します。

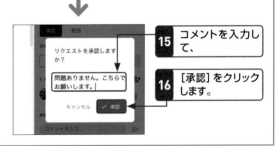

基礎知識 1
メール 2
ビデオ会議 3
チャットツール 4
タスク管理ツール 5
スケジュール管理 6
データ保存 7
文書作成 8
表計算 9
プレゼンテーション 10
アンケート 11
管理者設定 12
セキュリティ強化 13
そのほか 14

基礎知識 1
メール 2
ビデオ会議 3
チャットツール 4
タスク管理ツール 5
スケジュール管理 6
データ保存 7
文書作成 8
表計算 9
プレゼンテーション 10
アンケート 11
管理者設定 12
セキュリティ強化 13
そのほか 14

Q ●Google ドキュメントの共有設定●

233 ▶ ドキュメントをオンラインで画面共有したい！

A Google Meetで会議を開始し、画面共有します。

Google Meet（第3章参照）によるオンラインミーティングで、ドキュメントを参照しながら打ち合わせを進めたいケースがあります。そのような場合はドキュメントを画面共有することで、同じドキュメントを参加者全員で確認しながら、円滑にミーティングを進めることができます。

1 Google Meetの会議中に画面共有したいドキュメントを開き、右上にある ⬆・（[会議で画面共有する]）をクリックし、

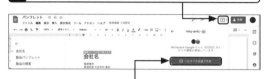

2 [このタブを会議で共有] をクリックします。

⬇

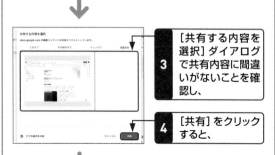

3 [共有する内容を選択] ダイアログで共有内容に間違いがないことを確認し、

4 [共有] をクリックすると、

⬇

5 画面共有されます。

6 共有を終了するには、ブラウザー上部に表示される [共有を停止] をクリックします。

Q ●Google ドキュメントの共有設定●

234 ▶ カレンダーへアクセスして予定に添付したい！

A カレンダーに登録してある予定に、ドキュメントを添付できます。

あらかじめ登録されている予定の主催者が会議メモ機能を使うと、会議の資料を出席者全員にメールで別送信する必要なく、直接予定にドキュメントを添付することができます。主催者ではない場合は、ドキュメントが共有されますが、予定に自動で添付されることはありません。

1 ドキュメントを開いて「@」（半角）と入力し、

2 メニューから[会議メモ]をクリックします。

⬇

3 目的の予定を選択すると、

⬇

4 ドキュメントに予定の情報が挿入されます。

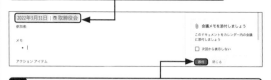

5 ページの右側に表示されるウィンドウの [添付] をクリックすると、

⬇

6 カレンダーの予定にドキュメントが添付されます。

第 **9** 章

表計算 「スプレッドシート」 の活用技!

基礎知識 1
メール 2
ビデオ会議 3
チャットツール 4
タスク管理ツール 5
スケジュール管理 6
データ保存 7
文書作成 8
表計算 9
プレゼンテーション 10
アンケート 11
管理者設定 12
セキュリティ強化 13
そのほか 14

Q Google スプレッドシートの基本

235 ▶ Google スプレッド シートとは？

A 表計算の作成・編集・共同作業を行う ことができるツールです。

スプレッドシートでは、チャートやグラフを作成でき、数式、ピボットテーブル、条件付き書式設定など、さまざまな機能が使用できます。デバイスを選ばず利用でき、オフライン中でも作業の継続ができます。同じスプレッドシートを複数のユーザーと同時に作業することが可能です。変更内容は自動で保存され、変更履歴から古いバージョンを確認することができます。また Microsoft Excel ファイルに対応しているため、Excel ファイルの編集をしたり、スプレッドシート形式、Excel 形式を相互に変換したりすることも可能です。アドオンを追加して、さまざまな機能を拡張することもできます。

1 Google Workspaceにログインした状態で、Google検索ページ（https://www.google.co.jp/）へアクセスし、

2 ページ右上にある ⊞（[Google アプリ]）をクリックして、

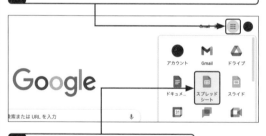

3 [スプレッドシート]をクリックすると、

↓

4 スプレッドシートのトップページにアクセスできます。

Q Google スプレッドシートの基本

236 ▶ Google スプレッドシートの 画面構成を知りたい！

A 新規スプレッドシートの作成や、過去 のスプレッドシートを閲覧できます。

トップページにアクセスすれば、新規の作成も過去の閲覧も困りません。ページ上部の「新しいスプレッドシートを作成」エリアからは新規のスプレッドシートが作成でき、ページ下部の「最近使用したスプレッドシート」からは、過去に利用したことがあるスプレッドシートを探すことができます。

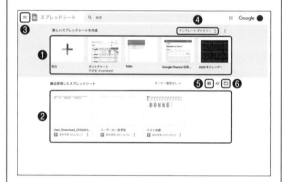

名称	機能
❶ 新しいスプレッドシートを作成	テンプレートが表示されています。
❷ 最近使用したスプレッドシート	過去利用したスプレッドシートが表示されています。
❸ メインメニュー	スプレッドシートのほかにドキュメント、スライド、フォームなどへ移動できます。
❹ テンプレートギャラリー	[全般]タブ内にさまざまなテンプレートがあらかじめ登録されています。自ドメインタブには、自身で登録したテンプレートが表示されます。
❺ リスト表示	アイコン表示とリスト表示を切り替えることができます。
❻ ファイル選択ツール	任意の場所にあるスプレッドシートやローカル環境に保存されているスプレッドシートを読み込むことができます。

Q 237 ▶ Google スプレッドシートで表を作成したい!

A 空白テンプレートか、テンプレートギャラリーのテンプレートを選びます。

手軽に使いはじめたい場合は、目的に合ったテンプレートを利用すると便利です。スプレッドシートのトップページ上部の「新しいスプレッドシートを作成」エリアから空白テンプレートを選択するか、「テンプレートギャラリー」より、適当なテンプレートを選び新規スプレッドシートを作成します。表計算の各ページを「シート」と呼び、各マスのことを「セル」と呼びます。

空白から作成する

ページ上部の「新しいスプレッドシートを作成」エリアにある [空白] をクリックして、何も設定されていない真っ白なスプレッドシートを作成します。

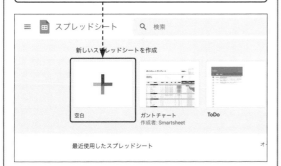

テンプレートから作成する

ページ上部の「新しいスプレッドシートを作成」エリアにある「テンプレートギャラリー」から目的に合ったテンプレートを選択します。

Q 238 ▶ 表のファイル名を変更したい!

A スプレッドシートの名前を変えれば、ファイル名も変わります。

新規スプレッドシートを作成すると「無題のスプレッドシート」というファイルが作成されます。スプレッドシートのサムネイル画像で内容を判別するのは難しいので、できるだけファイル名で内容が判断できるように命名しておくと、ファイルを探す際に役立ちます。

編集画面から変更する

1 スプレッドシート名をクリックすると、

2 入力モードに変わり、スプレッドシート名を入力できるようになります。ここで設定する名前がファイル名になります。

トップページから変更する

1 目的のスプレッドシートの右下にある ⋮ をクリックし、

2 [名前を変更] をクリックします。

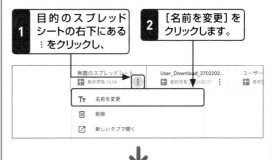

3 新たなスプレッドシート名を入力して、

4 [OK] をクリックします。

基礎知識 1
メール 2
ビデオ会議 チャットツール 3
タスク管理ツール 4
スケジュール管理 5
データ保存 6
文書作成 7
8
表計算 9
プレゼンテーション 10
アンケート 11
管理者設定 12
セキュリティ強化 13
そのほか 14

Q ● Google スプレッドシートの基本 ●

239 ▶ フォントや文字サイズを変更したい！

A ツールバーから好みのフォントと文字サイズを選べます。

「タイトルは大きく、注釈は小さめ、書体はゴシックにしたい」などの要素の装飾をかんたんに行うことができます。ツールバーでのかんたん操作で、多数のフォント、自由な文字サイズを選べるので、表計算も見やすくわかりやすいレイアウトを実現できます。

フォントを変更する

1 フォントを変更したいセルを選択し、

2 ツールバーの［フォント］をクリックして、

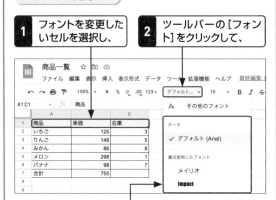

3 表示されたフォントリストから目的に合ったフォントをクリックすると、選択箇所に反映します。

文字サイズを変更する

1 文字の大きさを変更したい箇所を選択し、

2 ツールバーの［フォントサイズ］をクリックして、

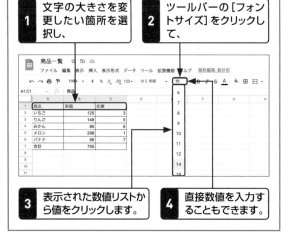

3 表示された数値リストから値をクリックします。

4 直接数値を入力することもできます。

Q ● Google スプレッドシートの基本 ●

240 ▶ セル内の文字位置を変更したい！

A 文字揃えツールを使うと、セル内の文字列や数値の揃えを変更できます。

価格などは右揃えであるほうが桁も揃い、金額として理解しやすく、文字列は左揃えのほうが読みやすいと思います。セルの内容により文字の配置を変えることで、表も読みやすくなります。文字の配置には、水平方向と垂直方向の2つがあるのでそれぞれ調整して見やすい表を作ることができます。

水平方向を変更する

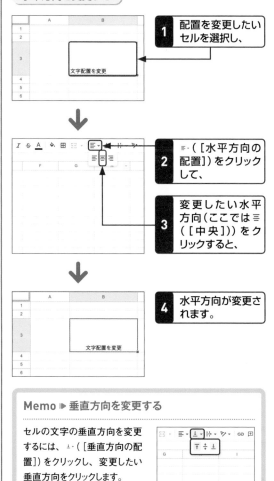

1 配置を変更したいセルを選択し、

2 ≡・（［水平方向の配置］）をクリックして、

3 変更したい水平方向（ここでは≡（［中央］））をクリックすると、

4 水平方向が変更されます。

Memo ▶ 垂直方向を変更する

セルの文字の垂直方向を変更するには、⊥・（［垂直方向の配置］）をクリックし、変更したい垂直方向をクリックします。

Q 241 ▶ テキストをセル内で 折り返したい!

● Google スプレッドシートの基本 ●

A セル内に収めることも、 はみ出すことも自在にできます。

セルからはみ出したテキストは、隣のセルに隠れて内容が読み取れなくなってしまう場合があります。セル内に収めて内容をすべて読み取れるようにする場合は ⋈([折り返し])を使います。あえてセルからはみ出た部分を隠す場合には、⊢([切り詰め])を使います。

1 テキストの折り返しを調整したいセルを選択し、

2 ツールバーの⋈([テキストを折り返す])をクリックして、

3 ⋈([折り返す])をクリックすると、

⊢([切り詰め])をクリックすると、セルからはみ出たテキストを隠します。

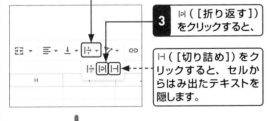

4 セル内のテキストが折り返しされます。

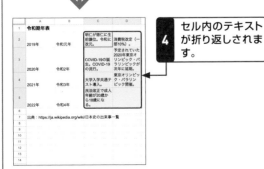

Q 242 ▶ セル内の文章を 改行したい!

● Google スプレッドシートの基本 ●

A [Alt](Macの場合は[option])+ [Enter]を押します。

スプレッドシートのセルには、数字以外にも文章や画像などを収めることができます。文章はセルの設定によりセル幅に合わせ自動で折り返すことも可能ですが、意図した位置で改行したい場合があります。[Alt](Macの場合は[option])+[Enter]を押すと、任意の位置で改行できます。

1 長文を入力したセルをクリックして選択し、

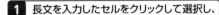

2 ダブルクリックすると、

3 セルの編集状態になります。

4 任意の位置で、[Alt](Macの場合は[option])+[Enter]を押すと、

5 改行が行われます。

6 [Enter]を押すと、

7 セルの編集が確定し、文章の行数に応じて、セルの高さが変わっていることがわかります。

基礎知識 1
メール 2
ビデオ会議 3
チャットツール 4
タスク管理ツール 5
スケジュール管理 6
データ保存 7
文書作成 8
表計算 9
プレゼンテーション 10
アンケート 11
管理者設定 12
セキュリティ強化 13
そのほか 14

Q ● Google スプレッドシートの基本 ●

243 ▶ セル幅を変更したい!

A 行番号、列番号をそれぞれマウスで
ドラッグして幅や高さを調整します。

セルのいちばん左にある「1、2、3……」と表示されて
いる見出しを「行番号」と呼び、セルのいちばん上にあ
る「A、B、C……」と表示されている見出しを「列番号」
と呼びます。入力した値が規定のセル幅に収まらない
場合など、セル幅を調整したいことがありますが、マウ
スでドラッグするだけでかんたんに調整できます。ま
た、操作位置をダブルクリックすることで、入力されて
いる文字列に合わせた最適な幅や高さに自動調整され
ます。

列の幅を広げる

1 列番号（ここでは
「B」）の右端に
カーソルを合わせ、

2 マウスポインター
の表示が ✛ に変
わったら、右方向
にドラッグします。

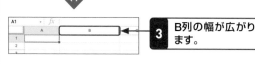

3 B列の幅が広がり
ます。

行の幅を広げる

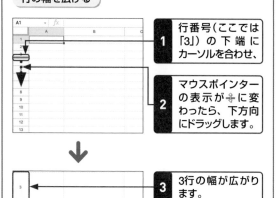

1 行番号（ここでは
「3」）の下端に
カーソルを合わせ、

2 マウスポインター
の表示が ✛ に変
わったら、下方向
にドラッグします。

3 3行の幅が広がり
ます。

Q ● Google スプレッドシートの基本 ●

244 ▶ 表に罫線を引きたい!

A 枠線を使ってセルに線を引くことが
できます。

セルを線で囲んで項目を見やすくしたり、水平線を引
いて項目を区切ったりするには、枠線の機能を使いま
す。セルや項目を必要に応じて区切ることで、スプレッ
ドシートは見やすくなります。枠線には多数の引き方
が用意されているので、どんな用途にも使えて便利で
す。

1 枠線を引きたいセルをドラッグで選択し、

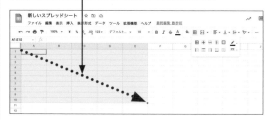

2 ツールバーの 田（[枠線]）をクリックして、

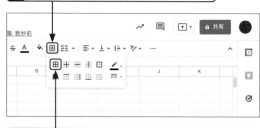

3 線の種類（ここでは 田（[すべての枠線]））をクリッ
クすると、

4 セルに枠線が引かれます。

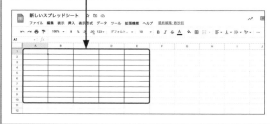

245 ▶ シートに画像を追加したい！

A 画像を挿入するには、セル内に配置するかセル上に配置するかを選べます。

商品など、商品画像を付けることで、より表のわかりやすさがアップします。画像を挿入して表に画像を追加できますが、セル内に配置する場合、画像の大きさはセルの高さか幅にフィットするように挿入されます。PNG、JPEG、GIF 形式に対応し、50MBまでの画像を挿入可能です。セル内に配置すると、そのセルにテキストの入力はできません。

1 画像を挿入したい位置のセルを選択し、

2 メニューバーの［挿入］をクリックして、

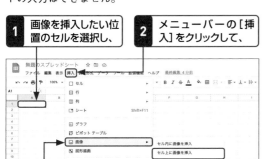

3 ［画像］をクリックしたら、

4 ［セル内に画像を挿入］［セル上に画像を挿入］のいずれか（ここでは、［セル上に画像を挿入］）をクリックします。

5 ［画像を挿入］ダイアログが表示されます。

6 ［アップロード］［カメラ］［URL］［写真］［GOOGLEドライブ］［GOOGLE画像検索］のいずれかをクリックして画像を選択すると、

7 画像が挿入されます。

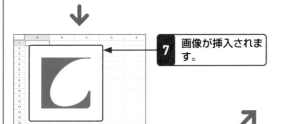

8 画像を選択し、

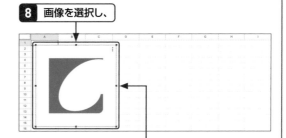

9 アンカーポイントをドラッグすると、画像サイズを調整できます。

10 ⋮をクリックし、

11 ［選択したセルに画像を置く］をクリックすると、

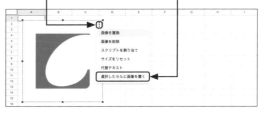

12 手順**4**の［セル内に画像を挿入］と同じようにセル内に画像が収まります。セルのサイズに合わせて画像サイズが変わります。

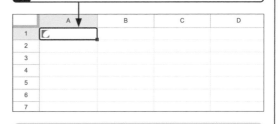

Memo ▶ 挿入した画像を削除する

挿入した画像を削除するには、画像を選択してキーボードの Delete を押します。

基礎知識 1
メール 2
ビデオ会議 3
チャットツール 4
タスク管理ツール 5
スケジュール管理 6
データ保存 7
文書作成 8
表計算 9
プレゼンテーション 10
アンケート 11
管理者設定 12
セキュリティ強化 13
そのほか 14

246 ▶ 行や列を結合したい！

A 隣り合う複数のセルを
[セルの結合]で結合できます。

隣り合う2つのセルを1つに結合したり、4つのセルを結合して大きなセルを作ったり、使い方はさまざまですが、意外にも使うことの多い機能です。セルからはみ出してテキストが表示されているときに、背景に色を付けると、はみ出ている部分には背景が付きません。そのようなときに結合すると便利です。

1 隣接する結合したいセルを選択し、

2 ツールバーの田（[セルを結合]）をクリックすると、

3 セルが結合されます。

Memo ▶ セルの結合を解除する

結合したセルを分割するには、結合しているセルを選択し、メニューバーの[表示形式]→[セルを結合]→[結合を解除]の順にクリックするともとに戻せます。

247 ▶ 数字や日付の表示形式を変更したい！

A 数値を表示形式で詳細に
設定できます。

数値に「￥」を付けて通貨表示にしたいときや、○年○月○日のような日付表示が必要なときには、セルの表示形式を設定すると、さまざまな形式に表示できます。セルに表示形式の設定をすると、次にセルの内容を書き換えるときに数字の入力だけで、自動的に日付表示に変換されるので便利です。

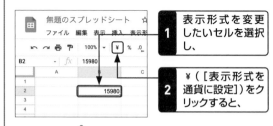

1 表示形式を変更したいセルを選択し、

2 ￥（[表示形式を通貨に設定]）をクリックすると、

3 通貨の表示形式に変更されます。

そのほかの表示形式の変更

アイコン	機能
%	パーセントの表示に変更されます。
.0	小数点以下の桁を減らせます。
.00	小数点以下の桁を増やします。
123▾	日付をより詳しく表示形式にカスタマイズできます。

Memo ▶ 複数の表示形式を設定する

通貨の形式で小数点以下をなくすなど、複数の表示形式を設定することもできます。

Q 248 ▶ セルにリンクを挿入したい!

A 表示されるテキストに加え、リンク先のURLなどを設定します。

セルにリンクを設定しておくと、セルをクリックしてウェブページなどのリンク先を表示できるようになります。リンクの挿入には、テキストとリンク先のURLだけでかんたんに設定できます。リンク先はURLだけでなく、別のセルやシートを指定することも可能です。

1 目的のセルを選択し、

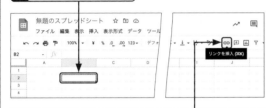

2 ツールバーの ∞ ([リンクを挿入]) をクリックします。

3 開いたダイアログの上のフィールドに表示したい文字列を入力し、

4 その下のフィールドにURLなどのリンク先を入力して、

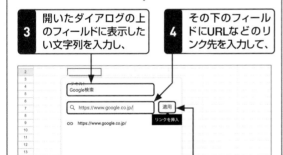

5 [適用] をクリックすると、

6 リンクが挿入されます。

Q 249 ▶ スプレッドシートにチェックボックスを追加したい!

A チェックボックスを挿入すると、ToDoリストのような利用ができます。

ToDoリストのような「項目を消化したらチェックする」という使い方の場合には、チェックボックスを利用すると便利です。チェックボックスは「空」値か「TRUE」値を持つので、値でフィルタをかけて表示するときにも便利な使い方ができます。

1 チェックボックスを挿入したいセルを選択し、

2 メニューバーの [挿入] をクリックして、

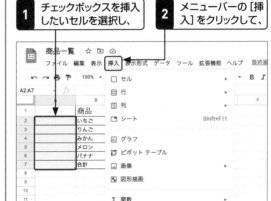

3 [チェックボックス] をクリックすると、

4 選択したセルにチェックボックスが表示されます。

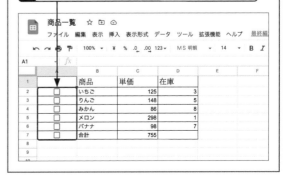

Q ● Google スプレッドシートの基本 ●

250 ▶ 表からグラフを 作成したい！

A [グラフを挿入]を使えば、 指定の範囲のグラフを挿入できます。

たくさんの数字が羅列されている表形式のままでは、ぱっと見て内容がわかりにくいものです。グラフを挿入してわかりやすいデータに仕上げましょう。グラフにしたいデータを選択して、グラフの挿入をするだけでグラフが生成され、グラフのカスタマイズも自在に行えます。

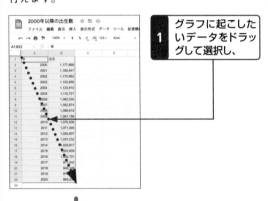

1 グラフに起こしたいデータをドラッグして選択し、

2 ツールバーから（[グラフを挿入]）をクリックすると、

3 スプレッドシート上にグラフが生成されます。

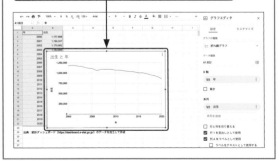

Q ● Google スプレッドシートの基本 ●

251 ▶ グラフを編集したい！

A グラフの種類、色や スタイルなどを編集できます。

見せたいデータの内容によって、最適なグラフの種類などが変わってきます。より理解しやすいグラフにするには、最適なグラフの種類、色やグラフのスタイル、凡例、縦軸・横軸など細かな設定を変更します。

1 グラフをダブルクリックすると、

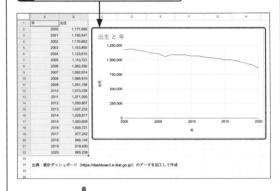

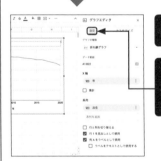

2 ページ右にサイドバーが開きます。

3 [設定]タブは、グラフの種類や基本情報を設定します。

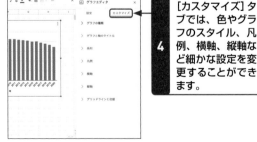

4 [カスタマイズ]タブでは、色やグラフのスタイル、凡例、横軸、縦軸など細かな設定を変更することができます。

252 ▶ フィルタをかけて数字を並べ替えたい!

A 選択範囲内のデータを使って行の順番を入れ替えるには、
選択範囲の並べ替えを行います。

表計算のデータによっては、金額順に並べたい、商品名を50音順で並べたいときがあります。場合によっては、50音順で金額順に並べたい場合もあります。複数の列を使って行の並べ替えを行うことができるので、データの入力順序に関係なく、見やすくデータを整えられるのはとても便利です。

1 並べ替えたいすべてのセルを選択し、

2 メニューバーの [データ] をクリックして、

3 [範囲を並べ替え] をクリックしたら、

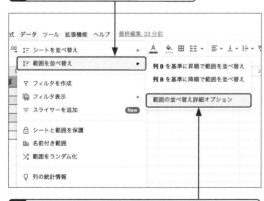

4 [範囲の並べ替え詳細オプション]をクリックします。

5 選択範囲にヘッダーが含まれる場合には、[データにヘッダー行が含まれている] をオンにします。オンにすることで、条件に選ぶ列がヘッダー名の表示に切り替わります。

6 ソートに利用する第一条件となる列を選択し、

7 昇順・降順を選択します。

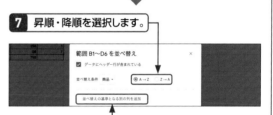

8 さら条件を追加したい場合には [並べ替えの基準となる別の列を追加] をクリックし、

9 条件を追加して、

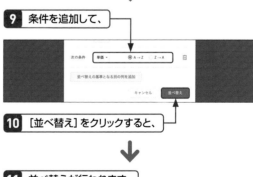

10 [並べ替え] をクリックすると、

11 並べ替えが行われます。

基礎知識 1
メール 2
ビデオ会議 3
チャットツール 4
タスク管理ツール 5
スケジュール管理 6
データ保存 7
文書作成 8
表計算 9
プレゼンテーション 10
アンケート 11
管理者設定 12
セキュリティ強化 13
そのほか 14

Q 253 ▶ Excelファイルを編集したい!

• Google スプレッドシートの便利機能 •

A Google ドライブに保存したExcelファイルを編集できます。

多くの企業がMicrosoft Excel を利用していますが、そのExcel ファイルにスプレッドシートは対応しているため、閲覧・編集ができます。Excel ファイルの場合、スプレッドシート名の右側に「.XLSX」と表示されます。更新はすべてもとのExcelファイルに保存されます。

1 Googleドライブに保存したExcelファイルを右クリックし、

2 メニューから [アプリで開く] をクリックして、

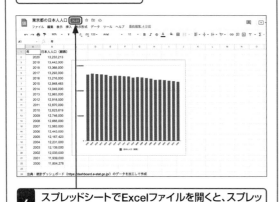

3 [Google スプレッドシート] をクリックすると、

Excelファイルが開きます。

4 スプレッドシートでExcelファイルを開くと、スプレッドシート名の右側に「.XLSX」と表示されます。

Q 254 ▶ Excel形式で保存したい!

• Google スプレッドシートの便利機能 •

A ダウンロード形式に [Microsoft Excel（.xlsx）] を選択します。

データを渡したい相手が、Microsoft Excel 形式のみ利用可能な場合は、スプレッドシートをExcel形式に変換しましょう。ファイルの変換はメニューのダウンロードから形式を選びます。利用中のパソコンに、Excel形式ファイルがダウンロードされます。ほかにもPDF形式やCSV形式にも変換できます。

1 メニューバーの [ファイル] をクリックし、

2 [ダウンロード] をクリックして、

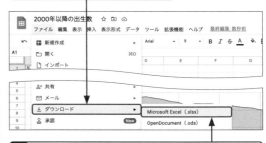

3 [Microsoft Excel（.xlsx）] をクリックすると、パソコンにExcelファイルがダウンロードされます。

4 ダウンロードされたExcelファイルは、Microsoft Excelで開くことができます。

Q 255 ▶ PDFにしたい！

・Google スプレッドシートの便利機能・

A ダウンロード形式に［PDF（.pdf）］を選択します。

PDF形式は、スプレッドシートに記載している数式を計算値に置き換えるため、大事な数式の漏洩・改ざん防止に役立ちます。メニューのダウンロードからPDFを選べば、かんたんにPDF形式に変換して利用中のパソコンにダウンロードされます。なお、PDF形式ファイルの閲覧には、Adobe Acrobat Readerなどの対応ソフトが必要です。

1 メニューバーの［ファイル］をクリックし、

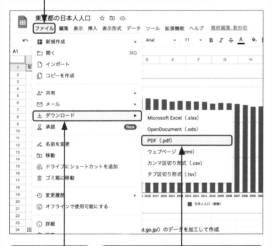

2 ［ダウンロード］をクリックして、

3 ［PDF（.pdf）」を選択すると、パソコンにPDFファイルがダウンロードされます。

4 ダウンロードされたPDFファイルは、Adobe Acrobatなどで開くことができます。

Q 256 ▶ 合計値や平均値を計算したい！

・Google スプレッドシートの便利機能・

A 合計値や平均値は、スプレッドシートが自動で計算してくれます。

複数の商品の合計金額やテストの平均値、全体の項目数などを都度、計算機を使って自分で計算する必要はありません。計算したいセルを選択するだけでスプレッドシートが自動的にカウント、算出してくれます。ページの右下を見れば合計などが確認できます。

1 計算したいセルをドラッグして選択すると、

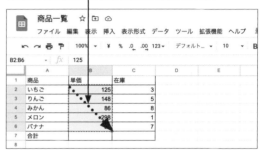

2 ページ右下の 🔲（［データ探索］）の左に合計値が表示されます。

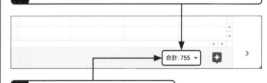

3 ［合計：○○］をクリックすると、

4 「平均値」「最小値」「最大値」「カウント」「個数」の計算が表示されます。

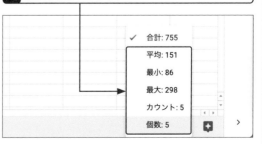

195

Q 257 ▶ テキストを縦書きにしたい！

A セル内のテキストを縦書きにしたり、右から左に流したりできます。

年表を作ると、要素によっては縦書きにしたほうがよいケースが出てきます。そのようなときには [テキストの回転] でセルを操作します。テキストの回転にはいくつものオプションがあります。利用頻度は少ないかもしれないですが、知っていると便利な小技です。

1 縦書きにしたいセルを選択し、

2 ツールバーの ◇▾（[テキストの回転]）をクリックして、

3 |A（[縦書き]）をクリックすると、

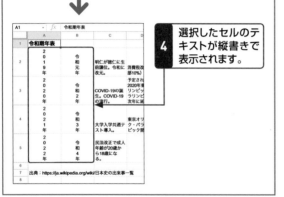

4 選択したセルのテキストが縦書きで表示されます。

Q 258 ▶ テキストを列に分割したい！

A セルの文字列データを区切り文字ごとに複数の列に分割します。

CVSデータのような「,（カンマ）」区切りの文字列の記入されているセルを、一度に分割して各セルに収録することができる便利機能です。一般的に配布されるデータにはCSV形式と呼ばれる「,（カンマ）」区切りテキストが使われますが、そのような区切り文字のあるテキストを分割します。

1 分割したいセルを選択し、 **2** メニューバーの [データ] をクリックして、

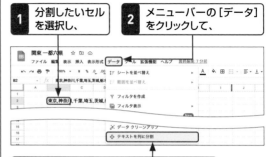

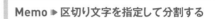

3 [テキストを列に分割] をクリックすると、

4 自動判別で分割できる文字列の場合は、すぐに分割されます。

Memo ▶ 区切り文字を指定して分割する

任意の区切り文字を指定したい場合には、手順**4**の画面で [自動的に検出] → [カスタム] の順にクリックして設定します。

259 ▶ 重複した情報を削除したい!

A 指定した列の重複データを分析し、対象の行を削除します。

複数の行や列からなる表から、任意のセル範囲に含まれる重複しているデータを削除するときに、単一の列、または複数の列のデータが重複している場合に対象の行を削除します。似たデータの構成や大量にあるデータのときに、複数の列を指定して削除対象の行を削除できる機能は、とても便利です。セルを1つだけ選択した場合には、一連のセル全体で削除が行われます。

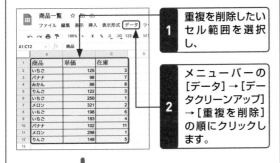

1 重複を削除したいセル範囲を選択し、

2 メニューバーの[データ]→[データクリーンアップ]→[重複を削除]の順にクリックします。

3 [重複を削除]ダイアログが表示されます。

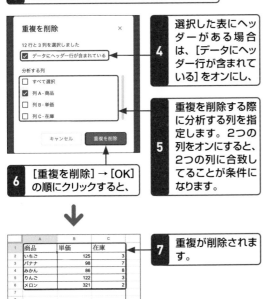

4 選択した表にヘッダーがある場合は、[データにヘッダー行が含まれている]をオンにし、

5 重複を削除する際に分析する列を指定します。2つの列をオンにすると、2つの列に合致してることが条件になります。

6 [重複を削除]→[OK]の順にクリックすると、

7 重複が削除されます。

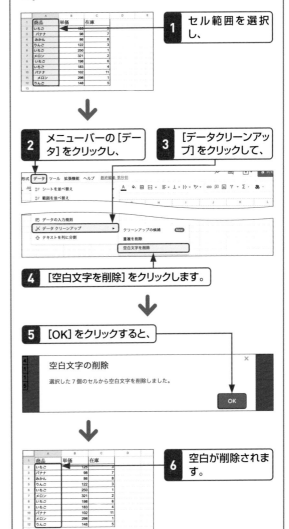

260 ▶ 空白セルを削除したい!

A テキストの文頭や末尾などにある余分な空白をデータから削除できます。

表のデータに含まれるテキストに、余分な空白が文頭や末尾に含まれてしまうことがあります。データのクリーンアップを行い、余分な空白を削除して、データを綺麗に整形するのに役立ちます。 などの改行なしスペースは、余分な空白として削除対象になりません。

1 セル範囲を選択し、

2 メニューバーの[データ]をクリックし、

3 [データクリーンアップ]をクリックして、

4 [空白文字を削除]をクリックします。

5 [OK]をクリックすると、

空白文字の削除
選択した 7 個のセルから空白文字を削除しました。
OK

6 空白が削除されます。

Q 261 ▶ データの統計情報を 知りたい！

● Google スプレッドシートの便利機能 ●

A 表の列ごとの統計情報を確認することで、問題を見つけられます。

列ごとの統計情報を使用してセルの値に関する情報を確認すれば、問題を特定したり概要を把握したりするのに便利です。個数や分布の可視化された情報を確認できます。セルを眺めていても見つけられない問題を機械的に見つけ出せる機能なので、シートの精度を高めるのに役立ちます。

1 メニューバーの [データ] をクリックし、

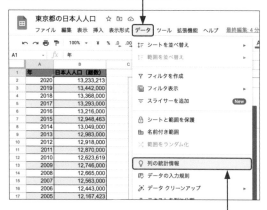

2 [列の統計情報] をクリックすると、

3 ページの右側にサイドバーが開きます。情報が可視化されて表示されます。

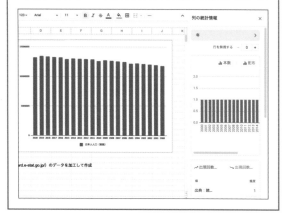

Q 262 ▶ ピボットテーブルを 作成したい！

● Google スプレッドシートの便利機能 ●

A 新規シートにピボットテーブルを挿入すると操作しやすいです。

多くのデータを集めたシートから、"ある"データを集計したいときに便利なピボットテーブルですが、スプレッドシートでも活用できます。ピボットテーブルはさまざまな形式に整形できるため、便利に活用したいものです。ピボットテーブルを作成するのはかんたんですが、多くのデータの中から何を集計するかが肝心です。

1 セルを選択し、

2 メニューバーの [挿入] → [ピボットテーブル] の順にクリックします。

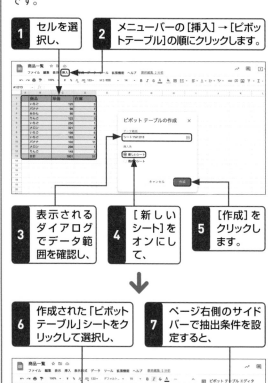

3 表示されるダイアログでデータ範囲を確認し、

4 [新しいシート] をオンにして、

5 [作成] をクリックします。

6 作成された「ピボットテーブル」シートをクリックして選択し、

7 ページ右側のサイドバーで抽出条件を設定すると、

8 抽出結果が表示されます。

263 ▶ フィルタをかけて表示したい！

A グラフや表にフィルタをかけて表示したいときにはスライサーを使います。

スライサーはフィルタと同様に、指標ごとに表示・非表示を切り替える機能です。フィルタをかけるボタンを自由な位置に設置できるので便利です。スプレッドシートの表やグラフ、ピボットテーブルで利用できるので、多くの場面で活用できます。

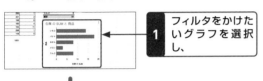

1 フィルタをかけたいグラフを選択し、

2 メニューバーの [データ] をクリックして、

3 [スライサーを追加] をクリックします。

4 グラフ近くに黒いボタンが挿入されます。

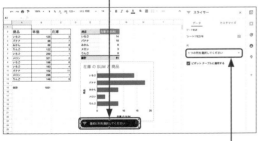

5 ページ右側にサイドバーが開きます。

6 [データ] タブにある「列」の [1つの列を選択してください] をクリックし、

7 黒いボタンでフィルタをかけたい項目（ここでは [商品]）を選択します。

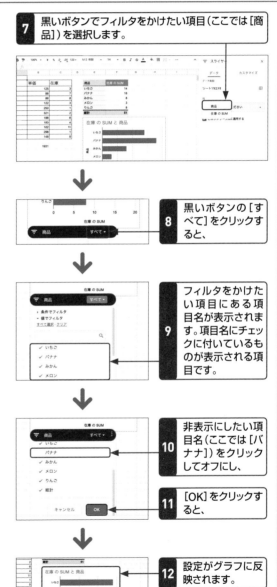

8 黒いボタンの [すべて] をクリックすると、

9 フィルタをかけたい項目にある項目名が表示されます。項目名にチェックに付いているものが表示される項目です。

10 非表示にしたい項目名（ここでは [バナナ]）をクリックしてオフにし、

11 [OK] をクリックすると、

12 設定がグラフに反映されます。

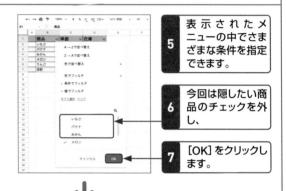

基礎知識 1
メール 2
ビデオ会議 チャットツール 3
タスク管理ツール 4
スケジュール管理 5
データ保存 6
文書作成 7
8
表計算 9
プレゼンテーション 10
アンケート 11
管理者設定 12
セキュリティ強化 13
そのほか 14

Q · Google スプレッドシートの便利機能 ·

264 ▶ フィルタをかけて特定文字を非表示にしたい！

A 表の中のデータ用にフィルタを作ると、特定の文字列を含む行だけを抽出したり隠したりできます。

多くのデータを持つ表で、特定の商品だけを表示したいときなどにフィルタを作成すると便利です。かんたんな操作で一時的に不要なデータを隠すことができます。ただし、このフィルタは共有者全員に同じフィルタをかけるため、フィルタ作成者と同じ内容がほかの共有者にも表示されます。また、数式で合計を出すような場合には、隠したデータも含めて計算されるので、注意が必要です。

1 セルを選択し、

2 メニューバーの[データ]をクリックして、

3 [フィルタを作成]をクリックします。

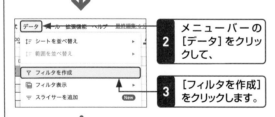

4 セルに ▽ が表示されます。フィルタをかけたいセルの ▽ をクリックします。

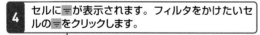

5 表示されたメニューの中でさまざまな条件を指定できます。

6 今回は隠したい商品のチェックを外し、

7 [OK]をクリックします。

8 商品が非表示になります。

Memo ▶ フィルタを削除する

フィルタを削除するには、メニューバーの[データ]をクリックし、[フィルタを削除]をクリックします。

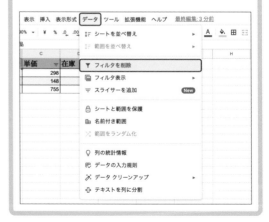

265 ▶ スプレッドシートの テーマを選びたい！

A テーマで表示形式を変えれば、 見栄えが一気に変わります。

スプレッドシートには多数のテーマが登録されています。あらかじめ用意されているテーマを利用することで、社内やチームで全体の統一感を維持でき、見やすさを保つことができます。空白のスプレッドシートから新規ではじめた場合でも、あとからテーマを選択するだけで適用できます。

1 メニューバーの [表示形式] をクリックし、

2 [テーマ] をクリックします。

3 ページ右にサイドバーが開き、数多くのテーマが並びます。

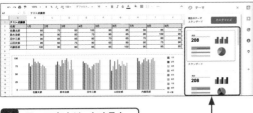

4 テーマをクリックすると、

5 シート全体にテーマが適用され見た目が変わります。

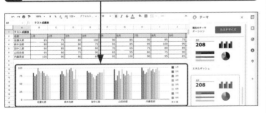

---

266 ▶ シートのタブに色を 付けたい！

A タブの ▼ をクリックして、 色を変更します。

大事なシートには色を付けて、シート名だけでなく視覚からもわかりやすく、ほかのシートと差別化することができます。シート名を付けることも大切ですが、シートの内容ごとに色分けをすることで、視覚的に内容の分類を意識しやすくなります。

1 操作するシートのタブを選択し、 **2** ▼ をクリックして、

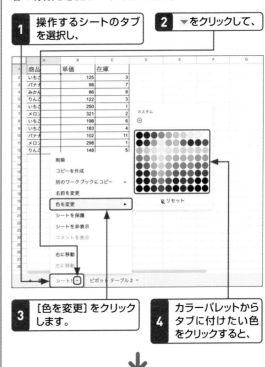

3 [色を変更] をクリックします。

4 カラーパレットからタブに付けたい色をクリックすると、

5 タブの下部に選択した色が適用されます。

Memo ▶ 適用した色を解除する

タブに適用した色を解除するには、手順**4**の画面で [リセット] をクリックします。

1 基礎知識
2 メール
3 ビデオ会議 チャットツール
4 タスク管理ツール スケジュール管理
5 スケジュール管理 データ保存
6 データ保存
7 文書作成
8 文書作成
9 **表計算**
10 プレゼンテーション アンケート
11 アンケート
12 管理者設定 セキュリティ強化
13 セキュリティ強化
14 そのほか

Q ●Google スプレッドシートの便利機能●

267 ▶ シートを保護したい!

A ユーザーに権限を付与して、シートやセル範囲のデータを保護することができます。

ほかのユーザーが内容を変更できないように保護できます。ほかのユーザーは、印刷・コピー・貼り付け・読み込み・書き出しなどの操作を保護されているスプレッドシートのコピーに対して行えますが、保護範囲の編集はできません。なお、Excel ファイルの編集を行っているときには、「シートと範囲を保護」は利用できません。

1 メニューバーの[データ]をクリックし、

2 [シートと範囲を保護]をクリックすると、

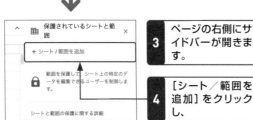

3 ページの右側にサイドバーが開きます。

4 [シート／範囲を追加]をクリックし、

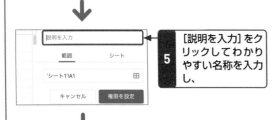

5 [説明を入力]をクリックしてわかりやすい名称を入力し、

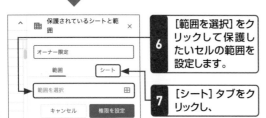

6 [範囲を選択]をクリックして保護したいセルの範囲を設定します。

7 [シート]タブをクリックし、

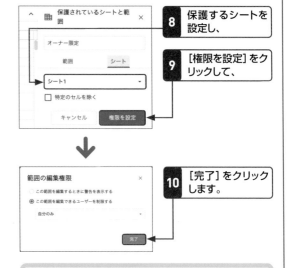

8 保護するシートを設定し、

9 [権限を設定]をクリックして、

10 [完了]をクリックします。

Memo ▶ 編集できるユーザーを制限する

手順**10**の画面で[この範囲を編集できるユーザーを制限する]をオンにし、[自分のみ]をクリックして[カスタム]を設定すると、編集できるユーザーを設定することができます。

Memo ▶ 保護設定を削除する

手順**3**の画面で「保護されているシートと範囲」の中から保護設定を選び、設定名右の[削除]→[削除]の順にクリックします。

Q 268 ▶ シートを非表示にしたい！

● Google スプレッドシートの便利機能 ●

A シートタブの ▼ から非表示に設定します。

古いシートや計算のみ行うシートを非表示にすると、共同作業でも混乱しにくくなります。共同作業でほかの編集者は、非表示のシートを表示変更できますが、閲覧者は変更できません。ユーザーがスプレッドシートのコピーを作成した場合は、非表示のシートを表示することができます。なお、非表示は、保護とは違うことにご注意ください。

1 非表示にしたいシートタブの ▼ をクリックし、

2 [シートを非表示]をクリックすると、

3 シートが非表示になります。

Memo ▶ シートを再表示する

シートを再表示するには、メニューバーの[表示]→[非表示のシート]の順にクリックし、再表示するシートをクリックします。

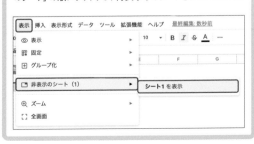

Q 269 ▶ 交互に背景色を変えたい！

● Google スプレッドシートの便利機能 ●

A 行数の多い表が見やすくなるよう設定できます。

大量の行数を持っている表では、各行を目で追いにくいことがあります。セル数が増えるほどにその傾向は強くなります。見やすくするために行に交互に背景色を付け、見やすい表をかんたんに設定できます。さまざまなカラー設定とオプションが用意されていますが、独自にカラーを設定することも可能です。

1 交互に背景色を付けたいセルをすべて選択し、

2 メニューバーの[表示形式]をクリックして、

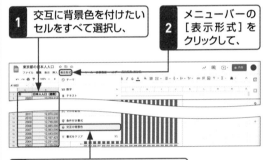

3 [交互の背景色]をクリックすると、

4 ページ右側にサイドバーが開きます。

5 「スタイル」で、カラーやヘッダー、フッターの有無の設定ができます。

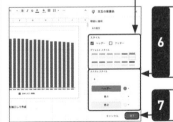

6 用意されたカラー以外の設定を行いたい場合には、「カスタムスタイル」で設定します。

7 [完了]をクリックすると、

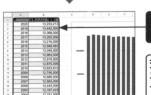

8 条件が適用されます。

交互の背景色を削除するには、手順**7**の画面で[交互の背景色を削除]をクリックします。

Q 270 ▶ 背景を数字によって 変えたい！

A 条件に合致したセルだけ色を付けたり、フォントを変えたりできます。

表計算のデータは、グラフやチャートではない方法でも見せることができます。スプレッドシートのデータの中から最小値～中央値～最大値となるように、セルの背景色を変化させる条件設定を行うと、ヒートマップのようにセルに入った値によって色の濃淡が付いた表をかんたんに作成できます。カラーも自由に設定できるので、好みに応じてカスタマイズ可能です。

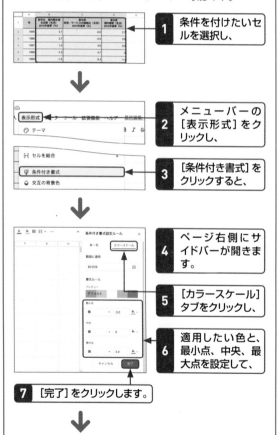

1 条件を付けたいセルを選択し、

2 メニューバーの[表示形式]をクリックし、

3 [条件付き書式]をクリックすると、

4 ページ右側にサイドバーが開きます。

5 [カラースケール]タブをクリックし、

6 適用したい色と、最小点、中央、最大点を設定して、

7 [完了]をクリックします。

8 条件が適用されます。

Q 271 ▶ シートの計算を 自動更新したい！

A 再計算のタイミングと頻度を 変更できます。

通常、計算式の更新を行ったタイミングで再計算されますが、スプレッドシートの設定を変更すれば、「計算式の更新時＋毎分」に再計算させるようなことが可能です。時間を扱うような計算式や、経過時間などのリアルタイム性がある計算式の場合は、毎分の再計算が必要になることがあります。外部からの読み込みタイミングは「30 分ごと：ImportRange」「1 時間ごと：ImportHtml、ImportFeed、ImportData、ImportXml」「最大 20 分程遅延：GoogleFinance」となります。

1 メニューバーの[ファイル]をクリックし、

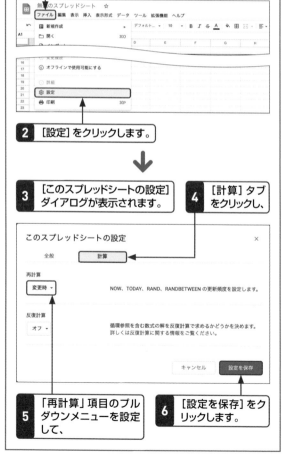

2 [設定]をクリックします。

3 [このスプレッドシートの設定]ダイアログが表示されます。

4 [計算]タブをクリックし、

5 「再計算」項目のプルダウンメニューを設定して、

6 [設定を保存]をクリックします。

Q

● Google スプレッドシートの便利機能

272 ▶ 関数一覧を知りたい！

A 計算式を使いたいときは、
ツールバーの Σ・（［関数］）を選択します。

スプレッドシートでは、多くの関数がサポートされています。範囲内の合計や平均値を計算したり、時間の計算、三角関数なども利用可能です。しかし、関数すべての利用方法を覚えることは困難です。関数一覧から選択すれば、関数の挿入ができ、使い方などの説明は、ヘルプページが用意されています。

1 関数を挿入したいセルを選択し、

2 ツールバーの Σ・（［関数］）をクリックして、

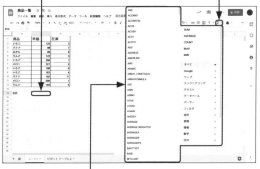

3 利用したい関数をクリックすると、

4 セルに関数が挿入され、かんたんな使い方の説明が表示されます。

Memo ▶ さらに関数の説明を見たい場合

より詳しい関数の説明を見たいときは、ツールバーの Σ・（［関数］）→［詳細］の順にクリックするか、メニューバーの［ヘルプ］→［関数リスト］の順にクリックすると、「Google スプレッドシートの関数リスト」を表示します。

Q

● Google スプレッドシートの便利機能

273 ▶ ウェブで公開したい！

A ウェブに公開すると、世界中の人と
スプレッドシートを共有できます。

スプレッドシート全体やシートを限定し、簡易ウェブページとして独自のURLを持ったファイルのコピーを公開できます。公開するコンテンツの設定を行えば、アクセス制限も公開の停止もできます。なお、ファイルを公開すると、誰もが閲覧可能になります。個人情報や機密情報の公開は慎重に行いましょう。

1 メニューバーの［ファイル］をクリックし、

2 ［共有］をクリックして、

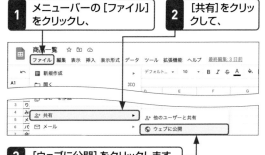

3 ［ウェブに公開］をクリックします。

4 ［ウェブに公開］ダイアログが開いたら、［公開］→［OK］の順にクリックします。

5 公開が完了すると、URLが取得できます。このURLを閲覧用URLとして利用します。

6 ［公開するコンテンツと設定］をクリックすると、公開の停止やアクセス制限などの設定ができます。

基礎知識 1
メール 2
ビデオ会議 3
チャットツール 4
タスク管理ツール 5
スケジュール管理 6
データ保存 7
文書作成 8
表計算 9
プレゼンテーション 10
アンケート 11
管理者設定 12
セキュリティ強化 13
そのほか 14

Q ●Googleスプレッドシートの便利機能●

274 ▶ Twitterの情報をまとめたい！

A 特定のワードのツイートを探したり、特定のメンションしたツイートを探したりすることができます。

Twitterを検索するルールを作り、フレーズやハッシュタグでツイートを見つけたり、メンションをしたツイートを取得して、スプレッドシートに保存します。取得した情報を分析してTwitterの今のトレンドを調査することに役立ちます。ルールにはTwitter検索演算子がサポートされるので、目的に合った情報の取得が可能です。なお、利用には事前にTwitterアカウントが必要です（Twitter検索演算子については、「https://help.twitter.com/ja/using-twitter/twitter-advanced-search」を確認してください）。

1 あらかじめQ.463を参考に「Tweet Archiver」のアドオンをインストールしておきます。

2 メニューバーの［拡張機能］をクリックし、

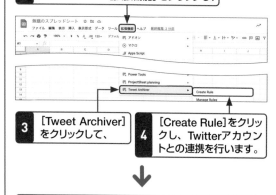

3 ［Tweet Archiver］をクリックして、

4 ［Create Rule］をクリックし、Twitterアカウントとの連携を行います。

5 スプレッドシートのタブでルールの条件を入力し、

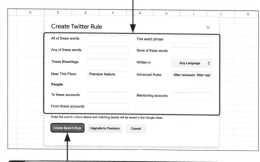

6 ［Create Search Rule］をクリックします。

7 ［Update Twitter Rule］ダイアログが表示されます。

8 プレミアムプランの契約を行わない場合には［No, maybe later］をクリックして先に進みます。

9 ［Getting Started Guide］ダイアログが表示されたら、×をクリックします。

10 Ruleに基づいた検索結果が取得されます。

Q 275 ▶ ガントチャートを作りたい！

● Google スプレッドシートの便利機能 ●

A アドオンのインストールを行うと、シートにガントチャートが組み込めます。

多くのプロジェクトでは、期間と工程からガントチャートを作成して進行管理しているケースも多いでしょう。アドオンにはさまざまなものが揃っており、ガントチャートも多彩なアドオンが配信されています。ここでは、ガントチャート作成アドオンとして古くからある「ProjectSheet planning」を紹介します。

1 あらかじめQ.463を参考に、「ProjectSheet planning」のアドオンをインストールしておきます。

2 メニューバーの［拡張機能］をクリックし、

3 ［ProjectSheet planning］をクリックして、

4 ［Add ProjectSheet］をクリックします。

5 ページの右側にサイドバーが開き、ガントチャートがスプレッドシートに組み込まれます。

6 ［翻訳］をオンにすると、Google翻訳の機能を使いアドオンが翻訳されます。

Q 276 ▶ Google アナリティクスと連携したい！

● Google スプレッドシートの便利機能 ●

A アドオンを使って連携すると、レポートの自動更新などが行えます。

ウェブサイトのアクセス解析などで使われるGoogle アナリティクスには、スプレッドシートと連携するためのアドオンがGoogleより配布されています。このアドオンを利用することで、アナリティクスと連携して自動でレポートのデータを更新することができるようになります。なお、2022年8月現在、Google アナリティクス 4との連携はサポートされていません。

1 あらかじめQ.463を参考に、「Google Analytics」のアドオンをインストールしておきます。

2 メニューバーの［拡張機能］をクリックし、

3 ［Google Analytics］をクリックして、

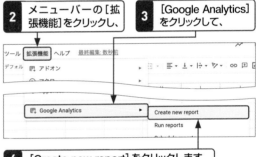

4 ［Create new report］をクリックします。

5 ページの右側にサイドバーが開きます。

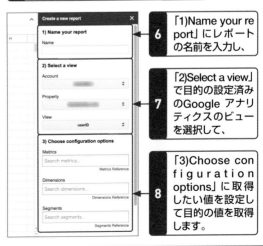

6 「1)Name your report」にレポートの名前を入力し、

7 「2)Select a view」で目的の設定済みのGoogle アナリティクスのビューを選択して、

8 「3)Choose configuration options」に取得したい値を設定して目的の値を取得します。

基礎知識 1
メール 2
ビデオ会議 3
チャットツール タスク管理ツール 4
スケジュール管理 5
データ保存 6
文書作成 7
8
表計算 9
プレゼンテーション 10
アンケート 11
管理者設定 12
セキュリティ強化 13
そのほか 14

Q 277 ▶ スプレッドシートで 共同作業を行いたい！

●Google スプレッドシートの共有設定●

A ユーザーやグループと共有すると同時に 同じスプレッドシートで作業が行えます。

ユーザーやグループと共有したスプレッドシートは、共有したメンバーが同時にアクセスして同時に更新作業を行えるので、作業分担を効率的に進めることができます。オンライン会議を行いながら、各拠点のメンバーが同時に同一ファイルの更新作業を進められます。共有するユーザーごとに権限も設定できます。

1 画面右上の［共有］をクリックし、

2 ユーザーやグループを入力して表示される候補をクリックします。

3 共有権限のプルダウンをクリックし、設定したい共有権限をクリックして選択したら、

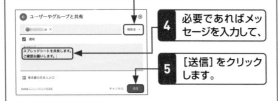

4 必要であればメッセージを入力して、

5 ［送信］をクリックします。

スプレッドシートを共有したことがユーザーやグループにメールで通知されます。

Memo ▶ チェック内容を設定する

ユーザーやグループと共有ダイアログの右上にある⚙から、共有後にユーザーが新たに別のユーザーに共有することを許可するか、などの設定が可能です。

Q 278 ▶ 他人のスプレッドシートに コメントを入れて共有したい！

●Google スプレッドシートの共有設定●

A 共有されたスプレッドシートのセルに ピンポイントでコメントが残せます。

スプレッドシートの場合、セルにピンポイントでコメントができるので、指示を出しやすくなります。閲覧権限者の場合、コメントが残せないため権限の確認が必要です。過去のコメント履歴も確認できるので、時系列に沿った指示の流れなども見直しができます。

1 目的のセルを選択し、

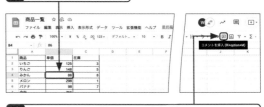

2 ツールバーの（［コメントを挿入］）をクリックします。

3 コメントダイアログが表示されます。

4 フィールドにコメントを入力し、

5 ［コメント］をクリックすると、

6 セルにコメントが付きます。

7 コメントしたセルには、セルの右上に黄色のマークが付きます。

8 ページ右上の（［コメント履歴を開く］）から、過去のコメント履歴を確認できます。

Q 279 ▶ 共有したスプレッドシート の閲覧者を確認したい!

A アクティビティダッシュボードでは、 ファイルの閲覧状況を確認できます。

ファイルを共有すると、誰が・いつ・何をした、という行動履歴や共有設定の履歴などの管理が必要になります。アクティビティダッシュボードを使って、何時に誰が閲覧しているか?などが確認できます。ほかにもコメントのトレンドや共有の履歴なども確認可能です。ユーザーは自分の閲覧履歴をオフに設定することができるので、アクティビティダッシュボードの情報が完全なものとは限らないことに注意してください。

1 共有しているスプレッドシートの右上にある〜([アクティビティダッシュボード])をクリックすると、

2 アクティビティダッシュボードが開きます。

3 [閲覧者]をクリックすると、スプレッドシートの閲覧状況を確認できます。

4 ほかにも[コメントのトレンド]や[共有履歴]などを確認できます。

Q 280 ▶ スプレッドシートをオンライン で画面共有したい!

A Google Meetで会議を開始し、 画面共有します。

Google Meet(第3章参照)のオンライン会議の参加者全員で同時に書類を見ながら進行すると、効率よく、意思疎通も図りやすくなります。会議に参加して、画面共有するだけのかんたんな操作で共有可能です。共有の停止もボタン1つで停止できます。

1 Google Meetの会議中に画面共有したいスプレッドシートを開き、右上にある⊡([会議で画面共有する])をクリックし、

2 [このタブを会議で共有]をクリックします。

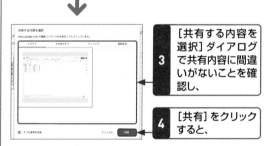

3 [共有する内容を選択]ダイアログで共有内容に間違いがないことを確認し、

4 [共有]をクリックすると、

5 画面共有されます。

6 共有を終了するには、ブラウザ上部に表示される[共有を停止]をクリックします。

基礎知識 1
メール 2
ビデオ会議 3
チャットツール 4
タスク管理ツール 5
スケジュール管理 6
データ保存 7
文書作成 8
表計算 9
プレゼンテーション 10
アンケート 11
管理者設定 12
セキュリティ強化 13
そのほか 14

基礎知識 1
メール 2
ビデオ会議 3
チャットツール 4
タスク管理ツール 5
スケジュール管理 6
データ保存 7
文書作成 8
表計算 9
プレゼンテーション 10
アンケート 11
管理者設定 12
セキュリティ強化 13
そのほか 14

Q ●Google スプレッドシートの共有設定●

⊠ Starter非対応

281 ▶承認を得てスプレッドシートを完成させたい！

A 値の確認など上長などの承認を得るには、承認のリクエストを送り承認を得ることができます。

数値を多く扱うスプレッドシートで、値の間違いを極力減らすことは、重要な事柄になってきます。複数の目で値の確認を行い、スプレッドシートの完成とするような場合には、承認者に承認リクエストを送り、確認・フィードバックして完了する、というワークフローを行います。承認リクエストは複数の承認者に対して送ることができます。

1 メニューバーの［ファイル］をクリックし、

2 ［承認］をクリックします。

3 ページ右に「承認」サイドバーが開きます。

4 ［リクエストを送信］をクリックします。

5 ［承認のリクエスト］ダイアログが表示されます。

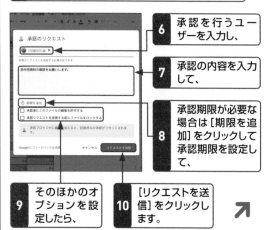

6 承認を行うユーザーを入力し、

7 承認の内容を入力して、

8 承認期限が必要な場合は［期限を追加］をクリックして承認期限を設定して、

9 そのほかのオプションを設定したら、

10 ［リクエストを送信］をクリックします。

11 送信が完了すると、スプレッドシートは「承認待ち」になります。

12 承認者はスプレッドシートにアクセスし、ページの右上にある［詳細を表示］をクリックすると、

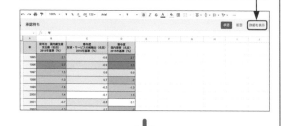

13 承認の経過を確認できます。

14 スプレッドシートが問題ないと判断されれば［承認］をクリックし、

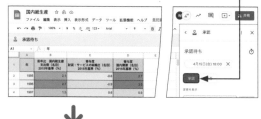

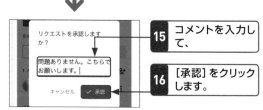

15 コメントを入力して、

16 ［承認］をクリックします。

第 **10** 章

プレゼンテーション 「スライド」 の活用技！

基礎知識 1
メール 2
ビデオ会議 チャットツール 3
タスク管理ツール 4
スケジュール管理 5
データ保存 6
文書作成 7
8
表計算 9
プレゼンテーション 10
アンケート 11
管理者設定 12
セキュリティ強化 13
そのほか 14

Q ●Google スライドの基本●

282 ▶ Google スライドとは?

A プレゼンテーションの作成・編集・共同作業を行うことができるツールです。

Google スライドでは、多くのテーマやフォント、動画の埋め込みやアニメーションなどを利用したスライドを作成したり、プレゼンテーションを行ったりすることができます。デバイスを選ばず利用でき、オフライン中でも作業の継続が可能です。同じスライドを複数のユーザーと同時に作業することができます。変更内容は自動で保存され、変更履歴から古いバージョンを確認することも可能です。また、Microsoft PowerPoint ファイルに対応しているため、PowerPoint ファイルの編集や、PowerPoint、スライドとの相互変換なども可能です。アドオンを追加することによって、さまざまな機能の拡張もできます。

1 Google Workspaceにログインした状態で、Google 検索ページ（https://www.google.co.jp/）へアクセスし、

2 ページ右上にある ⊞（［Google アプリ］）をクリックして、

3 ［スライド］をクリックすると、

↓

4 スライドのトップページにアクセスできます。

Q ●Google スライドの基本●

283 ▶ Google スライドの画面構成を知りたい!

A 新規プレゼンテーションの作成や、過去に利用したプレゼンテーションの閲覧ができます。

Google スライドのトップページから、新規プレゼンテーションの作成や、過去に使用したプレゼンテーションの確認などを手軽に行うことができます。新規作成するには、ページ上部の「新しいプレゼンテーションを作成」エリアから、過去利用したことがあるプレゼンテーションの閲覧・編集を行うには、ページ下部の「最近使用したプレゼンテーション」エリアから行います。

	名称	機能
❶	新しいプレゼンテーションを作成	新規にプレゼンテーションを作成する場合は、こちらから空白やテンプレートを選択します。
❷	最近使用したプレゼンテーション	過去に利用したプレゼンテーションが利用した順番で表示されています。
❸	メインメニュー	スライドのほかにドキュメント、スプレッドシート、フォームなどへ移動できます。
❹	テンプレートギャラリー	［全般］タブ内にさまざまなテンプレートがあらかじめ登録されています。自ドメインタブには、自身で登録したテンプレートが表示されます。
❺	テンプレートの表示／非表示	「新しいプレゼンテーションの作成」エリアの表示／非表示を変更できます。一度非表示にした場合は［設定］の「ホーム画面に最近使用したテンプレートを表示」にチェックを入れると、再び表示されます。
❻	リスト表示	アイコン表示とリスト表示を切り替えることができます。
❼	ファイル選択ツール	任意の場所にあるプレゼンテーションやローカル環境に保存されているプレゼンテーションを読み込むことができます。

1 基礎知識
2 メール
3 ビデオ会議
4 チャットツール タスク管理ツール スケジュール管理 データ保存
5
6
7
8 文書作成
9 表計算
10 プレゼンテーション
11 アンケート
12 管理者設定
13 セキュリティ強化
14 そのほか

Q

● Google スライドの基本 ●

284 ▶ かんたんなプレゼンテーションを作成したい！

A テンプレートギャラリーから新規プレゼンテーションを作成するのが近道です。

テンプレートギャラリーにはさまざまなテンプレートが登録されています。自分のイメージに合ったテンプレートを使えば、よりかんたんにスライドを作成できます。一からスライドを作成したい場合は、トップページの［空白］を選択します。

空白から作成する

すべてを自分で作成したい場合には、ページ上部の「新しいプレゼンテーションを作成」エリアにある［空白］をクリックします。

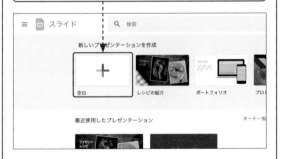

テンプレートから作成する

ページ上部の「新しいプレゼンテーションを作成」エリアにある「テンプレートギャラリー」から、目的に合ったテンプレートを選択します。

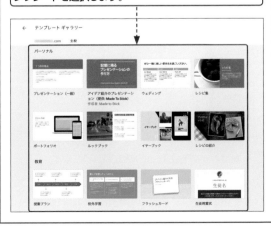

Q

● Google スライドの基本 ●

285 ▶ 新しいスライドを挿入したい！

A ＋をクリックすると、次ページにスライドが挿入されます。

資料の作成中に新規スライドを追加することができます。追加されるスライドは操作時に選択していたスライドの次ページとして挿入され、レイアウトは選択しているスライドのものが継承されます。

1 ページ左側のスライド一覧から、スライドを挿入したいページのスライドをクリックし、

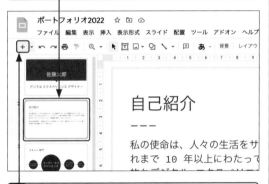

2 ツールバーの＋（［新しいスライド］）をクリックすると、

3 手順**1**で選択したスライドの次に新しいスライドが挿入されます。

Memo ▶ スライドを削除する

スライドを削除するには、削除したいスライドを選択して、キーボードの Delete を押します。

Q 286 ▶ テキストを任意の場所に追加したい！

・Google スライドの基本

A テキストボックスを挿入することで、テキスト項目を追加できます。

テキストは、スライド自体に直接入力するわけではなく、スライドにテキストボックスを追加して、そのテキストボックス内に文字を入力していきます。テキストボックスはサイズの調整や位置の移動などを自由に行うことができます。

1 ツールバーの ⊡（［テキストボックス］）をクリックし、

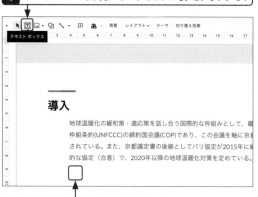

2 任意の位置をクリックすると、テキストボックスが追加されます。

3 テキストボックス内をダブルクリックすると、テキストが入力できます。

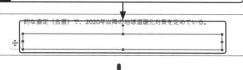

4 テキストボックスを選択し、マウスカーソルを選択枠に合わせると、マウスポインターが ✥ に変わります。その状態でテキストボックスをドラッグしてテキストボックスの配置位置を移動・調整します。

Q 287 ▶ フォントや文字サイズを変更したい！

・Google スライドの基本

A ツールバーからイメージに合わせて変更できます。

スライドでは、さまざまなフォントを利用でき、文字サイズの変更も行うことができます。テキストボックスごと、文字列ごとなど、個別にフォントの設定を行えるので、スライドにメリハリをつけて、より伝わりやすいプレゼンテーションにすることができます。

フォントを変更する

1 フォントを変更したいテキストボックスか文字列を選択し、

2 ツールバーの［フォント］をクリックします。

3 表示されたフォントリストから目的に合ったフォントをクリックすると、選択箇所に反映します。

文字サイズを変更する

1 文字サイズを変更したいテキストボックスか文字列を選択し、

2 ツールバーの［フォントサイズ］をクリックします。

3 開かれた数値リストから値をクリックします。

4 直接数値を入力することもできます。また、左右にある＋と－をクリックして調整も可能です。

Q 288 ▶ テキストボックスごとに設定を変えたい！

A 書式設定オプションを利用して設定を変更します。

「書式設定オプション」で設定変更することによって、デフォルトの設定とは異なった文字装飾にすることができ、タイトルなどで一味違った見栄えを実現できます。この設定はテキストボックス単位で反映されます。なお、ドロップシャドウや鏡像は、部分的なテキストには設定できません。

1 目的のテキストボックスを選択し、

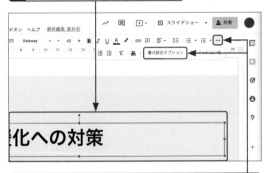

2 ツールバーの [書式設定オプション] （または … → [書式設定オプション]）をクリックすると、

3 ページの右側に「書式設定オプション」サイドバーが開きます。ここではテキストボックスのサイズと回転、位置、テキストの適合のほかに、装飾のドロップシャドウや鏡像が設定できます。

4 ドロップシャドウを適用するには、[ドロップシャドウ]をオンにし、表示される各項目を設定します。

Q 289 ▶ 行間を変えたい！

A 読みやすい段落間隔、行間をツールバーから設定できます。

テキストボックス、またはテキストボックス内の段落ごとに対して、間隔を設定することができます。テキストボックス全体に設定を行うと、段落間隔と行間も同じ値に設定されます。段落を選択して指定すれば、その段落のみ行間を変更することができます。また段落のみ、その前後にスペースを追加することも可能です。

テキストボックスに行間を設定する

1 目的のテキストボックスを選択し、

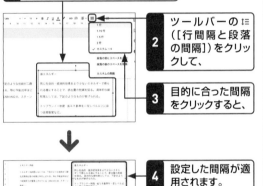

2 ツールバーの ≡ （[行間隔と段落の間隔]）をクリックして、

3 目的に合った間隔をクリックすると、

4 設定した間隔が適用されます。

テキストボックスに行間を設定する

1 テキストボックス内の目的の段落を選択し、

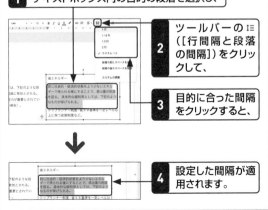

2 ツールバーの ≡ （[行間隔と段落の間隔]）をクリックして、

3 目的に合った間隔をクリックすると、

4 設定した間隔が適用されます。

基礎知識 1
メール 2
ビデオ会議 3
チャットツール 4
タスク管理ツール 5
スケジュール管理 6
データ保存 7
文書作成 8
表計算 9
プレゼンテーション 10
アンケート 11
管理者設定 12
セキュリティ強化 13
そのほか 14

Q ・Google スライドの基本・

290 ▶ 箇条書きにしたい！

A ツールバーから箇条書きの設定ができます。

選択したテキストボックス全体を箇条書きに設定したり、部分的に箇条書きに設定したりと、思いのままに設定可能です。箇条書きはいろいろな形式が用意されているので、目的に合った形式を選択できます。

1 箇条書きに設定したい箇所を選択し、

テキストボックス全体を箇条書きに設定したい場合は、テキストボックスを選択します。

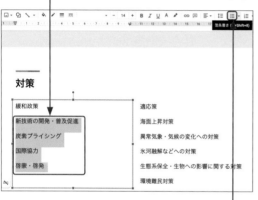

2 ツールバーの ≔（[箇条書き]）をクリックすると、

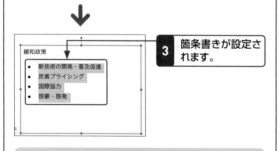

3 箇条書きが設定されます。

Memo ▶ 箇条書きの形式

手順**2**の画面で≔の右にある▼をクリックすると、サブメニューが表示されます。サブメニューの箇条書き形式から選んで設定することも可能です。

Q ・Google スライドの基本・

291 ▶ 画像を挿入したい！

A さまざまな方法でプレゼンテーションに画像を挿入できます。

Google スライドでは、写真、動画、音声などを扱うことができます。画像をパソコンからアップロードしたり、URLからウェブで検索した画像を読み込んだりと、いろいろな方法でスライドに挿入することができます。パソコンのデスクトップからスライドへ直接ドラッグ＆ドロップしても挿入可能です。

1 メニューバーの [挿入] をクリックし、

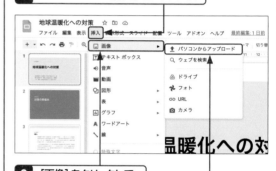

2 [画像] をクリックして、

3 開かれたリストから [パソコンからアップロード] をクリックします。

4 パソコンに保存されている画像を選択すると、画像が挿入されます。

Memo ▶ 画像のサイズや配置を変更する

画像をクリックして選択した状態で、アンカーポイントを操作して画像サイズを調整したり、画像をドラッグして位置を調整したりすることができます。

292 ▶ リンクを挿入したい！

A リンクを挿入すると、スライドから直接ウェブページなどに移動できるように
なります。

スライドに挿入するリンクは、ウェブページにリンク
したり、メールアドレスにリンクしたりする使い方の
ほかに、前のスライドに戻る、最初のスライドに戻ると
いう使い方や、特定の文言に合わせたスライドにリン
クするアンカーのような使い方ができます。アンカー
のような使い方は、プレゼンテーションの中を行き来
できるのでとても便利です。

メールアドレスのリンクを挿入する

1 リンクを挿入したい
メールアドレスの文
字列を選択し、

2 ツールバーの 🔗（[リ
ンクを挿入]）をク
リックすると、

3 メールアドレスの
文字列にリンクが
挿入されます。

URL のリンクを挿入する

1 リンクを挿入したいURLを選択し、

2 ツールバーの 🔗（[リンクを挿入]）
をクリックすると、

3 URLの文字列にリンクが挿入されます。

特定のスライドへのリンクを挿入する

1 リンクを挿入したい位置にカーソルを合わせ、

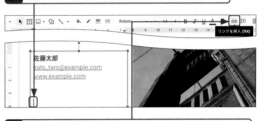

2 ツールバーの 🔗（[リンクの挿入]）をクリックして、

3 「テキスト」にリンク
テキストを記入し、

4 検索フィールドに
リンクしたいスラ
イドにある文言を
入力すると、

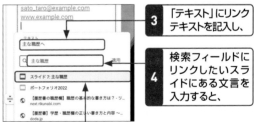

5 リンク可能なリンク先が表示されるので、目的のス
ライドをクリックします。

6 ほかのスライドへのリンクが設定されます。

基礎知識 1
メール 2
ビデオ会議 チャットツール 3
タスク管理ツール 4
スケジュール管理 5
データ保存 6
文書作成 7
表計算 8
プレゼンテーション 9
アンケート 10
管理者設定 11
セキュリティ強化 12
そのほか 13
14

Q 293 ▶ 図形を挿入したい！

A ツールバーから種類を選び、図形を挿入することができます。

矢印や吹き出しなど、プレゼンテーションにはよく使われる図形がありますが、Google スライドにも多くの図形が用意されています。ツールバーから種類を選ぶだけでスライドに配置されるので、操作はかんたんです。図形の色や大きさ、変形も自在に行えます。

1 ツールバーの ◎（[図形]）をクリックし、

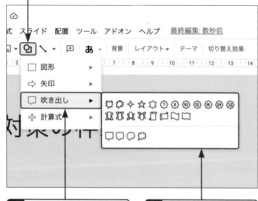

2 [吹き出し] をクリックして、

3 目的の図形クリックします。

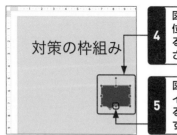

4 図形を配置したい位置をクリックすると、図形が挿入されます。

5 図形のアンカーポイントをドラッグすると、変形できます。

Memo ▶ 図形内にテキストを入力する

吹き出しなど図形の種類によって、図形をダブルクリックすると、図形内にテキストを入力できるものもあります。入力したテキストは、テキストボックスと同様に、フォントやフォントサイズの変更、行揃えや色の変更が可能です。

Q 294 ▶ プレゼン用に音声を入れたい！

A Google ドライブにアップロードした音声ファイルを挿入できます。

プレゼンテーションに音声を挿入することで、スライドショー実行時に音声を再生させることができます。挿入したい音声ファイルをGoogle ドライブへアップロードしておく必要があります。音声ファイルはWAV、MP3形式などが利用可能です。

1 音声を挿入したいスライドをクリックし、

2 メニューバーの [挿入] をクリックして、

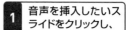

3 [音声] をクリックすると、

4 [音声を挿入] ダイアログが表示されます。

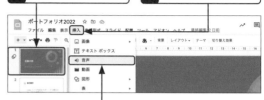

5 Google ドライブにアップロードしてある音声ファイルや共有されているファイルから、目的の音声ファイルを選択し、

6 [選択] をクリックすると、

7 スライドに音声ファイルが挿入されます。

8 「書式設定オプション」サイドバーが開くので音声ファイルの再生方法などを設定し、

9 ×をクリックします。

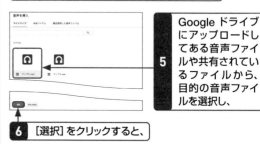

295 ▶ 動画を挿入したい!

A Google ドライブにアップロードした
動画を挿入できます。

動画を挿入すると、プレゼンテーションをより魅力的なものに仕上げることができます。動画を挿入するには、Google ドライブ（第7章参照）を利用します。あらかじめドライブに動画ファイルをアップロードしておき、スライドに挿入して配置します。ハイビジョンサイズ（1920×1080）まで対応し、対応ファイル形式はMPEG4、MOV、AVI、WMV、OGGなどさまざまです。動画以外に音声ファイルの挿入も可能です。

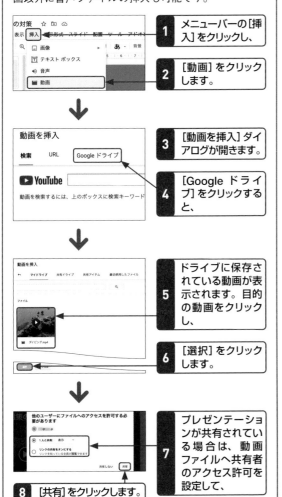

1 メニューバーの[挿入]をクリックし、

2 [動画]をクリックします。

3 [動画を挿入]ダイアログが開きます。

4 [Google ドライブ]をクリックすると、

5 ドライブに保存されている動画が表示されます。目的の動画をクリックし、

6 [選択]をクリックします。

7 プレゼンテーションが共有されている場合は、動画ファイルへ共有者のアクセス許可を設定して、

8 [共有]をクリックします。

296 ▶ YouTube動画を 挿入したい!

A YouTubeから動画を挿入することで、すでにあるメディアを活用できます。

自身または、自社などでYouTube チャンネルを運用していれば、YouTube の動画をスライドに挿入することができます。動画を挿入する場合は、動画を検索するか、動画URL を指定します。なお、他人または他社のチャンネルから勝手に動画を挿入することは、著作権法に抵触する場合があるので注意してください。

検索して挿入する

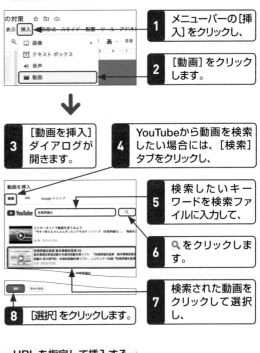

1 メニューバーの[挿入]をクリックし、

2 [動画]をクリックします。

3 [動画を挿入]ダイアログが開きます。

4 YouTubeから動画を検索したい場合には、[検索]タブをクリックし、

5 検索したいキーワードを検索ファイルに入力して、

6 🔍 をクリックします。

7 検索された動画をクリックして選択し、

8 [選択]をクリックします。

URL を指定して挿入する

1 YouTubeの決まった動画がある場合には、上の手順**4**で[URL]タブをクリックし、

2 フィールドにYouTubeのURLを入力して、

3 [選択]をクリックします。

基礎知識 1　メール 2　ビデオ会議 3　チャットツール 4　タスク管理ツール 5　スケジュール管理 6　データ保存 7　文書作成 8　表計算 9　プレゼンテーション 10　アンケート 11　管理者設定 12　セキュリティ強化 13　そのほか 14

219

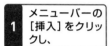

297 ▶ 表を挿入したい！

A 表をはじめから作成することも、スプレッドシートからコピーして貼り付けることもできます。

さまざまなデータの表示には、表を利用すると便利です。情報を整理して、正確に伝えることに役立ちます。表をはじめから作成することもできますが、スプレッドシートから必要な表を貼り付けると、内容と連動して表が更新される機能が利用できるようになります。

表を作成する

1 メニューバーの [挿入] をクリックし、

2 [表] をクリックすると、マス目が描かれたメニューが開きます。

3 マウスポインターをドラッグし、表の行数と列数を指定して表を作成します。

4 目的の行数、列数で表が作成されます。

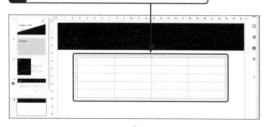

5 表のセルで右クリックすると、行や列を追加するなどのさまざまな操作ができます。

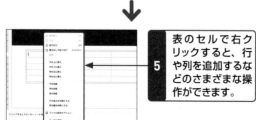

表をコピーして貼り付ける

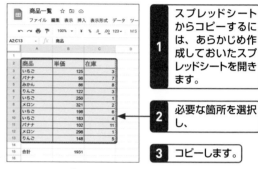

1 スプレッドシートからコピーするには、あらかじめ作成しておいたスプレッドシートを開きます。

2 必要な箇所を選択し、

3 コピーします。

4 スライドに貼り付けると、[表の貼り付け] ダイアログが開きます。[スプレッドシートにリンク] をオンにし、

5 [貼り付け] をクリックすると、スプレッドシートの内容更新と連動して、ドキュメントの表も更新されるようになります。

6 スプレッドシートから表がコピーされます。

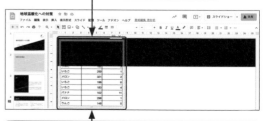

7 表の大きさや位置は、表の周りのハンドルを操作して調整します。

Q ·Google スライドの基本·

298 ▶ グラフを挿入したい!

A メニューバーからグラフを挿入できます。グラフデータの入力もすぐに行えます。

数値の比較などにとても効果的なグラフの作成も、スライドではかんたんに行うことができます。グラフの挿入時にグラフの種類を選べるので、表したい内容に合わせたグラフを選択可能です。棒グラフ、折れ線グラフ、円グラフと必要十分なグラフが使えます。

グラフを挿入する

1 メニューバーの [挿入] をクリックし、

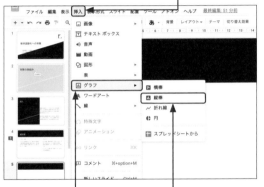

2 [グラフ] をクリックして、

3 グラフの種類 (ここでは [縦棒]) をクリックすると、

4 新規のグラフが挿入されます。

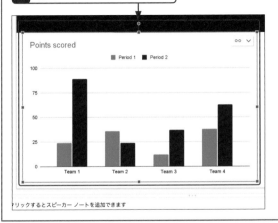

クリックするとスピーカー ノートを追加できます

グラフデータを入力する

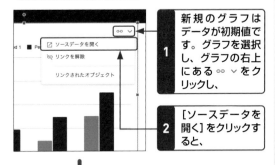

1 新規のグラフはデータが初期値です。グラフを選択し、グラフの右上にある ∞ ∨ をクリックし、

2 [ソースデータを開く] をクリックすると、

3 スプレッドシートが開き、目的の内容に合わせてデータを更新します。

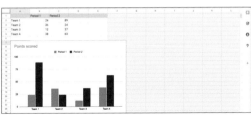

4 プレゼンテーションに戻り、スライドを表示します。グラフの右上に表示された [更新] をクリックすると、グラフが更新されます。

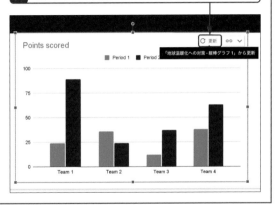

基礎知識 1
メール 2
ビデオ会議 チャットツール 3
タスク管理ツール 4
スケジュール管理 5
データ保存 6
文書作成 7
表計算 8
プレゼンテーション 9
10
アンケート 11
管理者設定 12
セキュリティ強化 13
そのほか 14

Q ● Google スライドの基本 ●

299 ▶ スプレッドシートから グラフを挿入したい!

A スプレッドシートで作成したグラフを 挿入できます。

スプレッドシートで作成したグラフをプレゼンテーションに挿入して利用することができます。挿入したグラフはもとのスプレッドシートにリンクされているので、スプレッドシートを更新すれば、プレゼンテーションに挿入したグラフの内容も更新されます。

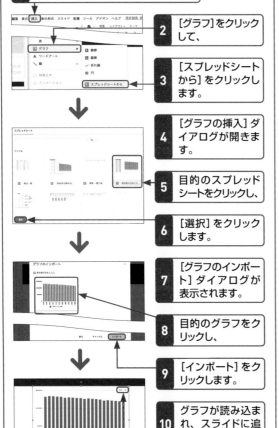

1 メニューバーの [挿入] をクリックし、

2 [グラフ]をクリックして、

3 [スプレッドシートから] をクリックします。

4 [グラフの挿入] ダイアログが開きます。

5 目的のスプレッドシートをクリックし、

6 [選択] をクリックします。

7 [グラフのインポート] ダイアログが表示されます。

8 目的のグラフをクリックし、

9 [インポート] をクリックします。

10 グラフが読み込まれ、スライドに追加されます。

グラフの右上に表示される ⊖ ∨ → [ソースデータを開く] の順にクリックすると、ソースデータにアクセスできます。

Q ● Google スライドの基本 ●

300 ▶ フローチャートを 作りたい!

A 図形と線を使えば、複雑なチャート図 も作成できます。

業務フローやシステム図などを作成するときに、フローチャートを用いることがあります。四角と四角を線でつなぎ、工程の流れなどを説明します。図形の四角を工程とし、コネクタと書かれている「カギ線」や「曲線」を使えば、かんたんにフローチャートの作成ができます。

1 ツールバーの ◔ ([図形])をクリックし、工程となる図形をクリックして選択し、

2 スライドにいくつか配置して、

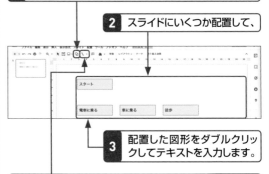

3 配置した図形をダブルクリックしてテキストを入力します。

4 ツールバーの ↖ ▾ ([線])→ [カギ線コネクタ] の順にクリックし、

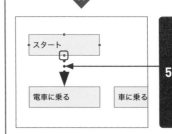

5 図形にマウスポインターを合わせると、連結ポイントが表示されます。クリックしたまま次の工程になる図形までドラッグします。

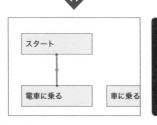

6 次の工程の図形にマウスポインターを合わせ、表示される連結ポイントにドロップすると線でつながります。

基礎知識 1
メール 2
ビデオ会議 3
チャットツール 4
タスク管理ツール 5
スケジュール管理 6
データ保存 7
文書作成 8
表計算 9
プレゼンテーション 10
アンケート 11
管理者設定 12
セキュリティ強化 13
そのほか 14

Q ・Google スライドの基本・

301 ▶ レイアウトを変えたい！

A ツールバーや、スライド一覧から
変更できます。

プレゼンテーションの各スライドには「レイアウト」が
設定されています。タイトル向きなレイアウトや2段
組のレイアウトなど、テキストと画像の配置をあらか
じめ設定したものがレイアウトです。約10種類のレイ
アウトが用意されています。作成中や作成後にレイア
ウトを変更することもできますが、各スライド中に挿
入されているテキストボックスや、画像の位置調整が
必要になる場合があります。

1 レイアウトを変更したいスライドをクリックし、

 ツールバーの [レ
イアウト] をクリッ
クして、

適用したいレイア
ウトをクリックする
と、

4 レイアウトが適用されます。

Q ・Google スライドの便利機能・

302 ▶ PowerPointファイルを
編集したい！

A Google ドライブに保存した
PowerPointファイルを編集できます。

資料作成ツールとしてMicrosoft PowerPoint が多く
利用されていますが、そのPowerPoint ファイルをス
ライドで編集できます。PowerPoint では拡張子として
「.PPTX」が使われていますが、スライドで編集した場
合も、PowerPoint形式の「.PPTX」で保存することがで
きます。ただし、スライドはPowerPointの一部の機能
に対応していないので、完全に互換性があるわけでは
ありません。

1 Google ドライブに保存したPowerPointファイル
を右クリックし、

2 [アプリで開く]を
クリックして、

3 [Google スライド]
をクリックすると、

4 PowerPointファイルが開きます。

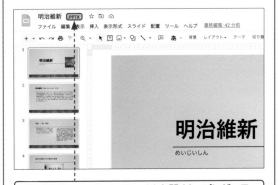

スライドでPowerPointファイルを開くと、プレゼンテー
ション名の右側に「.PPTX」と表示されます。

Q ・Google スライドの便利機能・

303 ▶ PowerPoint形式で保存したい！

A ダウンロード形式に［Microsoft PowerPoint（.pptx）］を選択します。

スライドで作成したファイルをPowerPoint形式に変換することで、PowerPointしか使っていない人とのファイルのやりとりが可能になります。変換するファイル形式はメニューの［ダウンロード］から選択でき、［Microsoft PowerPoint（.pptx）］を選択すると、PowerPoint形式でファイルをダウンロードします。

1 メニューバーの［ファイル］をクリックし、

2 ［ダウンロード］をクリックして、

3 ［Microsoft PowerPoint (.pptx)］をクリックします。

4 ダウンロードされたPowerPointファイルは、Microsoft PowerPointで開くことができます。

Q ・Google スライドの便利機能・

304 ▶ PDFにしたい！

A ダウンロード形式に［PDFドキュメント（.pdf）］を選択します。

プレゼンテーションをPDF形式で保存すれば、Acrobat Reader DCなどでプレゼンテーションの内容を確認できます。メニューのダウンロードから［PDFドキュメント（.pdf）］を選択してパソコンにダウンロードすることができます。

1 メニューバーの［ファイル］をクリックし、

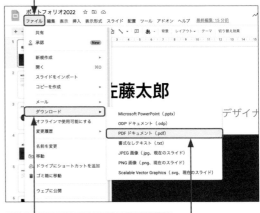

2 ［ダウンロード］をクリックして、

3 ［PDFドキュメント（.pdf）］をクリックすると、パソコンにPDFファイルがダウンロードされます。

4 ダウンロードされたPDFファイルは、Adobe Acrobatなどで開くことができます。

基礎知識 1
メール 2
ビデオ会議 3
チャットツール 4
タスク管理ツール 5
スケジュール管理 6
データ保存 7
文書作成 8
表計算 9
プレゼンテーション 10
アンケート 11
管理者設定 12
セキュリティ強化 13
そのほか 14

Q 305 ▶ スライドに番号を入れたい！

・Google スライドの便利機能

A プレゼンテーション全体を通した
スライド番号を挿入できます。

スライド番号の挿入を設定すると、スライド右下にスライド番号が表示されます。その時点のスライドが何ページ目のものかすぐに把握できるようになるので便利です。タイトルページのみスライド番号を非表示にしたり、スライド番号を入れたいスライドを選択したりして、それらだけにスライド番号を入れたりすることもできます。

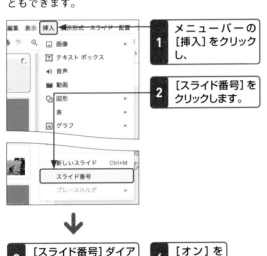

1 メニューバーの [挿入] をクリックし、

2 [スライド番号] をクリックします。

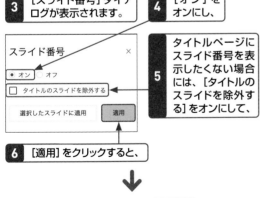

3 [スライド番号] ダイアログが表示されます。

4 [オン] をオンにし、

5 タイトルページにスライド番号を表示したくない場合には、[タイトルのスライドを除外する] をオンにして、

6 [適用] をクリックすると、

7 右下にスライド番号が挿入されます。

Q 306 ▶ ガイドを使いたい！

・Google スライドの便利機能

A ガイドを表示すると、ガイドラインにスナップさせて、手軽に整った配置ができます。

プレゼンテーションでは、自由な位置に図形やテキストボックスの配置が可能ですが、配置した図形を定位置に配置したり、並べたりするときに少々ずれてしまうことがあります。そのようなときには、ガイドを表示して、ガイドに沿った配置が便利です。ガイドは任意に追加でき、位置も変更可能です。

1 メニューバーの [表示] → [ガイド] → [ガイドを表示]
の順にクリックすると、

2 スライドの中央に十文字の線 (ガイド) が表示されます。

3 配置した図形などをガイドまでドラッグすると、図形の輪郭や中心がガイドにスナップするのがわかります。

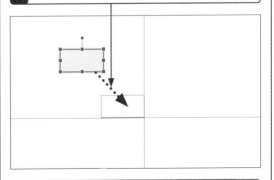

4 目的の位置に図形をドロップし、位置を確定します。

Q 307 ▶ スライドのテーマを 利用したい！

• Google スライドの便利機能 •

A あらかじめ用意されているテーマを スライドに適用できます。

スライドでは、テーマ、背景、レイアウトを変更して、見た目をカスタマイズすることができます。テーマには事前に色、フォント、背景、レイアウトが設定されているので、テーマを変更するだけでも、見た目の印象をかんたんに変更することができます。

1 メニューバーの [スライド] をクリックし、

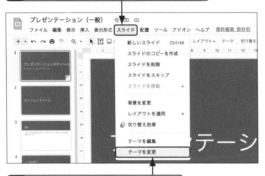

2 [テーマを変更] をクリックすると、

3 ページ右側に「テーマ」サイドバーが開き、用意されているテーマが表示されます。

4 テーマをクリックすると、

5 プレゼンテーションに適用されます。

Q 308 ▶ スライドの背景を 変えたい！

• Google スライドの便利機能 •

A 色の変更や、画像の設定ができます。

スライドまたは、プレゼンテーション全体の背景を変更することができます。背景には色の設定や、用意した画像を貼り込むことが可能です。プレゼンテーション全体に背景を設定したい場合には、テーマに追加することで、新しく設定した背景を利用できるようになります。

1 背景を変更したいスライドをクリックし、　**2** メニューバーの [スライド] をクリックして、

3 [背景を変更] をクリックします。

4 [背景] ダイアログが開きます。

5 背景色や背景画像を設定し、

6 [完了] をクリックすると、

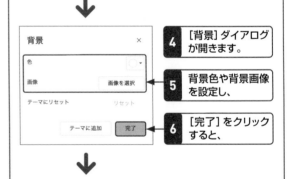

7 スライドに背景が設定されます。

基礎知識 1
メール 2
ビデオ会議 3
チャットツール 4
タスク管理ツール 5
スケジュール管理 6
データ保存 7
文書作成 8
表計算 9
プレゼンテーション 10
アンケート 11
管理者設定 12
セキュリティ強化 13
そのほか 14

Q 309 ▶ スライドテーマの 詳細を変更したい！

・Google スライドの便利機能

A メニューバーの［スライド］から既存 テーマを編集することができます。

テキストボックスなどの位置や色を調整する、スライド内の一定の位置に会社のロゴを入れる、チームカラーを採用したテーマにするなど、既存のテーマを自身が使いやすいようにカスタマイズすることができます。レイアウトごとに変更が行われるため、同じレイアウトを適用している場合は、同時に変更が反映されます。

1 テーマを変更したいスライドをクリックし、

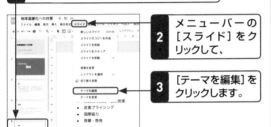

2 メニューバーの［スライド］をクリックして、

3 ［テーマを編集］をクリックします。

4 テーマ編集用の画面が表示されます。

5 ［名前を変更］をクリックすると、テーマに名前を付けることができます。

6 ［背景］をクリックすると、レイアウトごとに色などを設定できます。

7 ［色］をクリックすると、テーマ全体の色パレットを設定できます。

8 オブジェクトを選択し、［書式設定オプション］をクリックすると、フォントや文字サイズ、色などの装飾といった書式を設定できます。

9 ✕をクリックします。

Q 310 ▶ スライドに切り替え効果を 入れたい！

・Google スライドの便利機能

A スライドの再生時にアニメーションの設定を追加できます。

切り替え効果には、大きく2つあります。スライド自体の切り替え時に行うアニメーションと、テキストボックスなどのオブジェクトのアニメーションです。たとえば、スライド全体にフェードインして、クリックするごとに箇条書きが1つ現れるなどのアニメーションを設定できます。このような効果を入れることで、視聴者にインパクトを与えることができます。

1 アニメーションを設定したいスライドをクリックし、

2 ［切り替え効果］をクリックすると、

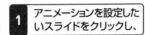

3 ページの右側に「モーション」サイドバーが開きます。

4 「スライドの移行」部分で、スライド自体の切り替え時のアニメーションを設定します。［なし］の場合は、カットの切り替えになります。

5 ほかにスライドの移行時にテキストボックスなどのアニメーションも行いたい場合には、オブジェクトをクリックし、

6 ［アニメーションを追加］をクリックします。

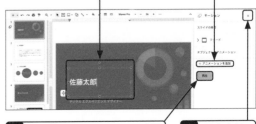

7 切り替えのアニメーションを設定したら、［再生］をクリックして、設定内容を再生して確認します。

8 ✕をクリックします。

Q　・Google スライドの便利機能・

311 ▶音声で入力したい！

A　Google Chromeを使えば、スピーカーノートに音声で入力・編集ができます。

パソコンにマイクが内蔵（接続）されていれば、各スライドのスピーカーノートに音声で入力・編集することができます。音声コマンド（たとえば斜体の場合は「italics」）を使えば、さまざまな設定を行うことも可能です。多言語に対応していますが、対応ブラウザーはGoogle Chromeのみです。

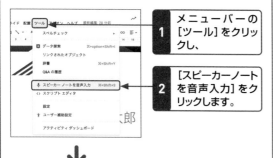

1 メニューバーの[ツール]をクリックし、

2 [スピーカーノートを音声入力]をクリックします。

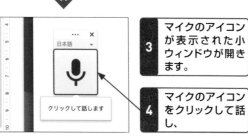

3 マイクのアイコンが表示された小ウィンドウが開きます。

4 マイクのアイコンをクリックして話し、

5 話し終えたら、マイクのアイコンをクリックして音声入力を停止します。

6 スピーカーノートにテキストが音声入力されます。

本日はお時間をいただきありがとうございます

Q　・Google スライドの便利機能・

312 ▶スライドにコメントを入れたい！

A　プレゼンテーションの各スライドごとにコメントが残せます。

プレゼンテーションに多くのスライドを挿入していくことで、1つのプレゼンテーションを作成しますが、コメント機能は、スライドごとにコメントを残すことができます。閲覧権限者の場合、コメントが残せないため権限の確認が必要です。過去のコメント履歴も確認できるので、過去のコメントの見直しができます。

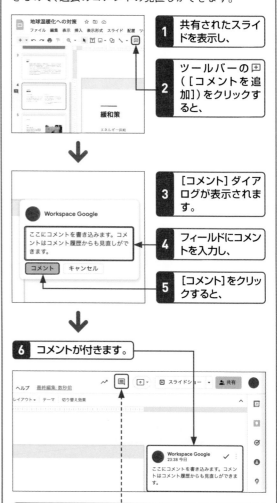

1 共有されたスライドを表示し、

2 ツールバーの田（[コメントを追加]）をクリックすると、

3 [コメント]ダイアログが表示されます。

4 フィールドにコメントを入力し、

5 [コメント]をクリックすると、

6 コメントが付きます。

目（[コメント履歴を開く]）をクリックすると、過去のコメント履歴を開くことができます。

Google スライドの便利機能

Starter非対応

基礎知識 1
メール 2
ビデオ会議 3
チャットツール 4
タスク管理ツール 5
スケジュール管理 6
データ保存 7
文書作成 8
表計算 9
プレゼンテーション 10
アンケート 11
管理者設定 12
セキュリティ強化 13
そのほか 14

Q 313 ▶ スライドをテンプレート化したい！

A テンプレートギャラリーで組織内で利用できるテンプレートとして送信します。

社内やチーム内で統一したビジュアルを保てるように、独自のテンプレートをテンプレートギャラリーに保存して、そこから新たなプレゼンテーションを作るようにすると、誰が作成してもテンプレート通りのビジュアルでプレゼンテーションを作成することが可能になります。

1 スライドのトップページを表示します（Q.282参照）。

2 独自ドメインタブをクリックし、

3 ［テンプレートを送信］をクリックします。

4 ［テンプレートを送信］ダイアログが開きます。

テンプレートを送信

.com のテンプレート ギャラリーに追加す
てください。組織内のすべてのユーザーがそのファイ
きるようになります。詳細

プレゼンテーションを選択

5 ［プレゼンテーションを選択］をクリックし、

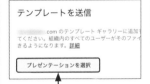

6 テンプレートとして保存したいプレゼンテーションをクリックして、

7 ［開く］をクリックします。

プレゼンテーションは、Google ドライブに保存されていれば、どのプレゼンテーションも選択可能です。マイドライブのほかに、共有されているファイル、最近使ったファイルの中から選択できます。

8 プレゼンテーション自体ではなく、コピーを送信したい場合には、［元のファイルではなくコピーを送信する］をオンにし、

9 テンプレートの題名を入力して、

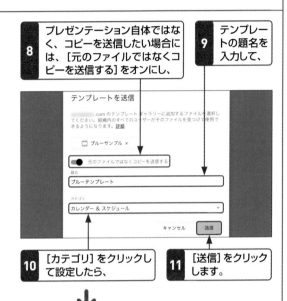

テンプレートを送信

.com のテンプレート ギャラリーに追加するファイルを選択し
てください。組織内のすべてのユーザーがそのファイルを見つけて使用で
きるようになります。詳細

ブルーサンプル ×

元のファイルではなくコピーを送信する

題名
ブルーテンプレート

カテゴリ
カレンダー & スケジュール

キャンセル　送信

10 ［カテゴリ］をクリックして設定したら、

11 ［送信］をクリックします。

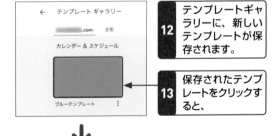

← テンプレート ギャラリー

.com　全般

カレンダー & スケジュール

ブルーテンプレート

12 テンプレートギャラリーに、新しいテンプレートが保存されます。

13 保存されたテンプレートをクリックすると、

14 新規テンプレートの作成が可能です。

Q ・Google スライドの便利機能・

314 ▶ 詳細なフロー図を作成したい！

A アドオンを利用することで、詳細で高品質なフロー図の作成が可能です。

Q.300「フローチャートを作りたい！」でも解説した通り、スライドの標準機能だけでもフロー図の作成は可能ですが、アドオンを利用するとより詳細で高品質なフロー図の作成が可能になります。多くのテンプレートが用意されており、目的に合った作図を専門ソフトを使うようにすばやく行うことができます。作成したファイルはGoogle ドライブに保存できるため、内容の更新を行ったり、ほかのスライドにも配置したりすることができます。

1 あらかじめQ.463を参考に「diagrams.net for Slides」のアドオンをインストールしておきます。

2 メニューバーの［拡張機能］をクリックし、

3 ［diagrams.net for Slides］をクリックして、

4 ［New Diagram...］をクリックすると、別タブでdiagrams.net for Slidesが開きます。

5 ［新規ファイルを作成する］または［既存のファイルを開く］をクリックし、扱うファイルを選択します。新規の場合には、ファイル名を入力し保存場所を選びます。

6 Google ドライブへのファイルアクセスのため、アクセスの認証を行います。

7 新規または既存のファイルが開くので、作図など、ファイルの更新を行います。

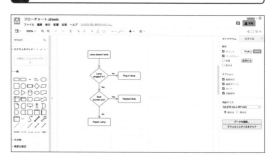

8 メニューバーの［拡張機能］をクリックし、

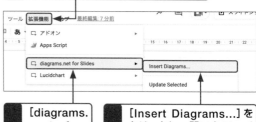

9 ［diagrams.net for Slides］をクリックして、

10 ［Insert Diagrams...］をクリックし、開いたファイルを選択するダイアログで目的のファイルを選択して、［Insert］をクリックします。

11 スライドに作成したフロー図が配置されます。

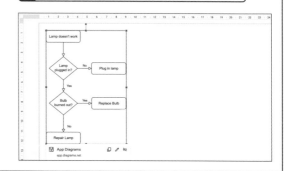

Q ・Google スライドの共有設定・

315 ▶ スライドを共有したい!

A ユーザーやグループとプレゼンテーションを共有すると、共同で作業できます。

ユーザーやグループと共有したプレゼンテーションをスライドごとにユーザーが分担して仕上げたり、作業担当ごとに分担して共同作業ができたりするので実に効率的です。Google スライドで作成からプレゼンテーションまで、すべてを完結することができます。

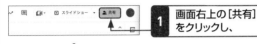

1 画面右上の[共有]をクリックし、

↓

2 ユーザーやグループを入力して表示されるプルダウンをクリックします。

↓

3 共有権限のプルダウンをクリックし、設定したい共有権限をクリックして選択したら、

4 必要であればメッセージを入力して、

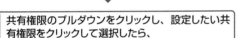

5 [送信]をクリックします。

スライドを共有したことがユーザーやグループにメールで通知されます。

Memo ▶ チェック内容を設定する

ユーザーやグループと共有ダイアログの右上にある⚙から、共有後にユーザーが新たに別のユーザーに共有することを許可するか、などの設定が可能です。

Q ・Google スライドの共有設定・

316 ▶ 共有したプレゼンテーションの閲覧者を確認したい!

A アクティビティダッシュボードで閲覧状況を確認できます。

共有プレゼンテーションをいつ・誰が閲覧したかをアクティビティダッシューボードで確認できます。ほかにコメントのトレンドなども確認でき、共有しているユーザーはこの履歴を適宜確認することによって、確認漏れなどを防ぐことができます。ただし、ユーザーが自身の閲覧履歴をオフにする設定にした場合は、この履歴に反映されません、そのため、アクティビティダッシュボードの情報が完全なものとはいえないことに注意してください。

1 共有しているプレゼンテーションの右上にある〳 ([アクティビティダッシューボード])をクリックすると、

↓

2 アクティビティダッシュボードが開きます。

3 [閲覧者]をクリックすると、プレゼンテーションの閲覧状況を確認できます。

↓

4 ほかにも[コメントのトレンド]や[共有履歴]などを確認できます。

Q ● Google スライドの共有設定 ●

317 ▶ プレゼンテーションを オンラインで画面共有したい！

A Google Meetで会議を開始し、 プレゼンテーションが行えます。

Google Meet（第3章参照）を使ったオンライン会議でのプレゼンテーションの画面共有をかんたんに行うことができます。会議資料としてプレゼンテーションを共有し、ほかのユーザーとの質疑応答やディスカッションなどに活用できます。プレゼンテーション終了時は、画面共有停止を実行します。

1 Google Meetの会議中に画面共有したいドキュメントを開き、右上にある□▼（［会議で画面共有する］）をクリックし、

2 ［このタブを会議で共有］をクリックします。

↓

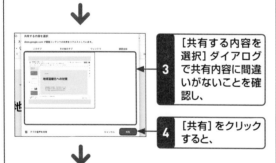

3 ［共有する内容を選択］ダイアログで共有内容に間違いがないことを確認し、

4 ［共有］をクリックすると、

↓

5 画面共有されます。

6 共有を終了するには、ブラウザー上部に表示される［共有を停止］をクリックします。

Q ● Google スライドの共有設定 ●

318 ▶ ウェブで公開したい！

A ウェブで公開するのは、多くの人と 共有するいちばんかんたんな方法です。

プレゼンテーションを簡易ウェブページとして、独自のURLを持ったウェブページの公開ができます。公開するコンテンツの設定を行えば、アクセス制限や公開の停止もかんたんに行えます。なお、この方法でファイルを公開すると、誰でも閲覧できる状態になりますので、個人情報や機密情報の取り扱いには十分注意してください。

1 メニューバーの［ファイル］をクリックし、

2 ［ウェブに公開］をクリックします。

↓

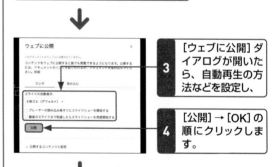

3 ［ウェブに公開］ダイアログが開いたら、自動再生の方法などを設定し、

4 ［公開］→［OK］の順にクリックします。

↓

5 公開が完了すると、URLが取得できます。このURLを閲覧用URLとして利用します。

6 ［公開するコンテンツと設定］をクリックすると、公開の停止やアクセス制限などの設定ができます。

Q

319 ▶ 承認を得てプレゼンテーションを完成させたい!

A 上長の承認を必要とする場合、承認リクエストを送り承認を得て完成とすることができます。

プレゼン資料などは、多くの人と時間をかけて作ることがあります。チームで資料を作り、最終的な完成の判断は上長が行う、という場合に、上長の承認を得て完了というワークフローを実現できます。上長以外のほかのメンバーの承認が必要な場合も、承認リクエストを複数の承認者に対して送ることができます。

1 メニューバーの [ファイル] をクリックし、

2 [承認] をクリックします。

3 ページの右側に「承認」サイドバーが開きます。

4 [リクエストを送信] をクリックします。

5 [承認のリクエスト] ダイアログが表示されます。

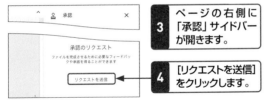

6 承認を行うユーザーを入力し、

7 承認の内容を入力して、

8 承認期限が必要な場合は [期限を追加] をクリックして承認期限を設定して、

9 そのほかのオプションを設定したら、

10 [リクエストを送信] をクリックします。

↗

11 送信が完了すると、ドキュメントは「承認待ち」になります。

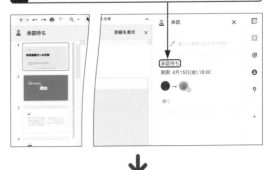

12 承認者はドキュメントにアクセスし、ページの右上にある [詳細を表示] をクリックすると、

13 承認の経過を確認できます。

14 プレゼンテーションが問題ないと判断されれば [承認] をクリックし、

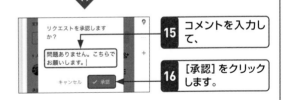

15 コメントを入力して、

16 [承認] をクリックします。

Q 320 ▶ プレゼンテーションを開始したい!

●Google スライドでプレゼン●

A スライドショーを開始すれば、選択中の
スライドからプレゼンテーションを開始します。

スライドショーでは全画面での再生が可能です。パソコンに限らず、モバイルデバイスなどでもスライドショーの操作が行えます。スライドショーの表示にはGoogle Chrome を利用するのがおすすめです。スライドの切り替えには、キーボードの矢印キーを利用します。全画面表示を止めるには、Esc を押します。

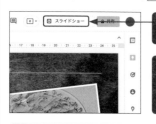

1 [スライドショー] をクリックすると、

2 スライドが全画面表示になり、スライドショーが開始します。

3 →↓を押すと次のスライドが表示され、←↑を押すと前のスライドが表示されます。

4 Esc を押すと、

5 スライドショーを終了し、全画面表示が終了します。

Q 321 ▶ プレゼンター表示をしたい!

●Google スライドでプレゼン●

A スライドショーの右の▼から
プレゼンターを表示します。

プレゼンター表示には、「スライドショーの経過時間の測定」「質問を受け付けるセッションの開始・終了」「スピーカーノートの表示、前後スライドの表示」などの機能が備わっています。プレゼンテーションを行ううえで必要な機能が備わっているので、便利に活用できます。

1 「スライドショー」の右の▼をクリックし、

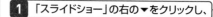

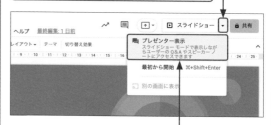

2 [プレゼンター表示] をクリックすると、

3 「プレゼンター表示」ウィンドウが開きます。

4 [ユーザーツール] タブには、質疑応答の機能があります（Q.324参照）。

5 [スピーカーノート] タブでは、事前に作成したスピーカーノートを表示します。

Q 322 ▶ スライド時間を 計測したい！

A プレゼンターを使ってスライドショーの 経過時間を確認できます。

セミナーなどのプレゼンテーションでは、自分の持ち 時間が決まっていることが多いので、スライドショー 開始からの経過時間を確認しながらプレゼンテーショ ンすれば、持ち時間を上手に使うことができます。時間 計測の一時停止やリセットもできるので、セクション ごとに計測することもできます。質問の受付時間を計 測して時間で区切る、などの使い方ができます。

1 「スライドショー」の右の▼をクリックし、

2 ［プレゼンター表示］をクリックすると、

3 「プレゼンター表示」ウィンドウが開き、

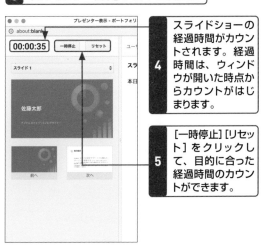

4 スライドショーの 経過時間がカウン トされます。経過 時間は、ウィンド ウが開いた時点か らカウントがはじ まります。

5 ［一時停止］［リセッ ト］をクリックし て、目的に合った 経過時間のカウン トができます。

Q 323 ▶ 作成した一部のスライドを スキップさせたい！

A スライド一覧からスキップの設定が できます。

場合によっては作ったスライドをプレゼンテーション で使用しないこともありえます。そのようなとき、スラ イドを削除してしまうのではなく、プレゼンテーショ ン時にスキップして再生しないようにすることができ ます。なお、ファイルを共有している場合は、共有相手 はスキップしたスライドも閲覧が可能です。

1 目的のスライドを右クリックし、

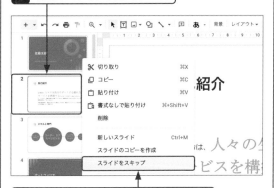

2 ［スライドをスキップ］をクリックすると、

3 スキップが設定され、◎が付きます。

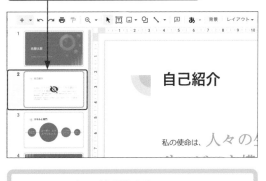

Memo ▶ スキップを解除する

スキップを解除するには、もう一度対象のスライドを右クリッ クし、［スライドをスキップ］をクリックします。

基礎知識 1
メール 2
ビデオ会議 3
チャットツール 4
タスク管理ツール 5
スケジュール管理 6
データ保存 7
文書作成 8
表計算 9
プレゼンテーション 10
アンケート 11
管理者設定 12
セキュリティ強化 13
そのほか 14

基礎知識 1
メール ビデオ会議 2
チャットツール 3
タスク管理ツール 4
スケジュール管理 5
データ保存 6
文書作成 7
表計算 8
プレゼンテーション 9
アンケート 10
管理者設定 11
セキュリティ強化 12
そのほか 13
14

Q • Google スライドでプレゼン •

324 ▶ プレゼンをしながら質問を受け付けたい!

A セッションを開始すると、質問を受け付けることができます。

プレゼンテーション中に視聴者からの質問を随時受け付けられるのは、とても便利です。開始したセッションに付与されるURLに視聴者がアクセスすれば、すぐに質問を送信することができます。受け付けた質問は、プレゼンターが選択して画面に表示することができるので、話題の中で重要な質問だけを選別して表示し、それに対する回答をする、といった質疑応答が行えます。

1 [スライドショー] の右の▼をクリックし、

2 [プレゼンター表示] をクリックします。

3 「プレゼンター表示」ウィンドウが開きます。

4 [ユーザーツール] タブをクリックし、

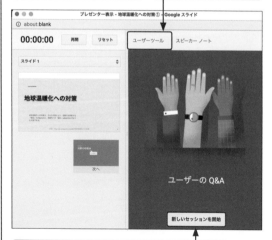

5 質問を受け付けるタイミングになったら、[新しいセッションを開始] をクリックし、セッションを開始します。

6 「質問の受け付け対象」で対象を選択できます。制限なく質問を受け付ける場合には、[全員] を選びます。

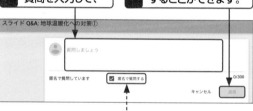

7 質問受け付け用のURLが表示されています。このURLを視聴者と共有し、視聴者にアクセスしてもらい、質問を送信してもらいます。このURLはスライドショー画面の上部にも表示されます。

8 視聴者は手順 7 のURLにアクセスし、質問を入力して、

9 [送信] をクリックすると、自由に質問を送信することができます。

[匿名で質問する] をオンにすると、匿名で質問できます。

10 送信された質問は「プレゼンター表示」ウィンドウの [ユーザーツール] タブに表示されます。

11 質問の下部の [表示] をクリックすると、質問がスライドショーに表示されます。

12 質問の受け付けが終了したら [オン] をクリックして [オフ] にします。

第 **11** 章

アンケート「フォーム」の活用技！

Q ●Google フォームの基本

325 ▶ Google フォームとは?

A アンケートフォームを作成し、情報を収集・整理できるツールです。

Google フォームでは、たくさんのテーマ、写真やロゴの取り込み、選択式や記入式、条件により回答項目をスキップするような高度なアンケートフォームやテストを作成でき、スプレッドシートと連携して回答を整理することができます。デバイスを選ばず利用でき、オフライン中でも作業の継続が可能です。同じフォームを複数のユーザーと同時に作業することもできます。変更内容は自動で保存され、変更履歴から古いバージョンを確認することも可能です。すべての回答は自動的にスプレッドシートへ整理され、より詳しく分析できます。アドオンを追加して、さまざまな機能を拡張することができます。

1 Google Workspaceにログインした状態で、Google検索ページ（https://www.google.co.jp/）へアクセスし、

2 ページ右上にある ⊞（[Google アプリ]）をクリックして、

3 [Forms]をクリックすると、

↓

4 フォームのトップページにアクセスできます。

Q ●Google フォームの基本

326 ▶ Google フォームの画面構成を知りたい!

A 新規フォームの作成や、過去に利用したフォームを閲覧できます。

フォームのトップページはシンプルでわかりやすいです。新規フォームを作成するときは、ページ上部の「新しいフォームを作成」エリアを利用します。過去に利用したフォームを探すときは、ページ下部の「最近使用したフォーム」エリアから過去のフォームを探すことができます。

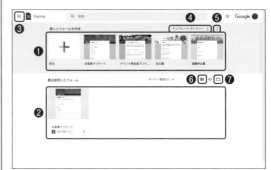

名称	機能
❶ 新しいフォームを作成	テンプレートが表示されています。
❷ 最近使用したフォーム	過去に利用したスプレッドシートが表示されています。
❸ メインメニュー	フォームのほかにドキュメント、スプレッドシート、スライドなどへ移動できます。
❹ テンプレートギャラリー	[全般]タブ内にさまざまなテンプレートがあらかじめ登録されています。自ドメインタブには、自身で登録したテンプレートが表示されます。
❺ テンプレートの表示／非表示	「新しいフォームの作成」エリアの表示／非表示を変更できます。一度非表示にした場合は[設定]の「ホーム画面に最近使用したテンプレートを表示」にチェックを入れると、再び表示されます。
❻ リスト表示	アイコン表示とリスト表示を切り替えることができます。
❼ ファイル選択ツール	任意の場所にあるフォームやローカル環境に保存されているフォームを読み込むことができます。

A 空白テンプレートか、ギャラリーの テンプレートを選びます。

多種多様なテンプレートから目的に近いテンプレート を探し、新規フォームの作成ができます。[空白]を選ん で、最初から独自のフォームを作ることもできます。ど ちらの場合もかんたんにはじめることができます。テ ンプレートには、アンケートのほかにテストのテンプ レートもあります。新規フォームを作成すると、フォー ムの編集ページに移動します。フォームは作成途中で もプレビューすることができ、動作や見た目を確認し ながら作成できます。

空白から作成する

ページ上部の「新しいフォームを作成」エリアにある [空 白] をクリックして、何も設定されていない無題のフォー ムを作成します。

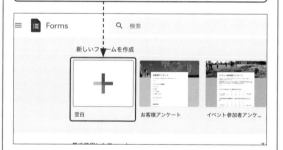

テンプレートから作成する

ページ上部の「新しいフォームを作成」エリアにある [テ ンプレートギャラリー] から目的に合ったテンプレートを 選択します。

A テンプレートギャラリーには、豊富な テンプレートが用意されています。

テンプレートギャラリーから目的に近いテンプレート を利用してフォームを作成すると、作成時間を短くす ることができます。テンプレートは、そのままでも利用 できるようになっているので、カスタマイズの必要が なければ、すばやくアンケートの受付を開始すること ができます。アンケートフォームのほかに、テストなど も用意されています。

1 トップページの「新 しいフォームを 作成」エリアにあ る [テンプレート ギャラリー] をク リックし、

テンプレートギャラリーの [全般] タブ内にはさまざまなテ ンプレートが用意されています。

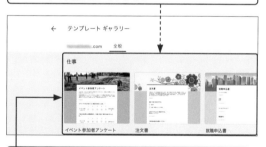

2 目的に合ったテンプレートを探してクリックすると、

3 新規フォームが作成できます。

基礎知識 1
メール 2
ビデオ会議 3
チャットツール 4
タスク管理ツール 5
スケジュール管理 6
データ保存 7
文書作成 8
表計算 9
プレゼンテーション 10
アンケート 11
管理者設定 12
セキュリティ強化 13
そのほか 14

Q ●Google フォームの基本●

329 ▶ フォームを編集したい！

A フォームを開くと編集画面が
表示され、編集ができます。

フォームにはビュー画面と編集画面があります。
ビュー画面は、ユーザーがアンケートなどに回答する
ための画面です。一方の編集画面は、フォームオーナー
や共同編集者が使う編集画面です。編集画面には、ペー
ジ上端にメニューが表示されています。フォームには、
記述式・選択式などいろいろなパーツと機能が用意さ
れています。

> オーナーや共同編集者が使う「編集画面」です。

> ページの上部には◉（［プレビュー］）などのボタンが並
> びます。

> フォームの編集では、たくさんのパーツや機能が用意
> されています。

Q ●Google フォームの基本●

330 ▶ 質問を編集したい！

A 編集画面で質問形式が選べます。

ページの上部にメニューが表示されていることを確認
して、質問形式を選択します。質問形式の種類によっ
て、変更可能な設定内容は異なります。記述式、段落、ラ
ジオボタン、チェックボックス、プルダウンなどの質問
の追加や削除、詳細な設定がかんたんに行えます。

1 フォームを開き、編集画面であることを確認します。

2 質問形式（初期状態は［ラジオボタン］）をクリックし、

3 利用したい質問形式をクリックします。

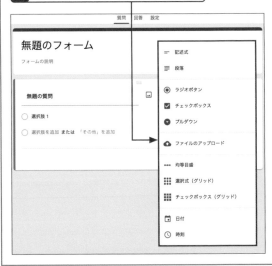

Q 331 ▶ 同じ質問形式にしたい!

A 質問を選択して複製できます。

アンケートフォームを作成すると、同じ形式で複数の質問が必要になる場合があります。たとえば、「名字・名前」「名前・ふりがな」などです。そのような場合に、一つ一つ質問を足していくのではなく、1つ設定完了したら［コピーを作成］をクリックすれば、質問形式が設定済みと同じ質問が挿入されますので、それを使って新しい質問を作成すると便利です。

1 質問をクリックし、

2 ▢（［コピーを作成］）をクリックします。

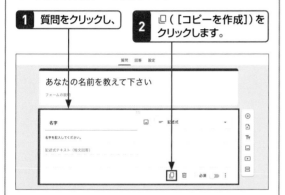

ヘッダー要素以外の質問は、コピーが作成可能です。

↓

3 選択していた質問の下にコピーが挿入されます。

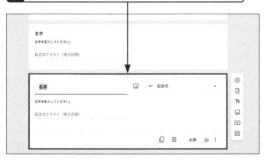

Memo ▶ 質問を削除する

質問を削除するには、手順**2**の画面で▢（［ゴミ箱］）をクリックします。

Q 332 ▶ 質問に説明文を入れたい!

A 質問を選択して：→［説明］の順にクリックします。

フォームの質問によっては、説明がないと、どう記述すればよいのかわからないケースがあります。電話番号や郵便番号には「ー」が必要なのか見ただけではわかりません。そのようなときに質問の説明を付けると、ユーザーの入力の迷いを減らすことができます。

1 質問をクリックし、

2 ：→［説明］の順にクリックすると、

↓

3 選択している質問に説明の入力フィールドが追加されます。

4 ［説明］をクリックし、

↓

5 説明を入力します。

基礎知識 1
メール 2
ビデオ会議 3
チャットツール 4
タスク管理ツール 5
スケジュール管理 6
データ保存 7
文書作成 8
表計算 9
プレゼンテーション 10
アンケート 11
管理者設定 12
セキュリティ強化 13
そのほか 14

Q ●Google フォームの基本●

333 ▶質問に動画や画像を入れたい!

A 🖼([画像を追加])をクリックして追加ができます。
要素として追加するにはツールバーを使います。

「画像を4つ並べて、この中でどの画像がよいですか?」という質問を設定したい場合、質問の選択肢に画像を使うことで解決できます。選択肢のほかに、セクションの説明など、さまざまな場面で画像の利用が可能です。🖼([画像を追加])をクリックすれば、適宜画像の挿入ができます。ラジオボタンとチェックボックスの質問形式では、選択肢に画像を利用できます。質問とは別に、要素として画像・動画をメニューから追加することもできます。

1 画像を追加したい質問をクリックし、

2 選択肢にマウスカーソルを合わせ、表示される🖼([画像を追加])をクリックします。

3 [画像の挿入]ダイアログが表示されます。

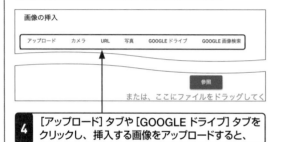

4 [アップロード]タブや[GOOGLE ドライブ]タブをクリックし、挿入する画像をアップロードすると、

5 選択肢に画像が追加されます。

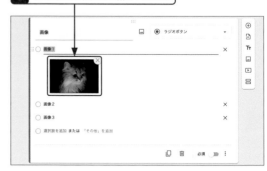

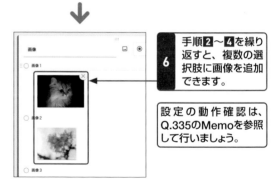

6 手順**2**~**4**を繰り返すと、複数の選択肢に画像を追加できます。

設定の動作確認は、Q.335のMemoを参照して行いましょう。

Memo ▶ 質問の前後に画像や動画を追加する

質問の選択肢ではなく、前後のフォームに画像や動画を追加するには、質問の右に表示されているメニューの🖼([画像を追加])、または▶([動画を追加])をクリックし、表示される[画像を追加]または[動画を追加]ダイアログから画像か動画を追加します。

Q 334 ▶ URLを質問に入れたい！

A URLを説明などに入力すれば、自動でリンクが作成されます。

フォームには、ドキュメントなどのような「リンクを挿入」の機能はありません。しかし、フォームの説明や質問の説明にURL（https://～ .co.jpといったすべてのURLテキスト）を入力すれば、Googleフォームが自動でハイパーリンクとして表示します。https://を含まないURLの入力を行うと、クリック時にhttp://にアクセスしてしまうので、注意が必要です。

1 説明にURLを入力したい質問をクリックし、

2 説明のフィールドをクリックして、

3 ブラウザーからURLをコピーして貼り付けるか、目的のサイトのURLを入力します。

設定の動作確認は、Q.335のMemoを参照して行いましょう。

Q 335 ▶ 記述質問を数字に限定したい！

A 入力された回答内容を検証して、入力内容を限定できます。

アンケートフォームの作成者は、ある程度回答内容を想定して作成していきますが、ユーザーが想定通りの入力をしてくれるとは限りません。「リンゴはいくつ必要ですか？」の問いに対して想定通りの「1」と答える人もいれば、「いらない」と答える人もいます。回答が想定から外れて集計できなくなることを防ぐために、ある程度制限を設けることがあります。

1 数値に限定しておきたい質問をクリックし、

2 ⋮ → ［回答の検証］の順にクリックします。

3 記述式回答欄が変わり、制限の設定が可能になります。

4 ［数値］［数字］の順に設定し、

5 小数点も制限する場合には、整数に設定します（数値とは、半角数字を指しています。全角数字はエラーになります）。

5 エラー時のエラーテキストが必要な場合には、テキストも入力します。

> **Memo ▶ 設定の動作確認する**
>
> 設定の動作確認は、ページの右上にある ◉（［プレビュー］）をクリックして、プレビューページを表示します。

基礎知識 1
メール 2
ビデオ会議 3
チャットツール 4
タスク管理ツール 5
スケジュール管理 6
データ保存 7
文書作成 8
表計算 9
プレゼンテーション 10
アンケート 11
管理者設定 12
セキュリティ強化 13
そのほか 14

Q 336 ▶ 入力文字数を制限したい！

・Google フォームの便利機能・

A 最大文字数や最小文字数といった回答の検証をすることができます。

記述式の質問形式の場合、何かしらのコメントがほしいという意図があるはずですが、想定以上にコメントが入力してもらえない場合があります。できるだけきちんとコメントを入力してもらうために、最低文字数などを制限してしまうのも1つの手段になります。最低10文字以上などと設定すれば、コメントを入力してくれる可能性が高まります。

1 入力文字数を設定したい質問をクリックし、

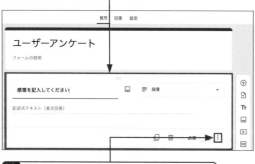

2 ： → ［回答の検証］の順にクリックすると、

3 記述式回答欄が変わり、制限の設定が可能になります。

4 ［長さ］［最小文字数］［10］の順に設定し、

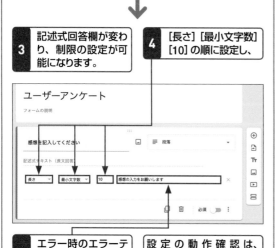

5 エラー時のエラーテキストが必要な場合には、テキストも入力します。

設定の動作確認は、Q.335のMemoを参照して行いましょう。

Q 337 ▶ メールアドレスの入力に限定したい！

・Google フォームの便利機能・

A 回答の検証では、数値以外にメールアドレスの検証も可能です。

フォームの入力内容を限定すれば、のちの集計も手間が減り、想定した内容でデータを集めることができるようになります。回答の検証を行う際、メールアドレスの形式で入力されているかを検証し、問題がある場合にはエラーメッセージを表示することができます。

1 メールアドレス形式に限定しておきたい質問をクリックし、

2 ： → ［回答の検証］の順にクリックします。

3 記述式回答欄が変わり、制限の設定が可能になります。

4 ［テキスト］［メールアドレス］の順に設定します（全角＠はエラーになります）。

5 エラー時のエラーテキストが必要な場合には、テキストも入力します。

設定の動作確認は、Q.335のMemoを参照して行いましょう。

Q 338 ▶ テキスト内容によっては エラーにしたい！

A ブラックワードに対してエラーを 表示することができます。

記述式・段落の要素では、ユーザーが自由にテキストの入力を行って回答する要素です。そのため、回答として好ましくない入力を受け付けてしまう可能性があります。好ましくない内容を送信させないように、回答の検証を使ってブラックワードを設定し、エラーとして認識させることができます。より高度な回答の検証として、正規表現を使った検証も可能です。正規表現について学びたい方は、専門書などを参照してください。

1 回答の検証を行いたい質問をクリックし、

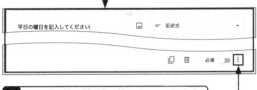

2 ⋮ → [回答の検証] の順にクリックします。

3 記述式回答欄が変わり、制限の設定が可能になります。

4 [正規表現] [含まない] と設定します。

5 [テキスト] には、ブラックワードとなるワードを入力します。

6 エラー時のエラーテキストが必要な場合には、テキストも入力します。

設定の動作確認は、Q.335のMemoを参照して行いましょう。

> **Memo** ▶ 正規表現で回答の検証を行う
>
> 手順4の制限の設定で、[正規表現] [次を含む] を選び、パターンに正規表現を入力します。

Q 339 ▶ 質問でファイル添付を させたい！

A ファイルが添付されると、Google ドライブへアップロードされます。

作品募集のエントリーフォームの場合には、作品の受付となりますので、ファイルの添付は必須の機能となります。Google フォームの場合、ファイルの添付は、ユーザーにGoogle ドライブ（第7章参照）へアップロードしてもらう形式となります。そのため、できる限り信頼できるユーザーにのみファイル添付をしてもらうようにしましょう。

1 質問形式→ [ファイルのアップロード] の順にクリックし、

2 [次へ進む] をクリックして、

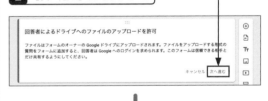

3 質問のテキストを入力し、

4 ファイルのアップロードの条件を設定します。

アップロードされたファイルは、[フォルダを表示] をクリックすると確認できます。

設定の動作確認は、Q.335のMemo を参照して行いましょう。

基礎知識 1
メール 2
ビデオ会議 3
チャットツール 4
タスク管理ツール 5
スケジュール管理 6
データ保存 7
文書作成 8
表計算 9
プレゼンテーション 10
アンケート 11
管理者設定 12
セキュリティ強化 13
そのほか 14

Q 340 ▶ 複数ファイルを アップロードさせたい！

・Google フォームの便利機能・

A 最大10個までのファイルを アップロードできます。

ファイルのアップロードは1つずつ行う、ということが多いかもしれません。しかし、Google フォームでは最大10個までのファイルを順番に自動でアップロードすることが可能です。繰り返し行うようなユーザーのアップロード作業を軽減できます。アップロードされたファイルはGoogle ドライブに保存されますので、ファイルの確認もかんたんに行えます。

1 Q.339の手順**3**の画面を表示し、

2 ［ファイルの最大数］をクリックして、

3 目的のファイルの数（ここでは［10］）をクリックすると、

4 ファイルが複数アップロードできるよう設定されます。

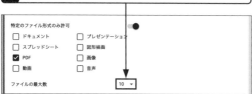

設定の動作確認は、Q.335のMemoを参照して行いましょう。

Q 341 ▶ アップロードファイルを 限定させたい！

・Google フォームの便利機能・

A ファイル形式や容量などの制限を 行いましょう。

ファイルの添付は、Google ドライブへアップロードしてもらう形式になっているので、闇雲にアップロードされてしまうと、あっという間にドライブの容量がパンクしてしまいます。そうならないためにも、ファイルの最大容量、ファイル形式は制限したほうがよいでしょう。また、アップロードされるフォルダは、すぐに確認することができます。

1 Q.339の手順**3**の画面を表示し、

2 ［特定のファイル形式のみ許可］をオンにして、

3 想定されるアップロードファイルの形式（ここでは［PDF］）をオンにしたら、

4 ［最大ファイルサイズ］をクリックして指定します。

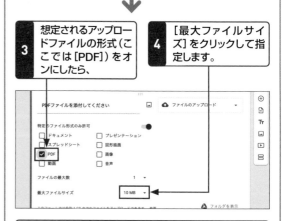

画像や動画ファイルの場合、最近のカメラの画素数増加が著しいこともあり、アップロードできないことが多々発生しますので注意が必要です。

設定の動作確認は、Q.335のMemoを参照して行いましょう。

Q ・Google フォームの便利機能・

342 ▶ ラジオボタンやプルダウンの選択で質問を分岐させたい！

A ユーザーの回答に合わせ、別々のセクションに移動することで、質問内容を変えることができます。

回答するユーザーを年代に分けて質問を変えたい、地域によって回答を変えたい、というようなケースは、意外と多くあると思います。質問の回答を選ぶと、YES／ NO チャートのようにセクションを移動して回答を得ることができます。分岐する通り分のフォームを作らずに済むので、便利に活用できます。

1 フォームタイトルにタイトルを入力し、

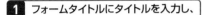

2 分岐先になる予定のセクションを作成します。

3 メニューの 昌（[セクションを追加]）を必要なセクションの数だけクリックし、

4 セクションタイトルを入力します。

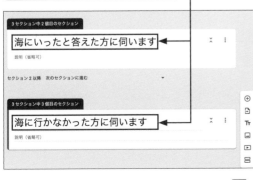

5 質問をクリックし、

6 質問形式などを設定して質問を作成して、分岐数分の回答アイテムを作成したら、

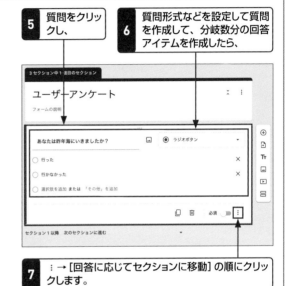

7 ⋮ →［回答に応じてセクションに移動］の順にクリックします。

8 ［次のセクションに進む］をクリックして分岐先に指定したいセクションを設定します。

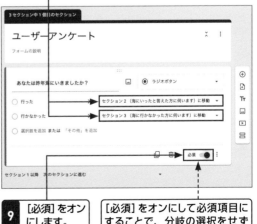

9 ［必須］をオンにします。

［必須］をオンにして必須項目にすることで、分岐の選択をせずに先に進むことを防ぎます。必須項目にすると、質問文に「＊」が表示されます。

基礎知識 1
メール 2
ビデオ会議 3
チャットツール 4
タスク管理ツール 5
スケジュール管理 6
データ保存 7
文書作成 8
表計算 9
プレゼンテーション 10
アンケート 11
管理者設定 12
セキュリティ強化 13
そのほか 14

Q ● Google フォームの便利機能 ●

343 ▶ アンケートフォームを分割させたい！

A セクションを追加して、長いアンケートを分割することができます。

質問数の多いアンケートは、ユーザーの回答負担が大きくなるため回答率が悪くなることがあります。そのようなときには、セクションを使って質問を整理することで回答率の低下を防ぐ対策を行います。
セクションは、分岐以外にもページングのような使い方ができます。

1 次ページに分割したい質問をクリックし、

2 メニューの 吕（[セクションを追加]）をクリックします。

手順**1**でクリックした質問の次にセクションが挿入されます。

3 セクション切り替え前の最後の質問の下部に追加された［次のセクションに進む］をクリックすると、

4 次のセクション以外の移動先に変更できます。

5 追加したセクションのタイトルを入力します。

設定の動作確認は、Q.335のMemoを参照して行いましょう。

Q344 ▶ アンケート回答後のページの文字を編集したい!

A 確認メッセージを編集できます。

一般的にアンケートの送信や登録をしたあと、お礼文などの確認メッセージが表示されますが、Googleフォームでも同様のことが行えます。確認メッセージの内容は目的に応じて好きなようにカスタマイズすることができます。「アンケートへのご回答をありがとうございました。」など最低限のメッセージを表示しておくとよいでしょう。

1 [設定] タブをクリックし、

質問　回答　設定

2 「プレゼンテーション」の「確認メッセージ」にある [編集] をクリックして、

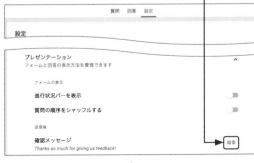

3 メッセージを入力したら、

4 [保存] をクリックします。｜ 設定の動作確認は、Q.335の Memoを参照して行いましょう。

Q345 ▶ アンケートフォーム受付を停止したい!

A 受付スイッチをオフにして停止できます。

一般的にアンケートには回答期限が設けられています。Google フォームではいったんアンケートのURLを公開すると、そのページが存在する限りアクセスできてしまいます。そこでアンケートの受付を終了する際は、その旨がユーザーにもわかるようにしておくようにしましょう。

1 [回答] タブをクリックし、

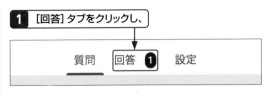

質問　回答 **1**　設定

2 [回答を受付中] をオフにすると、

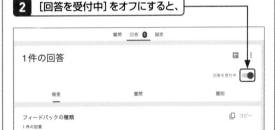

3 「回答を受け付けていません」と表示され、回答の受付が停止されます。

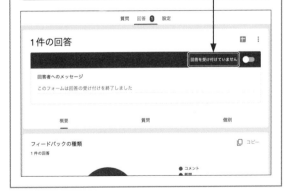

基礎知識 1
メール 2
ビデオ会議 3
チャットツール 4
タスク管理ツール 5
スケジュール管理 6
データ保存 7
文書作成 8
表計算 9
プレゼンテーション 10
アンケート 11
管理者設定 12
セキュリティ強化 13
そのほか 14

Q ・Google フォームの便利機能・

346 ▶ アンケートフォームのアドオンで回答期限を作りたい！

A アドオンを使って回答期限を設け、自動でアンケートの受付を停止します。

アンケートの回答受付停止は、編集者が手動で行う必要があります。しかし、アンケートによっては、深夜まで受付する必要がありますし、その停止予定日時を忘れてしまうこともありえます。回答期限を設定できるアドオンを利用することによって、そのような事態を避けることができます。

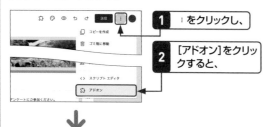

1 ⋮ をクリックし、

2 [アドオン]をクリックすると、

3 Google Workspace Marketplaceが表示されます。

4 検索フィールドにアドオン名「Limiter」を入力し、

5 キーボードの Enter を押します。

6 [fromLimiter]のアドオンをクリックし、

7 [個別インストール] → [続行] の順にクリックして、

formLimiter

formLimiter shuts off a Google Form after a max number of responses, at a date and time, or when a spreadsheet cell equals a value.

デベロッパー: New Visions Cloudlab ↗

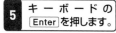

管理者によるインストール
個別インストール

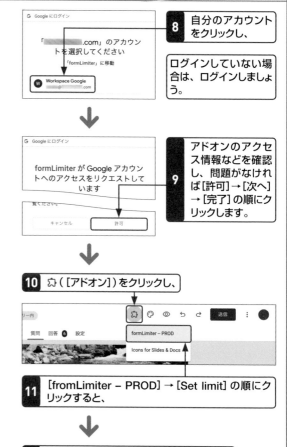

8 自分のアカウントをクリックし、

ログインしていない場合は、ログインしましょう。

9 アドオンのアクセス情報などを確認し、問題がなければ[許可]→[次へ]→[完了]の順にクリックします。

10 ☆ ([アドオン])をクリックし、

formLimiter – PROD
Icons for Slides & Docs

11 [fromLimiter – PROD] → [Set limit] の順にクリックすると、

12 ページ右下にアドオンの設定が開きます。

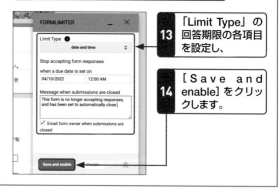

13 「Limit Type」の回答期限の各項目を設定し、

14 [Save and enable]をクリックします。

347 ▶ アンケートフォームのトーン（色）を変えたい！

A テーマカラーでは、アンケートのイメージに合わせて色を選択できます。

テーマをカスタマイズすると、テーマの主カラーのほかに背景色もかんたんに変更できます。アンケート内容に合わせたテーマカラーを選べます。テーマカラーを選ぶと、選んだカラーに合わせた背景色をトーン違いで表示してくれるので、アンケートフォーム全体の雰囲気を崩すことなく、整ったカラーを選ぶことができます。

1 ⊚（[テーマをカスタマイズ]）をクリックすると、

2 ページの右側に「テーマオプション」のサイドバーが開きます。

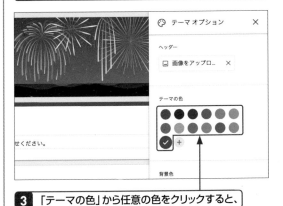

3 「テーマの色」から任意の色をクリックすると、

4 テーマの色が変更されます。

5 テーマの色を変更すると、背景色が提案されます。提案された色から背景にマッチする色をクリックすると、

6 背景色が変更されます。

設定の動作確認は、Q.335のMemoを参照して行いましょう。

Memo ▶ テーマの色を作成して追加する

手順 **3** で好みの色が見当たらない場合には、＋をクリックすると、新しく色を追加することができます。

Q

•Google フォームの便利機能•

348 ▶ アンケートフォームのヘッダーに画像を追加したい！

A テーマをカスタマイズすれば、ヘッダー部分に自由に画像を追加することができます。

テーマのカスタマイズは色だけでなく、ヘッダーへの画像追加もできます。利用する画像サイズは、横1,200×縦300ピクセルが最適サイズとなります。このサイズよりも大きい場合には、一部を切り出して利用します。あらかじめ用意された画像のほかに、パソコンからアップロードすることも、Google ドライブから選択することもできます。

1 🎨（[テーマをカスタマイズ]）をクリックすると、

2 ページの右側に「テーマオプション」のサイドバーが開きます。

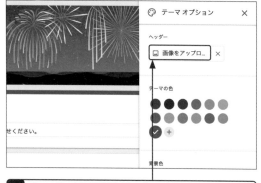

3 「ヘッダー」の[画像をアップロード]をクリックします。

↗

4 [ヘッダーの選択]ダイアログが開きます。

[テーマ]タブから、用意されている画像を選ぶこともできます。

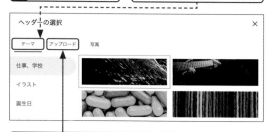

5 [アップロード]タブをクリックし、

↓

6 [参照]をクリックすると、パソコンに保存されている画像を利用することができます。

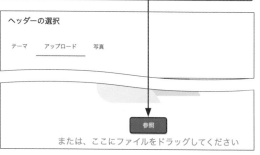

↓

7 ヘッダーの画像を指定すると、画像に合わせてテーマの色と背景色が自動的に設定されます。自動設定された色は、あとから変更できます（Q.347参照）。

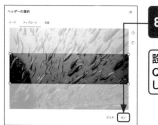

8 [完了]をクリックします。

設定の動作確認は、Q.335のMemoを参照して行いましょう。

349 ▶ アンケートフォームをテンプレート化したい！

Ⓐ 社内やチームでよく使うアンケートなどは、テンプレートギャラリーに登録して
テンプレート化すると便利です。

社内行事やチーム内でのアンケートなど、よく使うアンケートフォームはテンプレートとして登録しておくと便利です。社員旅行のアンケートやチーム懇親会のアンケートを毎回イチから作成するのは手間がかかります。テンプレート化して登録しておけば、変更点だけ修正してすぐにアンケートを実施できるので便利です。

> フォームのトップページにアクセスします（Q.325参照）。

1 [テンプレートギャラリー] をクリックし、テンプレートギャラリーを開きます。

⬇

2 テンプレートギャラリーの自ドメインタブにある [テンプレートを送信] をクリックします。

⬇

3 [テンプレートを送信] ダイアログが開きます。

4 [フォームを選択] をクリックし、

5 作成したテンプレート用フォームをクリックして、

6 [開く] をクリックします。

⬇

7 「カテゴリ」を設定し、

8 [送信] をクリックします。

⬇

9 送信したフォームは、テンプレートギャラリーに表示されます。

基礎知識 1
メール 2
ビデオ会議 3
チャットツール 4
タスク管理ツール 5
スケジュール管理 6
データ保存 7
文書作成 8
表計算 9
プレゼンテーション 10
アンケート 11
管理者設定 12
セキュリティ強化 13
そのほか 14

253

Q ● Google フォームの便利機能 ●

350 ▶ アンケートフォームのキーボードショートカットで 作業効率を上げたい！

A フォームにも多くのキーボードショートカットが搭載されていますが、 マウスでも同様の操作が可能です。

マウスだけでなく、キーボードを使った操作ができることで作業効率は大きくアップします。すべてのショートカットを覚える必要はありませんが、頻繁に使う機能については、ショートカットを覚えたほうが作業効率が上がります。

Windows ショートカット

基本操作	
カーソルを上に移動	Ctrl + K
カーソルを下に移動	Ctrl + J
キーボード ショートカットの一覧を表示	Ctrl + /
ファイル コマンド	
印刷	Ctrl + P
検索	Ctrl + F
メニュー	
プレビュー	Ctrl + Shift + P
[設定]メニュー	Ctrl + E
[送信]メニュー	Ctrl + Enter
フォームの操作	
質問を挿入	Ctrl + Shift + Enter / Ctrl + I、I
タイトルと説明を挿入	Ctrl + I、H
画像を挿入	Ctrl + I、P
動画を挿入	Ctrl + I、V
セクションを挿入	Ctrl + I、B
項目を上に移動	Ctrl + Shift + K
項目を下に移動	Ctrl + Shift + J
項目を削除	Alt + Shift + D
項目を複製	Ctrl + Shift + D
編集	
元に戻す	Ctrl + Z
やり直す	Ctrl + Y / Ctrl + Shift + Z
次の欄に移動	Tab
前の欄に移動	Shift + Tab
オブジェクト選択時	
左揃え	Ctrl + Shift + L
中央揃え	Ctrl + Shift + E
右揃え	Ctrl + Shift + R
採点	
正解にする	Ctrl + Shift + C
不正解にする	Ctrl + Shift + I

下の成績にフォーカス	Ctrl + Shift + ↓
上の成績にフォーカス	Ctrl + Shift + ↑

Mac ショートカット

基本操作	
カーソルを上に移動	command + K
カーソルを下に移動	command + J
キーボード ショートカットの一覧を表示	command + /
ファイル コマンド	
印刷	command + P
検索	command + F
メニュー	
プレビュー	command + shift + P
[設定]メニュー	command + E
[送信]メニュー	command + return
フォームの操作	
質問を挿入	command + shift + return / command + I、I
タイトルと説明を挿入	command + I、H
画像を挿入	command + I、P
動画を挿入	command + I、V
セクションを挿入	command + I、B
項目を上に移動	command + shift + K
項目を下に移動	command + shift + J
項目を削除	option + shift + D
項目を複製	command + shift + D
編集	
元に戻す	command + Z
やり直す	command + Y / command + shift + Z
次の欄に移動	tab
前の欄に移動	shift + tab
オブジェクト選択時	
左揃え	command + shift + L
中央揃え	command + shift + E
右揃え	command + shift + R
採点	
正解にする	command + shift + C
不正解にする	command + shift + I
下の成績にフォーカス	command + shift + ↓
上の成績にフォーカス	command + shift + ↑

Q 351 ▶ アンケートフォームを 共同編集したい！

A 共同編集者を追加し、複数人で アンケートフォームを編集できます。

アンケートフォームの作成をチームなどの複数人で行うことができれば、作業も進み、違った視線で質問文などを検討でき、より回答率の高いアンケートフォームを作成できるでしょう。より確度の高いアンケートフォームを作成するのに、共同編集は有効な機能になります。

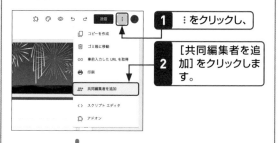

1 ⋮をクリックし、

2 ［共同編集者を追加］をクリックします。

3 ［編集者の追加］ダイアログが開きます。

4 ［ユーザーやグループを追加］をクリックし、フィールドに対象のユーザー、またはグループを入力して、

5 必要であればメッセージを入力して、

6 ［送信］をクリックします。

Q 352 ▶ アンケートフォームのURLを 短縮URLで紹介したい！

A ［フォームを送信］ダイアログから URL短縮機能を利用できます。

アンケートフォームのユーザーアクセス用 URL は、150文字程度の非常に長いURLとなります。メールにこのURLを併記すると、URLが改行していることで、アクセスに失敗してしまうケースもあります。短縮URLを利用すれば、そんなアクセス失敗も軽減でき、見た目もスッキリします。

1 ［送信］をクリックすると、

2 ［フォームを送信］ダイアログが開きます。

3 ⊝（［リンク］タブ）をクリックし、

4 ［URLを短縮］をオンにすると、

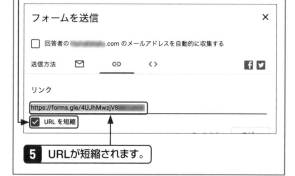

5 URLが短縮されます。

Q ●Google フォームの共有設定●

353 ▶ アンケートフォームのURLをメールで知らせたい!

A 送りたい相手のメールアドレスを入力すれば、すぐにメールで送信できます。

アンケートフォームのURLはメールでかんたんに送信できます。送信する際に回答してほしい人のメールアドレスを入力するだけです。複数の人に送信したい場合は各メールアドレスの間に「,」を入れて列挙していきます。また、メールだけでなく、SNS（Facebook、Twitter）にシェアすることもできます。

┌──────────────────────┐
│ **1** [送信] をクリックし、 │
└──────────────────────┘

↓

┌─────────────────┐ ┌─────────────────┐
│ **2** [フォームを送信] ダイア │ │ **3** 送信先のメールア │
│ ログが開きます。 │ │ ドレスを入力し、 │
└─────────────────┘ └─────────────────┘

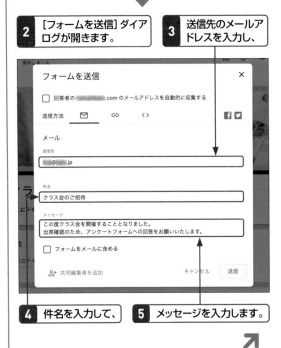

┌──────────────────┐ ┌──────────────────┐
│ **4** 件名を入力して、 │ │ **5** メッセージを入力します。 │
└──────────────────┘ └──────────────────┘

↗

SNSで共有する場合には、ダイアログ右上にある 🔲（[Facebook]）🔲（[Twitter]）をクリックします。

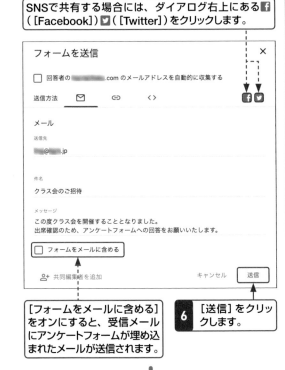

┌────────────────────────┐ ┌──────────────────┐
│ [フォームをメールに含める] │ │ **6** [送信] をクリッ │
│ をオンにすると、受信メール │ │ クします。 │
│ にアンケートフォームが埋め込 │ └──────────────────┘
│ まれたメールが送信されます。 │
└────────────────────────┘

↓

┌──────────────────────────────────────┐
│ **7** メールを受信したら、[フォームに記入する]をクリッ │
│ クしてアンケートフォームにアクセスします。 │
└──────────────────────────────────────┘

Q ● Google フォームの共有設定 ●

354 ▶ アンケートフォームをウェブサイトに埋め込みたい!

A [フォームを送信]ダイアログから<iframe>タグに出力できます。

ホームページ作成サービスなどのノーコード開発の場合には、HTMLの記述が可能である必要があります。[フォームを送信]ダイアログで出力できる<iframe>タグを利用して、アンケートフォームをウェブサイトに埋め込むことが可能です。ウェブサイトに埋め込めば、ウェブサイトの訪問者に回答をお願いすることができるので、より多くの回答を得られる可能性があります。

1 [設定]タブをクリックし、

アンケート

2 「回答」の「ログインの必須」の [〇〇と信頼できる組織のユーザーに限定する]をオフにします。

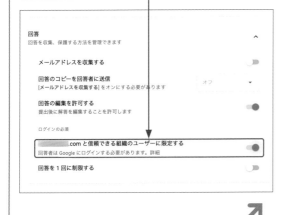

3 [送信]をクリックすると、

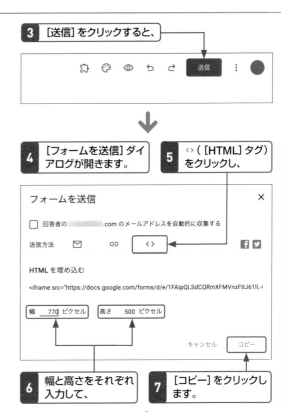

4 [フォームを送信]ダイアログが開きます。

5 ‹ › ([HTML]タグ)をクリックし、

6 幅と高さをそれぞれ入力して、

7 [コピー]をクリックします。

8 ウェブサイト開発ツールなどで、アンケートフォームの埋め込みをしたい位置に、先程コピーしたHTMLタグを貼り付け、実際に読み込まれることを確認します。

基礎知識 1
メール 2
ビデオ会議 3
チャットツール 4
タスク管理ツール 5
スケジュール管理 6
データ保存 7
文書作成 8
表計算 9
プレゼンテーション 10
アンケート 11
管理者設定 12
セキュリティ強化 13
そのほか 14

Q ●Google フォームの回答●

355 ▶ アンケートフォームの集計をリセットしたい！

A [回答]タブからすべての回答を削除することができます。

アンケートフォームの作成段階で、動作に問題ないかテストを行うことがあります。そのまま回答を募ってしまうと、テストの回答が蓄積されているので、実際の回答と混ざってしまいます。アンケートフォームに蓄積された回答はかんたんに削除できるので、フォームのURLを回答者に送信する前に、テストの回答を削除するようにしておきましょう。

1 [回答] タブをクリックし、

2 ⋮ をクリックして、

3 [すべての回答を削除]をクリックしたら、

4 [OK]をクリックします。

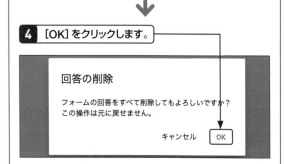

Q ●Google フォームの回答●

356 ▶ アンケートフォームの回答をリアルタイムで集計したい！

A 編集者であれば、[回答]タブから確認することができます。

毎日アンケートフォームへの回答件数と内容を確認したい場合、その都度アンケートの集計を自身で行うのはとても大変です。しかし、Google フォームを使うとリアルタイムで集計を行ってくれるので、いつでもアンケート結果の確認ができます。編集画面にアクセスするだけで確認できるのは、とても便利です。

1 [回答] タブをクリックすると、

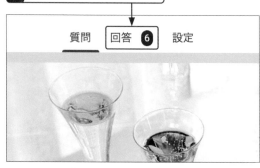

2 回答件数や回答内容が確認できます。

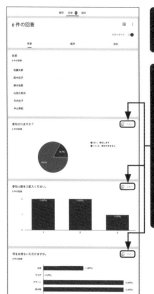

3 回答の各グラフは要素の右上にある[コピー]をクリックすると、グラフをコピーでき、Google ドキュメントに貼り付けることで、フォームの回答結果にリンクしたグラフを貼り付けることができます。

Q 357 ▶ アンケートフォームの回答を スプレッドシートにしたい！

●Google フォームの回答●

A アンケートフォームから スプレッドシートにリンクできます。

アンケートの回答結果を単に見るだけでなく、その結果を元に分析や書類作成などを行いたい場合は、スプレッドシートを使うとよいでしょう。フォームを作成する際に回答結果をスプレッドシートに蓄積されるようにしておけば、スプレッドシートに回答がリアルタイムで蓄積されていきますので便利です。

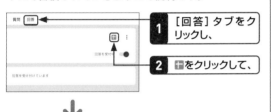

1 ［回答］タブをクリックし、

2 ➕をクリックして、

3 ここではスプレッドシートを作成してリンクするので ［新しいスプレッドシートを作成］をオンにし、

4 ［作成］をクリックします。

5 スプレッドシートが作成されリンクされると、リンクしたスプレッドシートが開きます。フォームとリンクされているシートには、が表示されます。

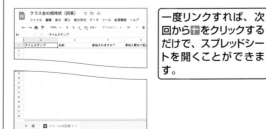

一度リンクすれば、次回から➕をクリックするだけで、スプレッドシートを開くことができます。

Q 358 ▶ アンケートフォームの回答と スプレッドシートのリンクを解除したい！

●Google フォームの回答●

A ［回答］タブからスプレッドシートとの リンクを解除できます。

期間を区切って集計したいときなど、一旦スプレッドシートとのリンクを解除して、新しいスプレッドシートとリンクする、といった使い方があります。スプレッドシートとのリンクを解除しても、スプレッドシートが削除されることはありません。フォームでリンクの解除を行うと、スプレッドシートとのリンクを完全に解除することができます。

1 ［回答］タブをクリックし、

2 ⋮ をクリックして、

3 ［フォームのリンクを解除］をクリックしたら、

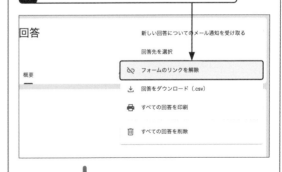

4 ［リンクを解除］を クリックします。

Q 359 ▶ Google フォームの回答

アンケートフォームが回答されたら メールを受信したい!

A [回答]タブからメール通知を 設定できます。

アンケートを開始すると、ユーザーがアンケートに回答してくれているか気になりますが、常に回答数を確認するわけにもいきません。そこで、新しい回答があった際にメールで通知してくれる機能があります。アンケートへの回答があるたびにメール通知されるので、アンケートフォームにアクセスする必要なく、アンケートの回答数を把握することができます。

1 [回答] タブをクリックし、

2 ⋮ をクリックして、

回答を受付中

3 [新しい回答についてのメール通知を受け取る]を クリックします。

新しい回答についてのメール通知を受け取る

回答先を選択

フォームのリンクを解除

回答をダウンロード（.csv）

すべての回答を印刷

すべての回答を削除

Q 360 ▶ Google フォームの回答

回答者はGoogleに ログインするようにしたい!

A [設定]タブからログインを 必須に設定することができます。

社内アンケートのような場合には、社外には閲覧できないようにする必要があります。Googleへのログインを必須に設定することで、Google Workspaceの管理者が設定している「自組織」と「信頼する組織」だけがフォームの閲覧が可能に設定できます。この設定をオフに設定すると、制限なくアンケートに回答できます。

1 [設定] タブをクリックし、

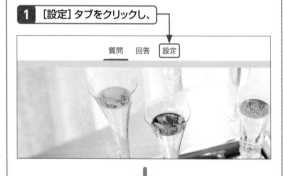

質問 回答 設定

2 「回答」の「ログインの必須」の[○○と信頼できる 組織のユーザーに限定する]をオンにします。

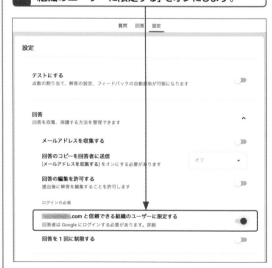

質問 回答 設定

設定

テストにする
点数の割り当て、解答の設定、フィードバックの自動提供が可能になります

回答
回答を収集、保護する方法を管理できます

メールアドレスを収集する

回答のコピーを回答者に送信
［メールアドレスを収集する］をオンにする必要があります オフ

回答の編集を許可する
提出後に解答を編集することを許可します

ログインの必須

　　　　　.com と信頼できる組織のユーザーに限定する
回答者は Google にログインする必要があります。詳細

回答を 1 回に制限する

3 アクセスが自組織と信頼する組織に限定されます。 信頼する組織については、管理者に確認しましょう。

基礎知識 1
メール 2
ビデオ会議 3
チャットツール 4
タスク管理ツール 5
スケジュール管理 6
データ保存 7
文書作成 8
表計算 9
プレゼンテーション 10
アンケート 11
管理者設定 12
セキュリティ強化 13
そのほか 14

Q ◦Google フォームの回答◦

361 ▸ アンケートフォームの回答者に回答内容を送信したい！

A メールアドレスを収集するように設定すると、
アンケートの回答のコピーを回答者に送信できます。

データを登録するようなフォームの送信を行うと、登録内容のコピーがユーザーに送信されることがあります。Google フォームでも同じようにメールを送信できます。アンケートを利用するユーザーにも安心感を与える機能になります。「アンケートの回答のコピーの送信」を設定すると、メールアドレスの入力フィールドが自動で挿入されます。

1 [設定] タブをクリックし、

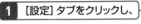

2 「回答」の [メールアドレスを収集する] をオンにします。

3 「回答のコピーを回答者に送信」の [オフ] をクリックし、

4 [リクエストされた場合] をクリックします。

[常に表示] をクリックすると、ユーザーの意思に関わらず、回答のコピーが送信されるように設定されます。

⬇

アンケートフォームには、メールアドレスの入力フォームが挿入されます。

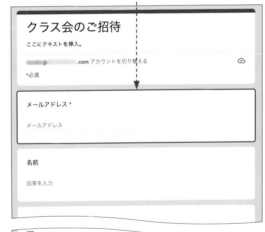

アンケートフォームの最下部に [回答のコピーを自分宛に送信する] の項目が挿入されます。ユーザーがこの項目をオンにすると、回答のコピーが送信されます。

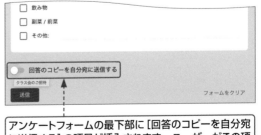

1 基礎知識
2 メール
3 ビデオ会議
4 チャットツール タスク管理ツール
5 スケジュール管理
6 データ保存
7 文書作成
8 表計算
9 プレゼンテーション
10 アンケート
11 管理者設定
12 セキュリティ強化
13 そのほか
14

Q ・Google フォームの回答・

362 ▶ 回答を1回に制限したい！

A 回答を1回に制限すると、同一人物が複数回、回答できなくなります。

アンケートは1人1回のみ回答可能にし、何回も回答しないようにすることができます。[回答を1回に制限する]をオンにすることで、アンケートの回答を行う際に、Googleへのログインが必須となり、同じ人が何回もアンケートに回答して悪用するなどの状況を避けることができます。

1 [設定] タブをクリックし、

2 「回答」の [回答を1回に制限する] をオンにします。

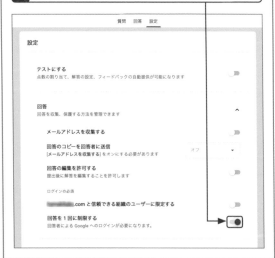

Q ・Google フォームの回答・

363 ▶ 回答結果を一般共有したい！

A 回答後、結果の概要へのリンクを表示するように設定できます。

通常はアンケートの回答をしても、どのような結果になっているのかを知ることはできません。Googleフォームでは、ユーザーが回答を送信した結果の概要ページへのリンクを表示する設定ができ、アンケートの結果を共有することができます。回答の概要では、質問に対する回答やグラフが表示され、回答できる全ユーザーが概要を閲覧できます。

1 [設定] タブをクリックし、

2 「プレゼンテーション」の [結果の概要を表示する]をオンにします。

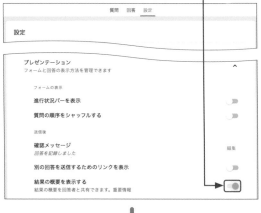

アンケートフォームを回答後、[前の回答を表示]をクリックすると、回答の概要が確認できます。

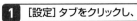

Q 364 ▶ 回答の進行状況を表示したい！

●Google フォームの回答●

A セクションごとにアンケートの進行状況を表示できます。

アンケートフォームで回答するユーザーにとって、今、自分の進行状況を知ることは、最後までアンケートを行うモチベーションにつながります。進行状況の表示は、セクションで分けたページごとに1カウントとして表示するので、セクションを挿入していないアンケートでは、「1/1ページ」と表示されます。

1 [設定] タブをクリックし、

質問　回答　**設定**

2 「プレゼンテーション」の [進行状況バーを表示] をオンにします。

質問　回答　設定

設定

テストにする
点数の割り当て、解答の設定、フィードバックの自動提供が可能になります

プレゼンテーション
フォームと回答の表示方法を管理できます

フォームの表示

進行状況バーを表示
質問の順序をシャッフルする

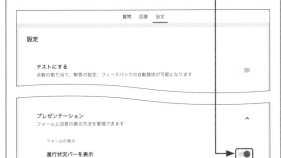

アンケートフォームの最下部に進行状況バーが表示されます。

フィードバック *

回答を入力

次へ　　　　　　　　　　　　1/3 ページ　　フォームをクリア

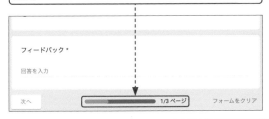

Q 365 ▶ アンケートフォームの質問順番をシャッフルさせたい！

●Google フォームの回答●

A プレゼンテーションの設定から設定します。

質問項目が多くなると、終盤の質問項目は適当に回答される傾向があります。これはユーザーの意欲が徐々に減ってくることや、集中力の低下などが原因に挙げられます。できるだけ回答に偏りが出ないようにするために質問表示順序のシャッフルは有効な手段の1つです。

1 [設定] タブをクリックし、

質問　回答　**設定**

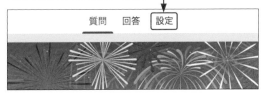

2 「プレゼンテーション」の [質問の順序をシャッフルする] をオンにします。

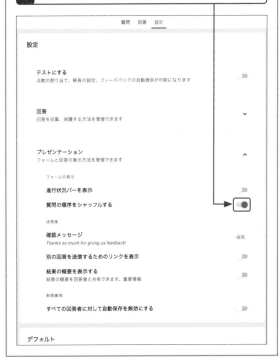

質問　回答　設定

設定

テストにする
点数の割り当て、解答の設定、フィードバックの自動提供が可能になります

回答
回答を収集、保護する方法を管理できます

プレゼンテーション
フォームと回答の表示方法を管理できます

フォームの表示

進行状況バーを表示
質問の順序をシャッフルする

送信後

確認メッセージ
Thanks so much for giving us feedback!　　編集

別の回答を送信するためのリンクを表示

結果の概要を表示する
結果の概要を回答者と共有できます。重要情報

制限事項:

すべての回答者に対して自動保存を無効にする

デフォルト

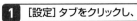

基礎知識 1
メール 2
ビデオ会議 3
チャットツール 4
タスク管理ツール 5
スケジュール管理 6
データ保存 7
文書作成 8
表計算 9
プレゼンテーション 10
アンケート 11
管理者設定 12
セキュリティ強化 13
そのほか 14

基礎知識 1

メール 2

ビデオ会議 3

チャットツール 4

タスク管理ツール 5

スケジュール管理 6

データ保存 7

文書作成 8

表計算 9

プレゼンテーション 10

アンケート 11

管理者設定 12

セキュリティ強化 13

そのほか 14

Q ● Google フォームをテストにする ●

366 ▶ テスト問題として利用したい！

A テンプレートギャラリーや[設定]タブから作成できます。

Google フォームをアンケートフォームとして利用するだけでなく、テスト問題として使うこともできます。テンプレートギャラリーからテストを選んで作成するか、アンケートフォームの[設定]タブで設定を行います。採点も自動で行われ、その結果を回答者に通知することもできます。

テンプレートからテストを作成する

1 Q.328を参考にテンプレートギャラリーを表示し、テストのテンプレートをクリックします。

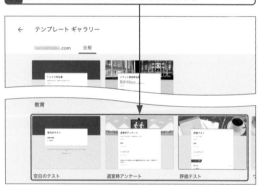

アンケートフォームからテストを作成する

1 [設定] タブをクリックし、

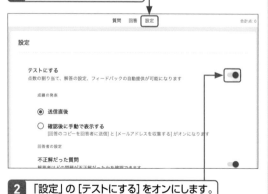

2 「設定」の[テストにする]をオンにします。

Q ● Google フォームをテストにする ●

367 ▶ テストの点数を表示したい！

A 問題に配分されている点数や解答後の総合得点を表示できます。

テスト問題には、1問目が5点、2問目が3点などの配点を設定できます。初期の状態では、配点はユーザーに表示されません。「回答者の設定」にある[点数]をオンにすることでユーザーにもわかるようになります。また各問題だけでなく、総合点数も表示することができます。

1 [設定] タブをクリックし、

2 「テストにする」の「回答者の設定」にある[点数]をオンにします。

それぞれの問題に対する点数配分が表示され、テスト送信後の「スコアを表示」のリンク先で総合得点が表示されます。

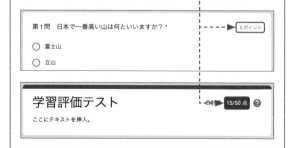

368 ▶ テストの正誤を表記したい！

 テストのスコア表示時に問題の正解・不正解を表示する設定ができます。

テストの場合は、回答者自身でテストの答え合わせが行えるように設定することができます。その際選択問題の場合は、どの選択肢が正解になるのか回答者にわかるようにすることができます。また、正解のときはより深く理解するために、不正解のときは復習になるようなフィードバックを設定できます。

不正解だった質問の正解を表示させる

1 ［設定］タブをクリックし、

質問　回答　設定　　　　　　　　合計点: 50

設定

テストにする
点数の割り当て、解答の設定、フィードバックの自動提供が可能になります

成績の発表

◉ 送信直後

○ 確認後に手動で表示する
［回答のコピーを回答者に送信］と［メールアドレスを収集する］がオンになります

回答者の設定

不正解だった質問
解答者はどの問題が不正解だったかを確認できます

2 「テストにする」の「回答者の設定」にある［不正解だった質問］をオンにします。

⬇

解答が不正解だった問題とユーザーの不正解になった解答を明示し、正解は明示しません。

第1問　日本で一番高い山は何といいますか？ *

○ 富士山
◉ 立山
○ 穂高岳
○ 槍ヶ岳
正解
◉ 富士山

フィードバック

正解を表示させる

1 ［設定］タブをクリックし、

質問　回答　設定　　　　　　　　合計点: 50

設定

テストにする
点数の割り当て、解答の設定、フィードバックの自動提供が可能になります

成績の発表

◉ 送信直後

○ 確認後に手動で表示する
［回答のコピーを回答者に送信］と［メールアドレスを収集する］がオンになります

回答者の設定

不正解だった質問
解答者はどの問題が不正解だったかを確認できます

正解
解答者は、成績の通知後に正解を確認できます

点数
解答者は、総合得点と各問題の得点を確認できます

全テストのデフォルト設定

デフォルトで質問に割り当てる点数
新しいすべての質問に割り当てる点数　　　　　　　0　点数

2 「テストにする」の「回答者の設定」にある［正解］をオンにします。

⬇

解答が正解・不正解にかかわらず問題の正解を明示します。

✕　第1問　日本で一番高い山は何といいますか？ *

○ 富士山
◉ 立山　　　　　　　　　　　　　　　　　✕
○ 穂高岳
○ 槍ヶ岳

フィードバック

日本の山（高さ順）を確認してください。
https://ja.wikipedia.org/wiki/%E6%97%A5%E6%9C%AC%E3%81%AE%E5%B1%B1%E4%B8%80%E8%A6%A7_(%E9%AB%98%E3%81%95%E9%A0%86)

Q ●Google フォームをテストにする●

369 ▶ テストの合否判定を出力したい！

A Google Apps Scriptを使って、合否判定から合否に合わせた
メール通知までを自動化することができます。

評価テストなどを行うと、一定の得点で合否を判定する場面があります。ユーザーの得点により合格メールを送ったり、不合格の場合にはフォローメールを送ったり、内容を変えなければならないことが多いですが、そのようなこともフォームとGoogle Apps Scriptを組み合わせれば実現可能です。なお、本書ではGoogle Apps Scriptの詳細は解説しません。詳しく学びたい方は専門書などを参照してください。

1 [設定] タブをクリックし、

2 「回答」の [メールアドレスを収集する] をオンにします。

3 ⋮ をクリックし、

4 [スクリプトエディタ]をクリックします。

5 「Apps Script」画面が表示されます。

6 目的に合わせたスクリプトを作成し、

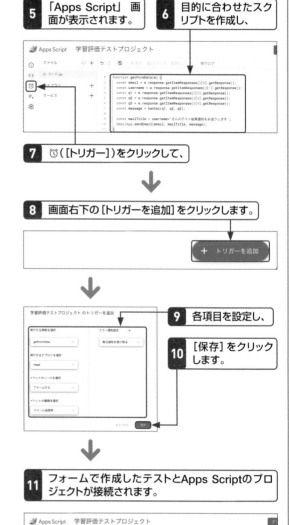

7 ⏰（[トリガー]）をクリックして、

8 画面右下の [トリガーを追加] をクリックします。

＋ トリガーを追加

9 各項目を設定し、

10 [保存]をクリックします。

11 フォームで作成したテストとApps Scriptのプロジェクトが接続されます。

スクリプトの動作確認は、Q.335のMemoを参照して行いましょう。

第 **12** 章

管理者設定の活用技!

基礎知識 1
メール 2
ビデオ会議 3
チャットツール 4
タスク管理ツール 5
スケジュール管理 6
データ保存 7
文書作成 8
表計算 9
プレゼンテーション 10
アンケート 11
管理者設定 12
セキュリティ強化 13
そのほか 14

Q 370 ▶ 管理コンソールとは？

A Google Workspaceの
サービスが管理できる画面です。

管理コンソールとは、すべてのGoogle Workspaceサービスを管理することができる画面のことです。バージョンや管理状態により、表示される画面は変化します。

ユーザーを追加・削除したり、グループでまとめたり、支払い方法を追加したり、請求書を印刷したりすることができます。Google Workspaceのバージョンの変更やサブスクリプションのキャンセル（解約）といった契約に関することだけではなく、Google Workspaceのアプリの設定もこの管理コンソールから行うことができます。

> 管理コンソールには「admin.google.com」から、またはQ.372を参考にしてアクセスします。

Memo ▶ 管理権限の利用

管理コンソールで、利用できる機能や実施できるタスクは、管理者権限に応じて異なります。管理権限は大切な情報を変更することができるので、権限の発行は乱発せず、管理権限のアクセスは、管理権限アカウントを別で設定し、Google Chromeプロファイルを新規追加することをおすすめします。

Q 371 ▶ 管理コンソールの画面構成を知りたい！

A ヘッダーとメニューなどで
構成されています。

画面はヘッダーとメニューなどで構成されており、一般的なサービスのコントロールパネルと似たレイアウトになっています。

名称		機能
❶	メニュー	クリックした項目についてボディに表示されます。
❷	ユーザー、グループ、設定を検索	ユーザー、グループ、機能について調べることができます。
❸	アラート	アラートで問題などの最新情報が届いたときに機能します。
❹	タスク通知	大規模な管理タスクのステータス（実行中、完了、キャンセル）を確認できます。タスクにはユーザーリストのダウンロードや監査ログとレポートのダウンロードが該当します。
❺	サポート	ヘルプアシスタントです。自動応答アシスタントが情報の検索やサポートへの連絡を手伝う機能、利用者のアカウントに関連する重要なアラートもここに表示されます。
❻	ボディ	メニューにある項目の状態が表示されます。

Q 372 ▶ 別のアプリから管理コンソールを開きたい!

A ⠿([Google アプリ])から開くことができます。

Gmail やそのほかのGoogle Workspaceのアプリから、かんたんに管理コンソールを開くことができます。右上の⠿([Google アプリ])から[管理]をクリックすることで、管理コンソールへアクセスできます。

1 Google Workspaceにログインした状態で、Google検索ページ(https://www.google.co.jp/)へアクセスし、

2 ページ右上にある⠿([Google アプリ])をクリックして、

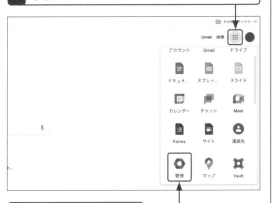

3 [管理]をクリックすると、

4 管理コンソールのトップページにアクセスできます。

Memo ▶ アプリの配置を変える

手順2の画面でアプリのアイコンをマウスでドラッグすることで、配置を変えることができます。

Q 373 ▶ ロゴをオリジナルに変更したい!

A 変更すると、自社の独自サービスのような見た目になります。

オリジナルのロゴアイコンをアップロードすれば、Google Workspaceの画面にいつでもロゴが表示され、自社の独自サービスのような見た目になります。

ロゴ画像の要件

- ●ファイル形式:PNG または GIF(GIFアニメーションは利用できません)
- ●ファイルサイズ:上限30KB
- ●ロゴの大きさ:320×132ピクセル

ロゴのアップロード方法

1 [アカウント]をクリックし、

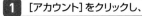

2 [アカウント設定]をクリックして、

3 [カスタマイズ]をクリックします。

4 [カスタムロゴ]をオンにし、

5 [アップロードするファイルを選択]をクリックして画像を設定して、

6 表示されるロゴのプレビューを確認したら、

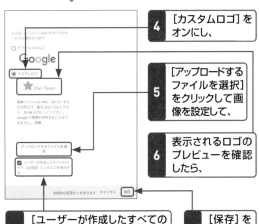

7 [ユーザーが作成したすべてのサイト(従来版)にこのロゴを表示する]をオンにして、

8 [保存]をクリックします。

Q 374 ▶ 組織名を変更したい！

A 管理画面のアカウントから組織名を変更できます。

組織名とは、Google Workspace を利用する上位の組織のことです。ファイルの共有時などにサービス上で表示される組織を変更することで、自分がどの組織で作業をしているのかがわかります。

1 [アカウント] をクリックし、

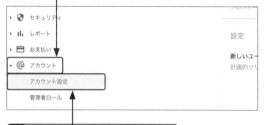

2 [アカウント設定] をクリックして、

3 [プロファイル] をクリックしたら、

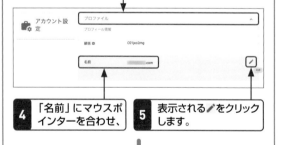

4 「名前」にマウスポインターを合わせ、

5 表示される🖊をクリックします。

6 変更したい新しい名前を入力し、

7 [保存] をクリックします。

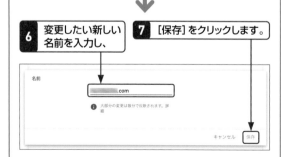

変更は数分で反映されます。

Q 375 ▶ 管理者の連絡先を登録したい！

A アカウント設定から連絡先としてメールアドレスを登録できます。

Google Workspace 管理者の連絡先情報には、メールアドレスを設定する必要があります。設定するメールアドレスは「メイン管理者」（自社ドメインのみ可能）と「予備のメールアドレス」（ドメイン制限なし）で、これらのアドレスにGoogleからお知らせが送付されます。

1 [アカウント] をクリックし、

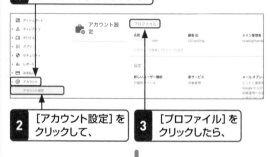

2 [アカウント設定] をクリックして、

3 [プロファイル] をクリックしたら、

4 「連絡先情報」にマウスポインターを合わせ、

5 表示される🖊をクリックします。

6 [メイン管理者]にGoogle Workspace 管理者のメールアドレスを入力し、

7 [予備のメールアドレス] にそれ以外のメールアドレスを入力して、

8 [保存]をクリックします。

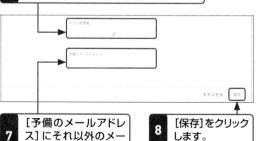

Q 376 ▶ お知らせメールを 受信したい！

Ⓐ 新サービスや新機能に関する お知らせのメールを受けることができます。

管理者は、Googleで追加された新サービスの情報や、各サービスに追加された新機能に関するお知らせなどを随時メールで受け取ることができます。

1 ［アカウント］をクリックし、

2 ［アカウント設定］を クリックして、

3 ［設定］をクリック したら、

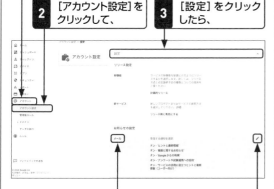

4 「メール」にマウスポイ ンターを合わせて、

5 表示される🖉をク リックします。

6 受信したいお知らせをオンにし、

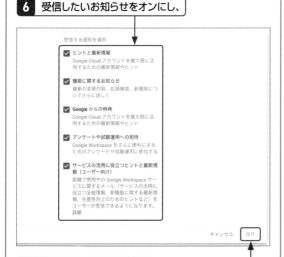

受信する通知を選択

☑ ヒントと最新情報
Google Cloud アカウントを最大限に活用するための最新情報やヒント

☑ 機能に関するお知らせ
最新の変更内容、拡張機能、新機能についてさらに詳しく

☑ **Google** からの特典
Google Cloud アカウントを最大限に活用するための最新情報やヒント

☑ アンケートや試験運用への招待
Google Workspace をさらに便利にするためのアンケートや試験運用に参加する

☑ サービスの活用に役立つヒントと最新情報 （ユーザー向け）
組織で使用中の Google Workspace サービスに関するメール（サービスの活用に役立つ全般情報、新機能に関する最新情報、生産性向上のためのヒントなど）をユーザーが受信できるようになります。
詳細

キャンセル　保存

7 ［保存］をクリックします。

Q 377 ▶ ユーザーを 作成したい！

Ⓐ 利用エディションのユーザー アカウント数を上限に作成できます。

管理者は、利用エディションのユーザーアカウントライセンス数を上限として、ユーザーアカウントの作成を行うことができます。

1 ［ディレクトリ］をクリックし、

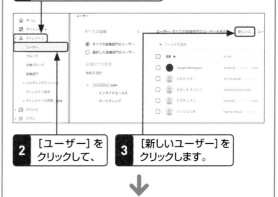

2 ［ユーザー］を クリックして、

3 ［新しいユーザー］を クリックします。

4 ［姓］と［名］を 入力し、

5 組織の既存ユーザーと重複しない［メインのメールアドレス］を入力して、

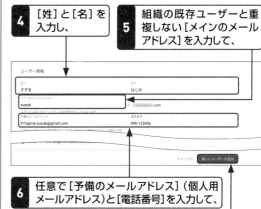

ユーザー情報
姓*
すずき
名*
はじめ
メインのメールアドレス*
suzuki
予備のメールアドレス
01hajime.suzuki@gmail.com
電話番号
090-123456

キャンセル　新しいユーザーの追加

6 任意で［予備のメールアドレス］（個人用 メールアドレス）と［電話番号］を入力して、

7 ［新しいユーザーの追加］→［完了］の順にクリック します。

Memo ▶ 管理者がパスワードなどを設定する

手順**4**〜**7**の画面で、［ユーザーのパスワード、組織部門、プロフィール写真を管理する］をクリックすると、管理者がパスワードやプロフィール写真などを設定することができます。

基礎知識 1
メール 2
ビデオ会議 3
チャットツール タスク管理ツール 4
スケジュール管理 5
6
データ保存 7
文書作成 8
表計算 9
プレゼンテーション 10
アンケート 11
管理者設定 12
セキュリティ強化 13
そのほか 14

Q 378 ▸ 複数のユーザーを まとめて作成したい！

A 複数のユーザー情報を まとめて追加できます。

Google Workspace では、ユーザーの作成を行う際、まとめて作成することで作業時間の短縮を計ることができます。複数のユーザー情報をまとめて追加するためには、CSVファイルを編集して作成します。

1 [ディレクトリ] をクリックし、

2 [ユーザー] を クリックして、

3 [ユーザーの一括更新] を クリックします。

4 [ユーザー情報をCSVファイル形式でダウンロード] または [空のCSVテンプレートをダウンロード] をクリックし、

5 手順4でダウンロードしたCSVテンプレート 内のユーザー情報を追加または編集して、

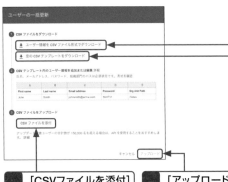

6 [CSVファイルを添付] をクリックして手順5の ファイルを選択したら、

7 [アップロード] を クリックします。

作成されたユーザーはすぐに新しいアカウントを使用できるようになりますが、一括アップロードの場合、すべての Google Workspaceが利用可能になるまでに、最長で24時間ほどかかることがあります。

Q 379 ▸ ユーザーを 削除したい！

A 管理者のみ、管理画面から ユーザーの削除ができます。

ユーザーが退職した場合などでは、ユーザーを削除する必要があります。削除できるのは管理者のみです。

ユーザーを削除する

1 [ディレクトリ] を クリックし、

2 [ユーザー] を クリックして、

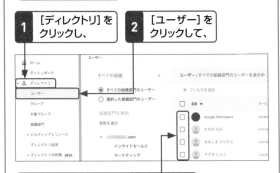

3 停止するユーザーをオンにします。

4 [その他のオプション] を クリックし、

5 [ユーザーを削除] を ク リックします。

複数のユーザーを削除する

1 上の手順3の画面で複数のユーザーをオンにし、

2 [その他のオプション] → [選択したユーザーを削除] の順にクリックします。

380 ▶削除したユーザーを復元したい!

A 削除してから20日以内であれば、復元が可能です。

何らかの理由で、削除したユーザーを復元したい場合、削除してから20日以内であれば、復元することができます。なお、20日間を過ぎるとデータは完全に削除され、復元はできなくなります。

1 [ディレクトリ]をクリックし、

2 [ユーザー]をクリックして、

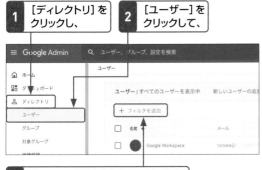

3 [フィルタを追加]をクリックします。

4 [最近削除されたユーザー]をクリックすると、

5 最近削除されたユーザーが表示されます。

6 復元したいユーザーにマウスポインターを合わせ、

7 [復元]をクリックすると、

8 [ユーザーを復元]ダイアログが表示されます。

9 [続行]をクリックし、

10 [復元]をクリックします。

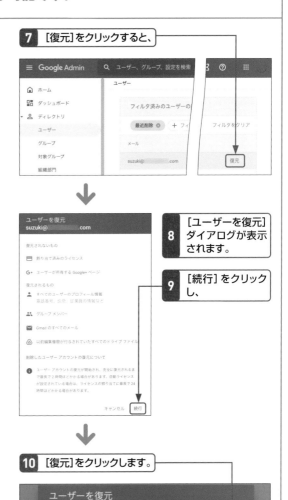

基礎知識 1
メール 2
ビデオ会議 3
チャットツール 4
タスク管理ツール 5
スケジュール管理 6
データ保存 7
文書作成 8
表計算 9
プレゼンテーション 10
アンケート 11
管理者設定 12
セキュリティ強化 13
そのほか 14

Q ● Google 管理コンソールの基本 ●

381 ▶ ユーザーを 停止したい！

A 管理画面からユーザーの 停止ができます。

ユーザーの利用を一時停止させることができます。一時停止中は、該当ユーザーはGoogle Workspaceの各サービスを利用できなくなります。該当ユーザーのGmailやドキュメントなどのデータは削除されませんが、停止中に送付されてきたメールやカレンダーの招待状などはブロックされるため反映されません。なお、共有ドキュメントについては、共同編集者であれば引き続きアクセス可能です。

1 [ディレクトリ]を クリックし、
2 [ユーザー]を クリックして、

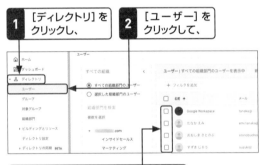

3 停止するユーザーをオンにします。

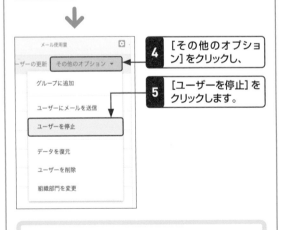

4 [その他のオプション]をクリックし、

5 [ユーザーを停止]をクリックします。

Memo ▶ 停止したユーザーの課金

停止中のユーザーも課金の対象となります。不要なユーザーに対する課金を避けるためには、停止するのではなく、削除（Q.379参照）をしてください。

Q ● Google 管理コンソールの基本 ●

382 ▶ 停止したユーザーの 利用を再開させたい！

A 停止されたユーザーは 管理画面から再開することができます。

セキュリティ上の問題やGmailの容量制限を超えた場合など、システムがユーザーの一時停止処理を行うことがあります。このような場合は、管理画面でユーザーの再開を設定する必要があります。

1 [ディレクトリ]を クリックし、
2 [ユーザー]を クリックして、

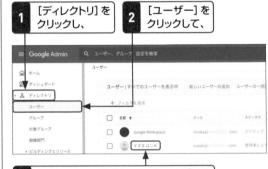

3 再開させたい停止しているユーザーを クリックします。

4 [再有効化]をクリックすると、

5 [ユーザーを再開]ダイアログが表示されます。

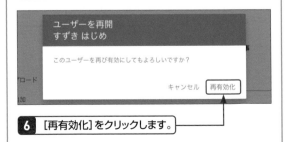

6 [再有効化]をクリックします。

基礎知識 1
メール 2
ビデオ会議 3
チャットツール 4
タスク管理ツール 5
スケジュール管理 6
データ保存 7
文書作成 8
表計算 9
プレゼンテーション 10
アンケート 11
管理者設定 12
セキュリティ強化 13
そのほか 14

Q ・Google 管理コンソールの便利機能・

383 ▶ ユーザーのプロフィールを作成したい!

A 登録したユーザーのプロフィール詳細を従業員情報として登録できます。

登録したユーザーのプロフィール詳細(電話番号、住所、予備のメールアドレス、デスクの場所など)を従業員情報として編集することができます。ユーザーのプロフィールを個別として編集したり、CSV を利用して複数のユーザーをまとめて編集したりすることができます。

1 [ディレクトリ]をクリックし、

2 [ユーザー]をクリックして、

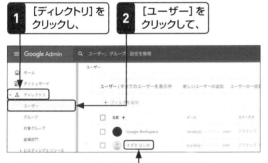

3 編集をしたいユーザーをクリックします。

4 [ユーザー情報]をクリックし、

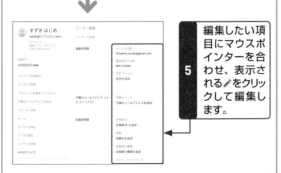

5 編集したい項目にマウスポインターを合わせ、表示される ✏ をクリックして編集します。

Q ・Google 管理コンソールの便利機能・

384 ▶ ユーザーリストをダウンロードしたい!

A ユーザーのリストをそのままダウンロードできます。

Google Workspace に登録したユーザーのリストをそのままダウンロードしたり、ユーザーの属性や組織名でフィルタを指定し、絞り込んだリストを作成してダウンロードしたりすることができます。ダウンロードしたユーザーリストは、CSV(カンマ区切り)ファイルで、Google スプレッドシートに書き出すこともできます。

1 [ディレクトリ]をクリックし、

2 [ユーザー]をクリックして、

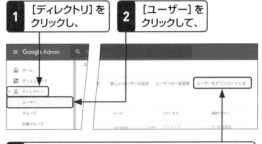

3 [ユーザーをダウンロードします]をクリックすると、

4 [ユーザー情報のダウンロード]ダイアログが表示されます。

5 [現在選択されている列][すべてのユーザー情報の列と現在選択されている列]のいずれかをオンにして列を選択し、

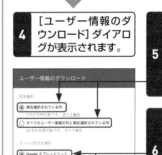

6 [Google スプレッドシート][カンマ区切りの値(.csv)]のいずれかをオンにしてファイル形式を選択したら、

7 [ダウンロード]をクリックします。

8 ▢ をクリックすると、ダウンロードしたユーザー情報のリストを取得できます。

基礎知識 1
メール 2
ビデオ会議 3
チャットツール 4
タスク管理ツール 5
スケジュール管理 6
データ保存 7
文書作成 8
表計算 9
プレゼンテーション 10
アンケート 11
管理者設定 12
セキュリティ強化 13
そのほか 14

Q 385 ▶ ユーザーのサービス 使用状況を確認したい！

● Google 管理コンソールの便利機能 ●

A ユーザーのサービス使用状況を グラフなどで確認できます。

Google Workspace の管理者は、ユーザーのサービス 使用状況を［レポート］の［重要ポイント］から確認す ることができます。［重要ポイント］では、「他のアカウ ントのステータス」「使用中の保存容量」「他のアプリで のユーザーアクティビティ」「30日間のユニークログ イン数」について確認できます。

1 ［レポート］をクリックし、

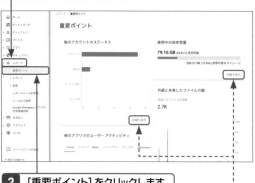

2 ［重要ポイント］をクリックします。

各項目の［詳細の表示］をクリックすると、さらに細かく 確認することができます。

Memo ▶ 表示されているデータの対象期間

レポートに表示されるデータは現在までのすべてのデータでは なく、各項目のタイトル欄に表示されているデータを確認でき る最新の日付までのデータです。指標値の横にアスタリスク （*）が表示されている場合、その指標値が同じ項目のほかの 指標と比べて古くなっている可能性があることを意味します。 指標値にマウスポインターを合わせると、「最終更新：＜日 付＞」というメッセージが表示されます。

Q 386 ▶ ユーザーの操作ログを 確認したい！

● Google 管理コンソールの便利機能 ●

A 管理者はユーザーの操作ログを 確認できます。

管理者はユーザーの操作ログを確認することができま す。アプリケーションごとに誰が、いつ、何をした、と いった操作ログを取得して確認することができます。

1 ［レポート］をクリックし、

2 ［監査と調査］を クリックして、

3 ［管理者管理ログイベ ント］をクリックします。

4 ［フィルタ］をクリックすると、表示内容の絞り込み ができます。

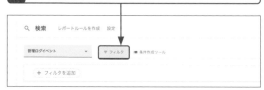

Q •ユーザーアカウントの管理•

387 ▶ ユーザーパスワードを再設定したい!

A 管理者は管理コンソールからユーザーのパスワードを再設定できます。

ユーザーがGoogle Workspaceのパスワードを忘れた場合や、アカウントが不正使用されている疑いがある場合、管理者は管理コンソールからユーザーのパスワードを再設定できます。

1 [ディレクトリ]をクリックし、

2 [ユーザー]をクリックします。

⬇

3 パスワードを再設定したいユーザーにマウスポインターを合わせ、

4 [パスワードを再設定]をクリックします。

⬇

5 [次のパスワードを再設定]ダイアログが表示されます。

6 [パスワードを自動的に生成する]か[パスワードを作成する]をオンにし、

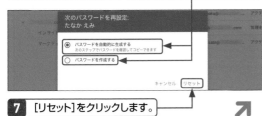

7 [リセット]をクリックします。 ↗

8 [パスワードを再設定しました]ダイアログが表示されます。

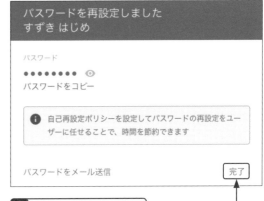

9 [完了]をクリックします。

Memo ▶ パスワードをメールで送信する

手順**8**の画面で[パスワードをメール送信]をクリックすると、[新しいパスワードのメール通知]ダイアログが表示されます。予備のメールアドレスが入力されているので確認し、[送信]をクリックすると、パスワードがメールに届きます。なお、メールアドレスは予備のものから変更することもできます。

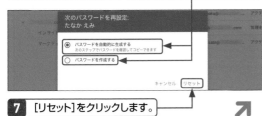

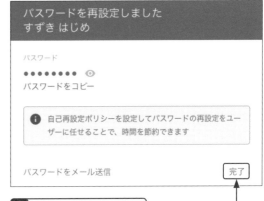

基礎知識 1
メール 2
ビデオ会議 3
チャットツール 4
タスク管理ツール 5
スケジュール管理 6
データ保存 7
文書作成 8
表計算 9
プレゼンテーション 10
アンケート 11
管理者設定 12
セキュリティ強化 13
そのほか 14

Q ●ユーザーアカウントの管理●

388 ▶ カレンダーで会社の会議室を選択できるようにしたい！

A リソースを追加すると、カレンダーで会議室が選択できます。

リソースを追加すると、カレンダーで会議室が選択できるようになります。なお、Enterprise エディションにアップグレードすれば、会議室の使用率など、より詳細な管理を行うことが可能です。

会議室を作成する

1 ［ディレクトリ］をクリックし、

2 ［ビルディングとリソース］→［リソースの管理］をクリックして、

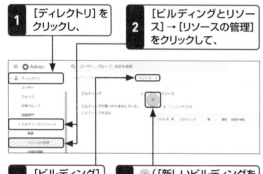

3 ［ビルディング］を選択し、

4 （［新しいビルディングを追加］）をクリックします。

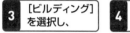
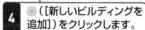

5 「ビル名」、「説明」、「階数」（各階数を入力）、「住所」を入力し、

6 ［ビルディングを追加］をクリックします。

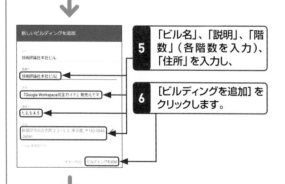

7 ［リソース］を選択し、

8 （［新しいリソースを追加]）をクリックします。

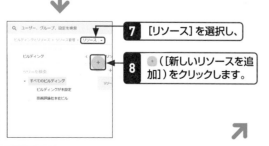

9 「ビルディング」、「階数」、「リソース名」、「収容人数」などを入力し、

10 ［リソースの追加］をクリックします。

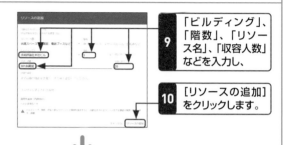

リソースに会議室が追加されました。

カレンダーで会議室を指定する

1 カレンダー（第6章参照）での予定入力時に、［会議室または場所を追加］→［会議室を追加］→［すべての会議室とリソースをブラウジング］をクリックすると、

登録した会議室が選択できるようになっています。

Q **389** ▶ 組織部門を作成したい!

— ユーザーアカウントの管理 —

Ⓐ ドメインの中でグループとしての
組織部門を作成できます。

組織部門とは、複数の特定ユーザー向けに作成するグ
ループのことです。初期設定では、すべてのユーザーが
最上位の親組織部門に配置されています。新規に作成
したグループは子組織にあたり、子組織部門は親組織
部門から設定を継承します。

1 [ディレクトリ] をクリックし、

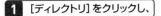

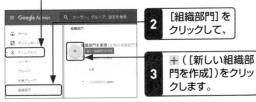

2 [組織部門] を
クリックして、

3 ＋ ([新しい組織部
門を作成]) をクリッ
クします。

4 [組織部門の名前] を入力し、

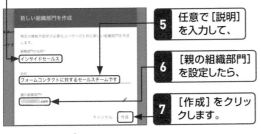

5 任意で [説明]
を入力して、

6 [親の組織部門]
を設定したら、

7 [作成] をクリッ
クします。

8 [完了] をクリッ
クすると、

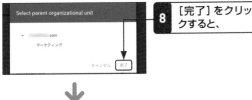

9 組織部門が作成されます。

Q **390** ▶ 組織部門を移動したい!

— ユーザーアカウントの管理 —

Ⓐ すべてのユーザーは組織部門を
移動することができます。

すべてのユーザーは組織部門を移動(変更)することが
できます。業務上、現在のプロジェクトから新しいプロ
ジェクトに関わる必要がある場合、または人事異動に
なった場合に組織部門を移動します。

1 Q.387手順**3**の画面を表示します。

2 移動させたいユーザー
をオンにし、

3 [その他のオプショ
ン] をクリックして、

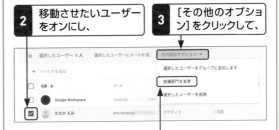

4 [組織部門を変更] をクリックします。

5 [組織部門を変更] ダイアログが表示されます。

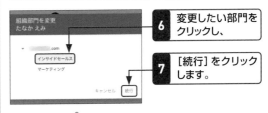

6 変更したい部門を
クリックし、

7 [続行] をクリック
します。

8 [ユーザー移動の確認] ダイアログが表示されます。

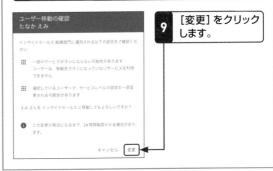

9 [変更] をクリック
します。

279

Q ●ユーザーアカウントの管理●

391 ▶ 組織データを出力したい！

A 管理者は、組織のユーザーデータを取得できます。

管理者は、組織のユーザーデータを取得することができます。データ取得の要件は、アカウントの開設後 30 日以上が経過している、アカウントで2段階認証プロセスを有効にしている、組織のユーザー数が1,000人未満であることです。

1 「データのエクスポート」（https://admin.google.com/u/0/ac/customertakeout?pli=1）にアクセスし、

2 エクスポート用アーカイブが作成されるので、完了するまで待ちます。

3 完了すると、「〇〇のデータの書き出しが完了しました」という件名のメールが送信されます。

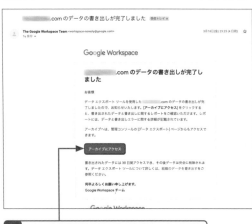

4 メールに記載されている [アーカイブにアクセス] をクリックします。

5 はじめて「Google Cloud Platform」にアクセスすると、ようこそ画面が表示されます。

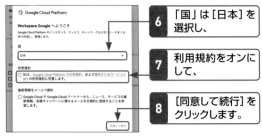

6 「国」は [日本] を選択し、

7 利用規約をオンにして、

8 [同意して続行] をクリックします。

9 フォルダをクリックし、ダウンロードする下位階層のデータを表示させます。

10 ダウンロードしたいファイルをオンにして、

11 [ダウンロード] をクリックします。

Cloud Consoleでのダウンロードは1個に限られます。

Q 392 ▶ 組織にメンバーを一括登録したい！

ユーザーアカウントの管理

A メンバーを特定の組織部門に一括登録できます。

同一のGoogle Workspaceの組織内にある組織部門のメンバーを一括移動（登録）することができます。

1 Q.378手順**4**の画面を表示します。

2 ユーザーが登録されている場合は、[ユーザー情報をCSVファイル形式でダウンロード]をクリックします。

① CSV ファイルをダウンロード
- ⬇ ユーザー情報を CSV ファイル形式でダウンロード
- ⬇ 空の CSV テンプレートをダウンロード

3 CSVテンプレート内のユーザー情報を追加または編集を行います。手順**2**でダウンロードしたCSVテンプレートの [Org Unit Path [Required]] 列に一括登録し、

4 手順**2**の画面で [CSVファイルを添付] をクリックして手順**3**のファイルを添付し、

5 [アップロード] をクリックします。

③ CSV ファイルをアップロード

[CSV ファイルを添付]

アップデート対象ユーザーの合計数が 150,000 名を超える場合は、API を使用することをおすすめします。詳細

キャンセル　アップロード

6 ☷をクリックすると、一括登録の完了が確認できます。

Q 393 ▶ 利用デバイスを管理したい！

ユーザーアカウントの管理

A 管理者はGoogle Workspaceを利用しているデバイスを管理できます。

管理者はGoogle Workspaceへのアクセスに利用しているデバイスを管理することができます。ユーザーがどんなデバイスを利用しているのか確認できたり、不正利用がある場合、強制的にログアウトさせたりすることができます。

1 [デバイス]をクリックし、

2 [モバイルとエンドポイント] をクリックして、

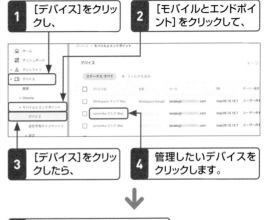

3 [デバイス]をクリックしたら、

4 管理したいデバイスをクリックします。

5 デバイスに関するさまざまな情報が確認できます。

Memo ▶ デバイスをリモート操作する

手順**5**の画面で[その他]をクリックすると、この画面からログアウトさせたり、アクセスしたデバイスを削除したりできます。

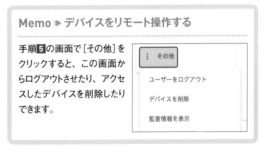

394 ▶ グループを作成したい！

A 組織部門とは異なるグループを作成できます。

Google Workspace は、組織部門とは異なり、グループを作成することができます。作成できるグループ数に制限はなく、グループに追加できるメンバー数にも制限はありません。メーリングリストのようなものです。

1 [ディレクトリ] をクリックし、

2 [グループ] をクリックして、

3 [グループを作成] をクリックします。

4 [名前] を入力し、 **5** [説明] を入力して、 **6** [グループのメールアドレス] を入力したら、

7 [グループのオーナー] の名前（またはメールアドレス）を入力します。

8 [次へ]をクリックします。

9 「アクセスタイプ」を[公開][チーム][通知のみ] [制限付き][カスタム]のいずれかをオンにして設定し、

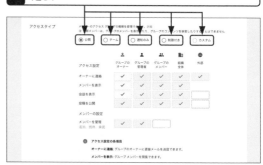

10 「グループに参加できるユーザー」を[組織内のすべてのユーザーがリクエストできる][組織内のすべてのユーザーが参加できる][招待されたユーザーのみ]のいずれかをオンにして設定したら、

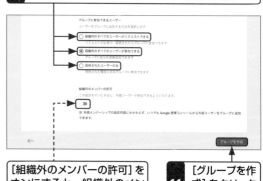

[組織外のメンバーの許可] をオンにすると、組織外のメンバーも加えることができます。

11 [グループを作成] をクリックします。

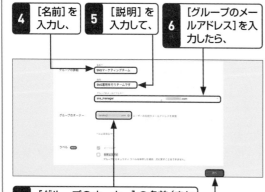

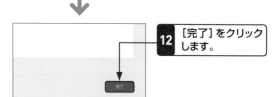

12 [完了] をクリックします。

基礎知識 1

メール 2

ビデオ会議 3

チャットツール 4

タスク管理ツール 5

スケジュール管理 6

データ保存 7

文書作成 8

表計算 9

プレゼンテーション 10

アンケート 11

管理者設定 12

セキュリティ強化 13

そのほか 14

Q 395 ▶ グループのメンバーを追加したい！

ユーザーアカウントの管理

A 既存のグループを選び、[メンバーを追加] をクリックします。

新規のユーザーにグループへ参加してもらいたいとき、グループにメンバーを追加させることができます。

1 [ディレクトリ]をクリックし、

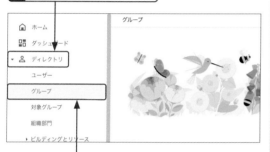

2 [グループ] をクリックして、

3 メンバーを追加したいグループにマウスポインターを合わせ、

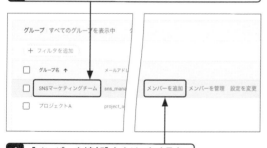

4 [メンバーを追加] をクリックすると、

5 メンバーが追加されます。

グループ SNSマーケティングチーム に１人のメンバーを追加しました。変更の反映には時間がかかることがあります。

Q 396 ▶ グループのメンバーを削除したい！

ユーザーアカウントの管理

A グループ画面からメンバーを削除できます。

メンバーが何らかの理由でグループを抜けた場合、グループからメンバーを削除します。とくに外部の人をメンバーとしている場合は、情報漏洩の点からも必須の作業です。

1 [ディレクトリ]をクリックし、　**2** [グループ] をクリックして、

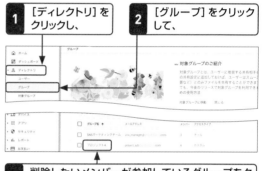

3 削除したいメンバーが参加しているグループをクリックします。

4 [メンバー] をクリックし、

5 削除したいメンバーにマウスポインターを合わせ、　**6** 表示される [削除] をクリックします。

メンバーを削除
プロジェクトA の tanaka@　　　.jp

メンバー tanaka@　　　.jp は、グループからのメールを受け取れなくなり、フォーラムの投稿を閲覧できなくなる可能性があります。ただし、すでにグループに送信されたメッセージは削除されません。

キャンセル　メンバーを削除

7 [メンバーを削除] をクリックします。

Q 397 グループの プライバシーを設定したい！

A アクセス制限を付けることで、 プライバシー制限が可能になります。

作成したグループは、アクセス制限を付けることでプライバシー投稿に対するプライバシー制限が可能になります。

1 ［ディレクトリ］を クリックし、　**2** ［グループ］をクリック して、

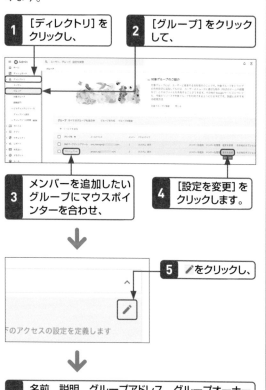

3 メンバーを追加したい グループにマウスポイ ンターを合わせ、　**4** ［設定を変更］を クリックします。

5 ✏をクリックし、

下のアクセスの設定を定義します

6 名前、説明、グループアドレス、グループオーナー のカテゴリーを変更することでアクセス制限が変わ ります。アクセス制限を自由に設定するとカスタム となります。

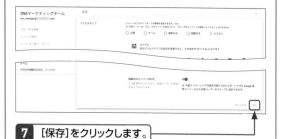

7 ［保存］をクリックします。

Q 398 メールアラートの ルールを編集したい！

A ルールはあらかじめ設定されていますが、 あとから変更することもできます。

管理者へのメールアラートは、不審なログインやモバイルデバイスの不正使用、またほかの管理者によって設定が変更されたときなどに、受け取るものです。メールアラートのルールはデフォルトで設定されていますが、自身の環境に応じてルール画面から編集することも可能です。

1 ［ルール］を クリックし、　**2** 編集するルール（ここでは ［不審なメールの報告］） をクリックします。

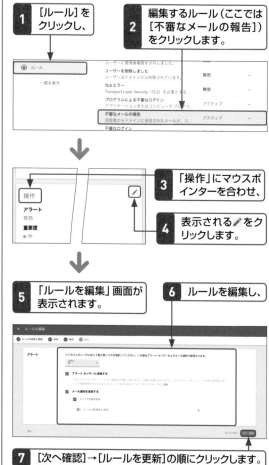

3 「操作」にマウスポ インターを合わせ、

4 表示される✏をク リックします。

5 「ルールを編集」画面が 表示されます。　**6** ルールを編集し、

7 ［次へ確認］→［ルールを更新］の順にクリックします。

あらかじめ用意されているルールはヘルプページ（https: //support.google.com/a/answer/3230421）で確 認することができます。

399 ▶ エイリアス機能を使って営業用メールを追加したい！

 管理画面でメールエイリアスを最大30個まで追加できます。

通常利用しているメールアドレス以外に、顧客ごとにメールアドレスを用意したり、営業用に別のアドレスを利用したいというときに便利な機能がエイリアスメールです。エイリアスメールは、1ユーザーあたり最大30個まで追加することができます。

1 [ディレクトリ]をクリックし、

2 [ユーザー]をクリックして、

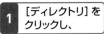

3 営業用メールを追加したいユーザーをクリックします。

4 [ユーザー情報]をクリックし、

5 「予備のメールアドレス（メールエイリアス）」にマウスポインターを合わせて、

6 表示される🖊をクリックします。

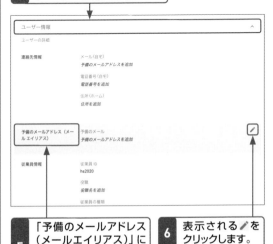

7 [予備のメール]をクリックし、

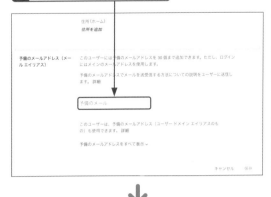

8 営業用メールアドレスを入力して、

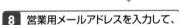

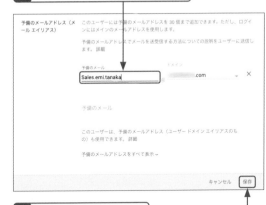

9 [保存]をクリックします。

別のユーザーが利用しているアドレスでエイリアスを作成することはできません。最長でも24時間ほど経過すると、エイリアスアドレスが有効になります。

基礎知識　1
メール　2
ビデオ会議　3
チャットツール　4
タスク管理ツール　5
スケジュール管理　6
データ保存　7
文書作成　8
表計算　9
プレゼンテーション　10
アンケート　11
管理者設定　12
セキュリティ強化　13
そのほか　14

基礎知識 1
メール 2
ビデオ会議 3
チャットツール 4
タスクの管理ツール 5
スケジュール管理 6
データ保存 7
文書作成 8
表計算 9
プレゼンテーション 10
アンケート 11
管理者設定 12
セキュリティ強化 13
そのほか 14

Q ● ユーザーアカウントの管理 ●

400 ▶ ビジネス向けGoogle グループを有効化したい!

A 独自ドメインによるGoogle グループの作成・利用が可能です。

メーリングリストなどで活用するGoogleグループは、Google Workspaceで作成できます。無料版との違いは独自ドメインを使用できる点です。

1 [アプリ] を クリックし、　**2** [Google Workspace] を クリックして、

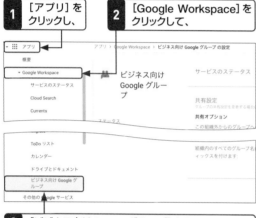

ビジネス向け
Google グルー
プ

3 [ビジネス向けGoogleグループ] をクリックします。

4 [サービスのステータス] をクリックし、

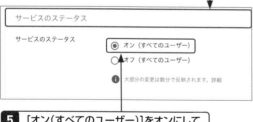

5 [オン (すべてのユーザー)] をオンにして、

6 [保存] をクリックします。

Q ● ユーザーアカウントの管理 ●

401 ▶ スマート機能とパーソナライズを 有効化したい!

A アカウント設定から有効化・無効化の 一括設定ができます。

GmailやGoogleのアプリ画面でユーザーごとにパーソナライズ化されるスマート機能を管理画面上から有効化することができます。

1 [アカウント] をクリックし、

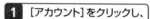

2 [アカウント設定] をクリックして、

3 [スマート機能とパーソナライズ] をクリックします。

4 [ユーザーのデフォルト値を設定する] をオンにし、

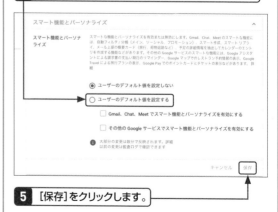

5 [保存] をクリックします。

Q 402 ▶ 利用可能なアプリを 一覧で確認したい!

A [サービスのステータス]から 一覧で確認できます。

Google Workspaceには、どのようなアプリがあるのか確認することができます。[サービスのステータス]に表示されているアプリがGoogle Workspaceで利用できるアプリ一覧です。「オン」と表示されているのが、現在稼働しているアプリです。各アプリの設定を変更する場合は、一覧にあるアプリをクリックします。

1 [アプリ]を クリックし、 **2** [Google Workspace]を クリックして、

3 [サービスのステータス]をクリックすると、

4 アプリのステータスが表示されます。

Q 403 ▶ アプリごとに 利用制限を設定したい!

A 組織ごとにアプリの利用制限が かけられます。

組織全体、または設定したアクセスグループごとにアプリの利用制限を設定できます。利用する必要のないアプリ、部署や社員属性で制限をかけたいときに役立ちます。

1 Q.402手順**4**の画面を表示します。

2 利用制限をかけたいアプリ(ここでは[Google Meet])をクリックし、

3 [サービスのステータス]をクリックして、

4 [オフ(すべてのユーザー)]をオンにしたら、

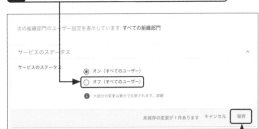

5 [保存]をクリックします。

基礎知識 1
メール 2
ビデオ会議 3
チャットツール 4
タスク管理ツール 5
スケジュール管理 6
データ保存 7
文書作成 8
表計算 9
プレゼンテーション 10
アンケート 11
管理者設定 12
セキュリティ強化 13
そのほか 14

1 基礎知識
2 メール
3 ビデオ会議 チャットツール
4 タスク管理ツール
5 スケジュール管理
6 データ保存
7 文書作成
8 表計算
9 プレゼンテーション
10 アンケート
11 管理者設定
12 セキュリティ強化
13 そのほか
14

Q 404 ▶ アプリの容量を確認したい！

●ユーザーアカウントの管理●

A 使用状況レポートでアプリの容量を確認できます。

管理者は、Google Workspaceでユーザーがアプリをどのくらい使用しているかを、使用状況レポートで詳しく確認することができます。

1 [レポート]をクリックし、　　**2** [ユーザーレポート]をクリックして、

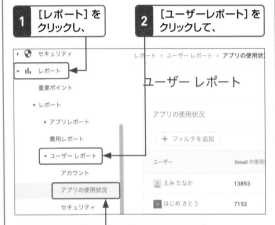

3 [アプリの使用状況]をクリックします。

4 ユーザーのアプリ利用状況が確認できます。

Gmail、Googleドライブ、フォトと合計の使用容量がMB単位で表示されます。使用容量の%は、利用可能な使用容量のうち、ユーザーごとで使用している割合となります。

Q 405 ▶ Google カレンダーの履歴を確認したい！

●アプリケーションの管理●

A 作成・変更などの履歴が確認できます。

管理者は、ユーザーのGoogle カレンダーでの予定に対して行われた変更を確認することができます。確認できる内容は、予定、登録に対して行われた変更や、関連のメール通知などです。履歴の確認は、カレンダー内の特定の予定に不一致や予期しない変更があることに気付いた場合に役立ちます。

1 [レポート]をクリックし、　**2** [監査と調査]をクリックして、

3 [カレンダーのログイベント]をクリックすると、

4 カレンダーの履歴を確認することができます。

406 ▶ ログイン情報を確認したい!

A 主にブラウザーからのログイン情報を確認できます。

管理者は、ユーザーのログイン操作をログイン監査ログで確認することができます。確認できるのは主にブラウザーからのログインで、メールクライアントまたはブラウザー以外のアプリケーションからのログインについては、不審なログインのみ確認できます。

1 [レポート]をクリックし、 **2** [監査と調査]をクリックして、

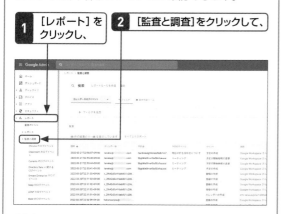

3 [管理ログイベント]をクリックすると、

4 ログイン情報を確認することができます。

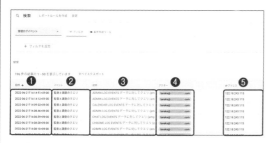

	名称	内容
1	日付	イベントの時の日付
2	イベント	イベントのカテゴリ
3	説明	イベントの説明
4	アクター	イベントを発生させたアカウント
5	IPアドレス	ログイン時のIPアドレス

407 ▶ Google Chatの運用を確認したい!

A メッセージ投稿などを確認できます。

管理者は、ユーザーのChat運用をGoogle Chat監査ログで確認することができます。確認できるのはメッセージ投稿やメンバー追加、ファイル添付などです。

1 [レポート]をクリックし、 **2** [監査と調査]をクリックして、

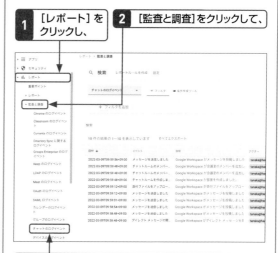

3 [チャットのログインイベント]をクリックすると、

4 Chatの履歴を確認することができます。

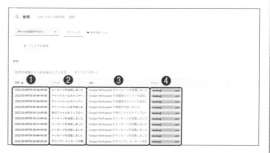

	名称	内容
1	日付	イベントの時の日付
2	イベント	イベントのカテゴリ
3	説明	イベントの説明
4	アクター	イベントを発生させたアカウント

1 基礎知識
2 メール
3 ビデオ会議 チャットツール
4 タスク管理ツール
5 スケジュール管理
6 データ保存
7 文書作成
8 表計算
9 プレゼンテーション
10 アンケート
11 管理者設定
12 セキュリティ強化
13 そのほか
14

Q 408 ▶ アプリケーションの管理

メールログを確認したい!

A [メールログ検索]でメッセージの詳細について確認できます。

メールログ検索機能では、メールの配信状況を把握できます。「迷惑メール」に振り分けられたり、誤ってルーティングされたりして紛失したメールを探すのに役立ちます。また、ユーザーのメールボックスに配信されたメールのステータスを確認すると、メールのラベル、場所、削除されているかどうかなどを確認することもできます。

1 [レポート]をクリックし、
2 [メールログ検索]をクリックして、

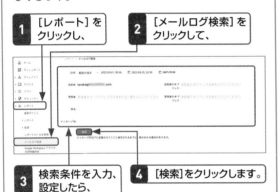

3 検索条件を入力、設定したら、
4 [検索]をクリックします。

5 検索結果が表示されます。
6 件名をクリックすると、

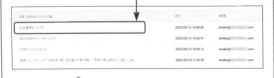

7 メッセージの詳細が確認できます。

Q 409 ▶ アプリケーションの管理

アプリの月間稼働時間を確認したい!

A アプリの可用性を確認できます。

Google Workspace では各アプリの可用性を示す月間稼働時間レポートが確認できます。この履歴データは、サービス運用の透明性確保を目的としています。

1 [レポート]をクリックし、

2 [Google Workspaceアプリの月間稼働時間]をクリックすると、

3 アプリの月間稼働時間レポートが確認できます。

サービス	2月 2022	1月 2022	12月 2021	11月 2021
Google Workspace	99.994%	99.994%	99.994%	99.995%
Google カレンダー	99.998%	99.998%	99.992%	99.998%
Google ドキュメント	99.994%	99.994%	99.992%	99.991%
Google ドライブ	99.977%	99.975%	99.977%	99.983%
Google フォーム	99.999%	99.999%	99.999%	99.998%
Gmail	99.994%	99.994%	99.995%	99.995%
Google グループ	99.997%	99.991%	99.997%	99.996%
Google Chat	99.999%	99.999%	99.999%	99.999%
従来の Google ハングアウト	99.999%	99.999%	99.999%	99.998%
Google Meet	99.998%	99.998%	99.998%	99.998%
Google スライド	99.991%	99.990%	99.991%	99.991%
Google サイト	99.999%	99.999%	99.999%	99.999%
Google スプレッドシート	99.987%	99.991%	99.991%	99.990%

✓ 最近のレポート対象期間中に何も問題は発生しませんでした

基礎知識 1
メール 2
ビデオ会議 3
チャットツール 4
タスク管理ツール 5
スケジュール管理 6
データ保存 7
文書作成 8
表計算 9
プレゼンテーション 10
アンケート 11
管理者設定 12
セキュリティ強化 13
そのほか 14

Q •アプリケーションの管理•

410 ▶ 請求と支払い方法を変更したい!

A [お支払いアカウント]から変更できます。

Google Workspaceでは、ほかのGoogleサービスと同じように、自動支払いに使用するクレジットカード、また予備設定しているクレジットカードをかんたんに変更することができます。

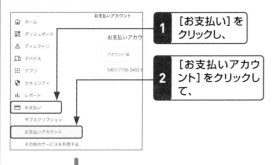

1 [お支払い]をクリックし、

2 [お支払いアカウント]をクリックして、

3 [お支払い方法を表示]をクリックします。

4 [予備のお支払い方法を追加する]をクリックします。

5 [カードを追加]をオンにし、

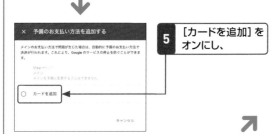

6 カード番号を入力して、

7 必要な情報を入力したら、

8 [予備のお支払い方法を追加]をクリックします。

9 「予備」にカードが追加されます。

10 [予備]をクリックし、

11 [メイン]をクリックします。

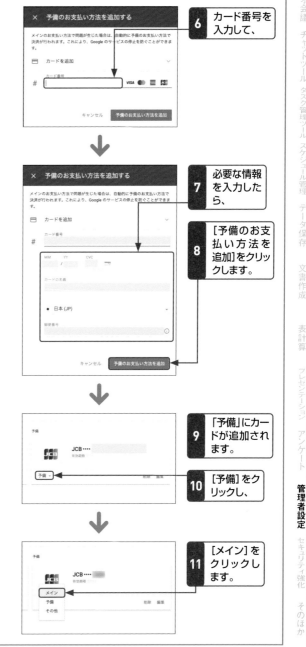

Q 411 ▶ 管理者ロールの分類について知りたい！

アプリケーションの管理

A 6つのロールの特徴を把握しておけば十分です。

管理者ロールとは、特定の要素が持つ立場や役割のことです。Google Workspaceの管理者ロールにはいくつかの分類があり、管理担当者は6つの分類について知っておけば十分です。

1 [アカウント]をクリックし、

2 [管理者ロール]をクリックします。

	ロールの名称	内容
❶	特権管理者	すべての機能へのアクセス権があり、組織のアカウントについてさまざまな設定を管理することができます。
❷	グループ管理者	Googleグループのタスクを管理することができます。
❸	ユーザー管理者	管理者以外のユーザーに関するすべての操作を行うことができます。
❹	ヘルプデスク管理者	管理者以外のユーザーのパスワードを再設定でき、ユーザープロフィール、組織構造、組織部門を表示できます。
❺	サービス管理者	管理コンソールで特定のサービス設定とデバイスを管理できます。
❻	モバイル管理者	Googleエンドポイント管理を使用してモバイルデバイスとエンドポイントを管理できます。

Q 412 ▶ 管理者ロールでアカウント管理を分担したい！

アプリケーションの管理

A [ユーザー]から権限の割り当てができます。

[ユーザー]から権限の割り当てができます。管理者ロールを割り当てることにより、割り当てられたユーザーは、ロールの権限で許可されている範囲に限り、情報の表示とタスクの実行が可能となります。

1 [ディレクトリ]をクリックし、 **2** [ユーザー]をクリックして、

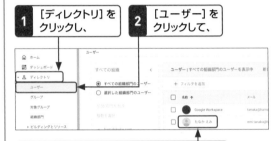

3 管理者ロールを割り当てたいユーザーをクリックします。

4 [管理者ロールと権限]をクリックし、

5 割り当てたいロール（ここでは[グループ管理者]）をオンにして、

6 [保存]をクリックします。

基礎知識 1
メール 2
ビデオ会議 3
チャットツール 4
タスク管理ツール 5
スケジュール管理 6
データ保存 7
文書作成 8
表計算 9
プレゼンテーション 10
アンケート 11
管理者設定 12
セキュリティ強化 13
そのほか 14

Q ・アプリケーションの管理・

413 ▶ ExchangeまたはExchange Onlineから メールを移行したい！

A [データの移行] から、Exchange Onlineのメールを移行できます。

データの移行を使えば、Microsoft が提供する法人向けクラウド型メールサービスのExchange または Exchange Online のメールを移行することができます。

1 [アカウント] をクリックし、

2 [データの移行] をクリックして、

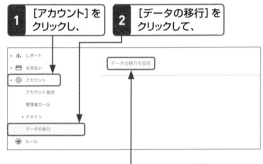

3 [データの移行を設定] をクリックします。

4 「データ移行サービスの設定」画面が表示されます。

5 [移行元を選択] をクリックし、

6 [Microsoft Office 365] をクリックします。

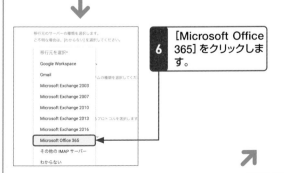

7 [データタイプを選択]をクリックし、

8 [メール]をクリックします。

9 [承認]をクリックします。

10 以降は Exchange Onlineの 作 業 となります。画面に従ってデータの移行を進めましょう。

Q

・アプリケーションの管理・

414 ▶ IMAPベースのウェブメールプロバイダから メールを移行したい!

A [データの移行]から、ウェブプロバイダのデータを移行できます。

データの移行を使えば、IMAPベースのウェブメールプロバイダからメールを移行することができます。

1 [アカウント]を クリックし、

2 [データの移行]を クリックして、

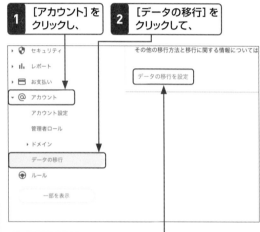

3 [データの移行を設定]をクリックします。

4 「データ移行サービスの設定」画面が表示されます。

5 [移行元]を[その他のIMAPサーバー]に設定し、

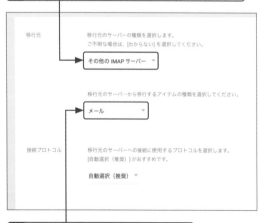

6 [データタイプを選択]を[メール]に 設定します。

7 「ロールアカウント」の[ユーザー名]と [パスワード]を入力し、

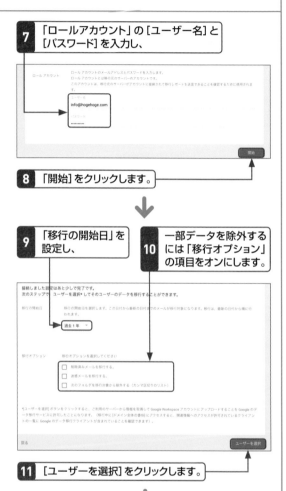

8 「開始」をクリックします。

9 「移行の開始日」を 設定し、

10 一部データを除外する には「移行オプション」 の項目をオンにします。

11 [ユーザーを選択]をクリックします。

12 [ユーザーを追加]をクリックして、必要情報を入 れてデータの移行を進めましょう。

415 ▶ 無料版Gmailからメールを移行したい！

A [データの移行] から、Gmailのデータを移行できます。

データの移行を使えば、無料版 Gmail からデータを移行することができます。無料版 Gmail を Google Workspace のGmail へ移行したい場合はこの方法を活用してください。

1 [アカウント] をクリックし、

2 [データの移行] をクリックして、

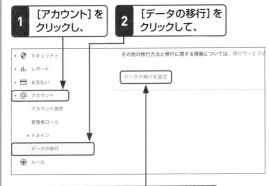

3 [データの移行を設定] をクリックします。

4 「データ移行サービスの設定」画面が表示されます。

5 [移行元を選択] をクリックして [Gmail] を選択し、

6 [開始] をクリックします。

7 「移行の開始日」を設定し、

8 一部データを除外するには「移行オプション」の項目をオンにします。

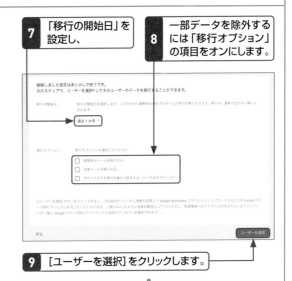

9 [ユーザーを選択] をクリックします。

10 [ユーザーを追加] をクリックし、

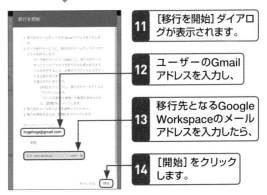

11 [移行を開始] ダイアログが表示されます。

12 ユーザーのGmail アドレスを入力し、

13 移行先となるGoogle Workspaceのメールアドレスを入力したら、

14 [開始] をクリックします。

基礎知識 1
メール 2
ビデオ会議 3
チャットツール 4
タスク管理ツール 5
スケジュール管理 6
データ保存 7
文書作成 8
表計算 9
プレゼンテーション 10
アンケート 11
管理者設定 12
セキュリティ強化 13
そのほか 14

Q ・アプリケーションの管理・

416 ▶ ほかのGoogle Workspace からメールを移行したい！

A ［データの移行］から、 データを移行することができます。

Google Workspaceのほかのアカウントのメールを移行する場合、データの移行を使えば、メールを移行することができます。

1 Q.415手順**4**の画面を表示します。

2 ［移行元を選択］をクリックして［Google Workspace］を選択し、

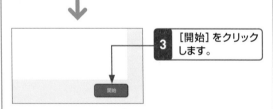

3 ［開始］をクリックします。

4 「移行の開始日」を設定し、

5 一部データを除外するには「移行オプション」の項目をオンにします。

6 ［ユーザーを選択］→［開始］の順にクリックします。

Q ・アプリケーションの管理・

417 ▶ スマートフォンからGoogle Workspaceを管理したい！

A 「Google管理コンソール」アプリを 利用します。

Google Workspaceの管理者アプリ「Google 管理コンソール」がiOS版とAndroid版でリリースされています。このアプリからは、ユーザーの追加・削除と編集、グループの追加・削除と編集、管理ログでアカウントアクティビティの確認、サポートへの問い合わせを行うことができます。なお現在のところ、特権管理者のみが利用可能です。

iOS 版「Google 管理コンソール」アプリ

iPhoneからは、「App Store」アプリから「Google管理コンソール」アプリをインストールします。

Android 版「Google 管理コンソール」アプリ

Androidスマートフォンからは、「Google Play」アプリから「Google管理コンソール」アプリをインストールします。

第 **13** 章

セキュリティ強化
の活用技！

Q ●セキュリティ強化・認証の基本●

418 ▶ セキュリティ情報を 確認したい！

A 特権管理者は、[セキュリティ]から 確認できます。

セキュリティ情報でまず気を付けるべき点は、ユーザーログインです。ログインで2段階認証プロセスを使用すると、パスワードが盗まれても不正アクセスされることのないように、ユーザーのアカウントを保護することができます。

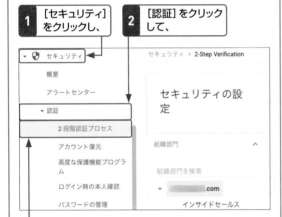

1 [セキュリティ] をクリックし、 **2** [認証] をクリック して、

3 [2段階認証プロセス]をクリックすると、

4 2段階認証プロセスの設定状況などが確認できます。

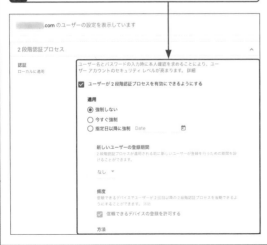

Q ●セキュリティ強化・認証の基本●

419 ▶ セキュリティチェック リストがほしい！

A 管理者を対象にしたチェックリストを 用意しています。

Googleでは、Google Workspaceの管理者を対象にしたセキュリティチェックリスト（https://support. google.com/a/answer/9184226?hl=ja）を用意しています。

100人までの小規模ビジネス向きセキュリティチェック

・固有のパスワードを使用する
・管理者および主要ユーザーには追加の本人確認操作を求める
・管理者は自身のアカウントに再設定オプションを追加する
・バックアップ コードを事前に入手する
・追加の特権管理者アカウントを作成する
・特権管理者のパスワードを再設定するための情報を手元に保管する
・特権管理者アカウントはログインしたまま放置しない
・アプリとブラウザーに対する自動更新を有効にする

「小規模ビジネス（ユーザー数:1〜100人）向けのセキュリティ チェックリスト」
URL https://support.google.com/a/answer/9211704

Q 420 ▶ ユーザーのCookieをリセットして不正アクセスを防ぎたい！

A 管理者は、ユーザーのCookieをリセットできます。

管理者は、ユーザーのCookieをリセットすることができます。Cookieをリセットすると、自分のアカウントにアクセスしているユーザーが強制的にログアウトとなります。これは、社員がコンピュータを紛失した場合や第三者による不正アクセスを防ぐことができます。

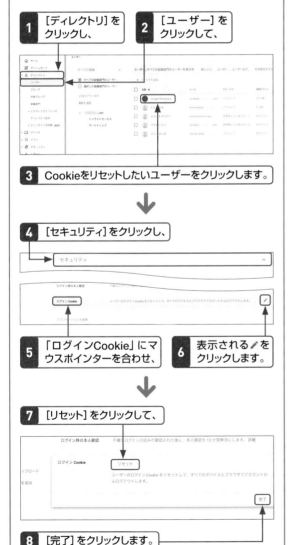

1 [ディレクトリ]をクリックし、

2 [ユーザー]をクリックして、

3 Cookieをリセットしたいユーザーをクリックします。

4 [セキュリティ]をクリックし、

5 「ログインCookie」にマウスポインターを合わせ、

6 表示される🖉をクリックします。

7 [リセット]をクリックして、

8 [完了]をクリックします。

Q 421 ▶ ドキュメントを特定ユーザーだけと共有したい！

A 組織外のアカウントともドキュメントの共有ができます。

プロジェクトを進める中で、社外関係者とドキュメントを共有する必要が出てきます。ドキュメントを社外の特定ユーザーだけに利用してもらうことが可能です。共有できるドキュメントは、Google ドライブにアップロードされているドキュメント、スプレッドシート、スライドなどが対象となります。

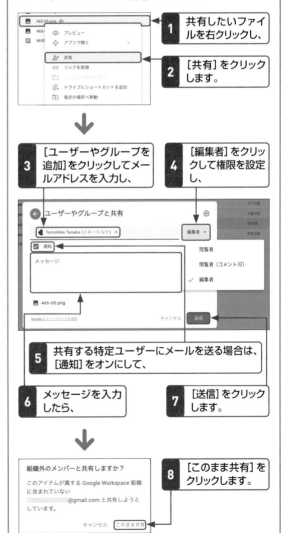

1 共有したいファイルを右クリックし、

2 [共有]をクリックします。

3 [ユーザーやグループを追加]をクリックしてメールアドレスを入力し、

4 [編集者]をクリックして権限を設定し、

5 共有する特定ユーザーにメールを送る場合は、[通知]をオンにして、

6 メッセージを入力したら、

7 [送信]をクリックします。

8 [このまま共有]をクリックします。

基礎知識 1
メール 2
ビデオ会議 3
チャットツール 4
タスク管理ツール 5
スケジュール管理 6
データ保存 7
文書作成 8
表計算 9
プレゼンテーション 10
アンケート 11
管理者設定 12
セキュリティ強化 13
そのほか 14

Q ⊷セキュリティ強化・認証の基本⊷

422 ▶ 第三者によるドメインメールのなりすましを防ぎたい！

A 管理者は、Gmailの「なりすましと認証」の設定で、ドメインメールのなりすましを防ぐことができます。

第三者によるドメインメールのなりすましを防ぐために、Gmailの「なりすましと認証」の設定をすることができます。この設定をしておくと、送信メールが相手側で迷惑メールに分類されるのを防ぐことができます。また第三者による、なりすましメールやフィッシングメールの送信を防ぐことができます。

1 [アプリ] をクリックし、　**2** [Google Workspace] をクリックして、

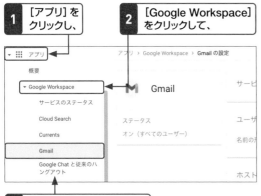

3 [Gmail] をクリックします。

↓

4 [安全性] をクリックし、

5 [なりすましと認証] をクリックします。

↗

6 [類似したドメイン名に基づくドメインのなりすましに対する保護機能] をオンにし、　**7** [従業員名のなりすましに対する保護機能] をオンにして、

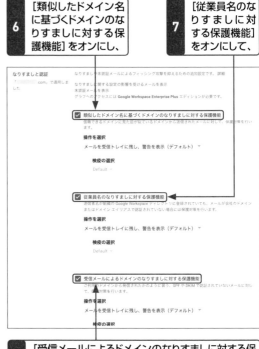

8 [受信メールによるドメインのなりすましに対する保護機能] をオンにします。

↓

9 [保存] をクリックします。

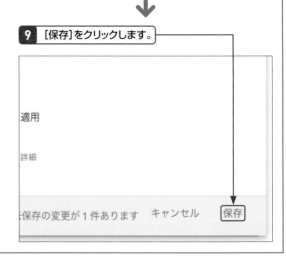

●セキュリティ強化・認証の基本●

423 ▸ 組織外アカウントからのサービス利用を制限したい！

A 管理者は、組織外アカウントからのサービス利用を制限できます。

管理者は、Googleサービスへのログインアカウントを、管理者が提供したものに限定し、組織外アカウントからのサービス利用を制限することができます。制限することで、個人用Googleアカウントではこの設定を行ったGoogle Workspaceの利用を不可にできます。

1 [デバイス]をクリックし、

2 [Chrome]をクリックして、

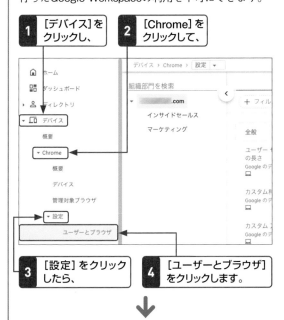

3 [設定]をクリックしたら、

4 [ユーザーとブラウザ]をクリックします。

5 [ユーザーエクスペリエンス]をクリックし、

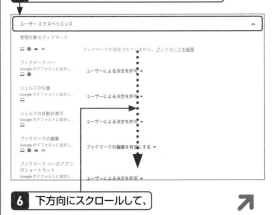

6 下方向にスクロールして、

7 「予備のアカウントにログインする」の [任意の予備のGoogleアカウントへのログインを許可する] をクリックしたら、

8 [ユーザーに以下の Google Workspaceドメインへのログインのみを許可する]をクリックします。

9 設定した組織のドメインを入力し、

10 [保存]をクリックします。

基礎知識 1

メール 2

ビデオ会議 チャットツール 3

タスク管理ツール 4

スケジュール管理 5

データ保存 6

文書作成 7

表計算 8

プレゼンテーション 9

アンケート 10

管理者設定 11

セキュリティ強化 13

そのほか 14

Q 424 ▶ 最低パスワード長を設定したい!

A パスワード長の範囲を設定することができます。

管理者は、ユーザーが設定するパスワード長の範囲を指定することができます。変更したパスワードポリシーは、基本的にはユーザーの次回変更時に適用されますが、次回ログイン時に適用することも可能です。

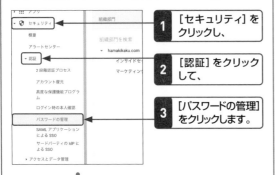

1 [セキュリティ]をクリックし、

2 [認証]をクリックして、

3 [パスワードの管理]をクリックします。

↓

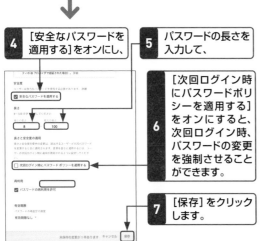

4 [安全なパスワードを適用する]をオンにし、

5 パスワードの長さを入力して、

6 [次回ログイン時にパスワードポリシーを適用する]をオンにすると、次回ログイン時、パスワードの変更を強制させることができます。

7 [保存]をクリックします。

Memo ▶ Google パスワード マネージャー

Google パスワード マネージャーは、パソコンやスマートフォンでパスワードの作成、記憶、自動入力をしてくれるツールです。IDとパスワードを記憶させておけば、のちに同じところへアクセスもしくは利用する際に、自動で入力してくれるのでとても便利なツールです。Googleでは、セキュリティ強化の1つとして利用を推奨しています。

Q 425 ▶ パスワードに有効期限を設定したい!

A 定期的なパスワードの変更を促すため、有効期限を設定することができます。

同じパスワードを長期間使用するのは、セキュリティ的に危険が伴います。管理者側でパスワードの有効期限を設定すると、ユーザーはその期間内で強制的にパスワードを変更する必要が出てくるため、パスワードの安全性は高まります。

1 Q.424手順4の画面を表示します。

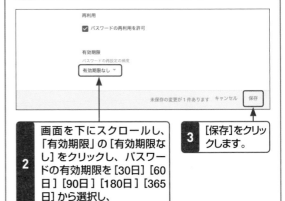

2 画面を下にスクロールし、「有効期限」の[有効期限なし]をクリックし、パスワードの有効期限を[30日][60日][90日][180日][365日]から選択し、

3 [保存]をクリックします。

Memo ▶ パスワードとアカウントを安全に保つための10の方法

Googleは、2022年5月の「個人情報を考える週間」にパスワードとアカウントを安全に保つ方法として以下の10点を紹介しています。

・複数アカウントでパスワードを使い回さない
・パスワードは12文字以上に設定する
・英字(大文字と小文字)、数字、記号を組み合わせたパスワードにする
・他人に知られている情報や簡単に見つかる情報からパスワードを作成しない
・作成したパスワードを他人に知られないようにする
・Google パスワードマネージャーなどのパスワード管理ツールを利用する
・パスワードを定期的に更新する
・パスワード チェックアップを実行する
・パスワード漏えいに備えて、再設定用の情報を追加しておく
・2段階認証プロセスを設定して、保護をより強化する

Q

● セキュリティ強化・認証の基本 ●

426 ▶ 2段階認証を利用したい！

A 管理者側で2段階認証プロセスを有効にすることによって、
組織として強制もしくはユーザーの任意で、2段階認証が利用できるようになります。

管理者側で2段階認証プロセスを有効にしていれば、ユーザーは2段階認証を利用することができます。2段階認証を導入すれば、ユーザー名とパスワードを盗んでアカウントにアクセスしようとする第三者への防御策となります。ビジネスや情報を保護するうえで、2段階認証を導入しましょう。

1 [ディレクトリ]
をクリックし、

2 [ユーザー]を
クリックして、

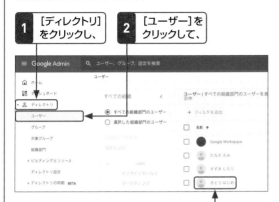

3 2段階認証を適用するユーザーをクリックします。

4 [セキュリティ]をクリックし、

5 「2段階認証プロセス」にマ
ウスポインターを合わせ、

6 表示される🖉を
クリックします。

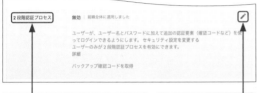

7 [有効]をオンにし、

「2段階認証プロセスは組織全体に適用されています」
と表示されている場合は、現在2段階認証は導入されて
います。

8 「ユーザーが2段階認証プロセスを有効にできるよ
うにする」をオンにします。

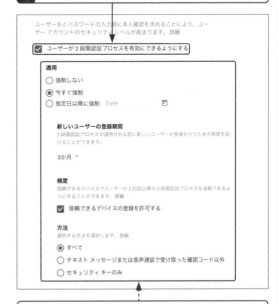

「適用」では、任意で導入するのか、組織として強制す
るのかを設定できます。

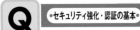

Q

●セキュリティ強化・認証の基本●

427 ▶ バックアップコードを利用したい！

A 自分のアカウント、または管理画面からバックアップコードを取得すれば使用できます。

パスワードを忘れスマートフォンを紛失してしまい、Google 認証システムでもコードを受け取れない場合、バックアップコードを使用してユーザーアカウントにログインできます。

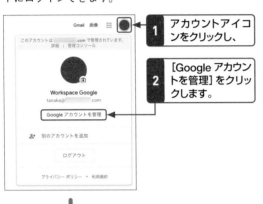

1 アカウントアイコンをクリックし、

2 [Google アカウントを管理] をクリックします。

3 [セキュリティ] をクリックし、

4 「Googleへのログイン」の [2段階認証プロセス] をクリックします。

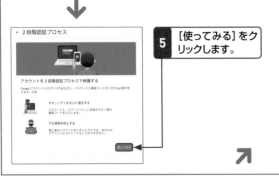

5 [使ってみる] をクリックします。

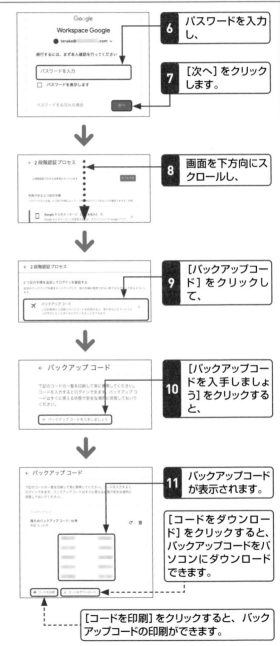

6 パスワードを入力し、

7 [次へ] をクリックします。

8 画面を下方向にスクロールし、

9 [バックアップコード] をクリックして、

10 [バックアップコードを入手しましょう] をクリックすると、

11 バックアップコードが表示されます。

[コードをダウンロード] をクリックすると、バックアップコードをパソコンにダウンロードできます。

[コードを印刷] をクリックすると、バックアップコードの印刷ができます。

●セキュリティ強化・認証の基本●

428 ▶ ユーザーのパスワードの安全度を監視したい!

A ユーザーレポートのセキュリティで安全度を確認することができます。

管理者は、ユーザーアカウントに危険性がないかどうかを、セキュリティレポートで確認することができます。

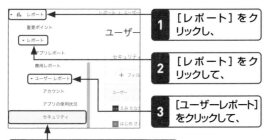

1 [レポート]をクリックし、

2 [レポート]をクリックして、

3 [ユーザーレポート]をクリックして、

4 [セキュリティ]をクリックすると、

5 セキュリティレポートが表示されます。

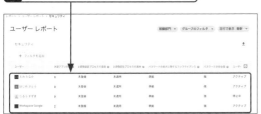

セキュリティレポートでわかること(一例)

・外部アプリの数
・2段階認証プロセスの登録
・2段階認証プロセスの適用
・パスワードの長さに関するコンプライアンス
・パスワードの安全度
・ユーザー アカウントのステータス
・管理者のステータス
・安全性の低いアプリへのアクセス
・Gmail(IMAP)- 最終使用時刻
・Gmail(POP)- 最終使用時刻
・Gmail(ウェブ)- 最終使用時刻
・外部との共有数
・内部での共有数　　など

Memo ▶ アカウントを安全に保つパスワードのルール

ユーザーアカウントを安全に保つ3原則

1.安全なパスワードを要求する
　脆弱なパスワードを使用しているユーザーに、パスワードの変更を強制することができます。文字数の指定も可能。
2.過去に使用されたパスワードを再利用禁止
3.安全なパスワードの重要性を説明する

安全なパスワードの条件

・パスワード内の文字にランダム性をもたせる
　この条件を満たすには、種類の異なる文字で構成させる必要があります。大文字、小文字、数値、特殊文字など。
・よく使われる脆弱なパスワードではないこと
　123456やpassword123など。
・推測されないパスワードであること
　パスワードとユーザー名と同じ、単純な語句やパターンではないこと。
・過去に不正使用されたパスワードではないこと
　過去に侵害を受けたパスワードは、不正使用しようとするデータベースに記録されている可能性があります。

パスワードを安全に保つため管理側の工夫も必要です。

・パスワードアラート
　パスワードの有効期限を設定した場合、有効期限の30日前にGmailやカレンダーを使い知らせる。
・パスワードの変更が必要なタイミング
　変更が必要なタイミングは90日以内がよいでしょう、90日を超えてユーザがログインを使用とした場合、パスワードの設定を求めるような仕掛けを入れると、同じパスワードを使い続けることにはならず、アカウントの安全性は高まります。

1 基礎知識
2 メール
3 ビデオ会議
4 チャットツール
5 タスク管理ツール
6 スケジュール管理
7 データ保存
8 文書作成
9 表計算
10 プレゼンテーション
11 アンケート
12 管理者設定
13 セキュリティ強化
14 そのほか

Q ●セキュリティ強化・認証の便利機能●

429 ▶ Gmailの添付ファイルによる被害を防ぎたい!

A Gmailでの受信に限り、管理者は、
すべてのメールの添付ファイルをスキャンするように設定できます。

Gmailでの受信に限り、管理者は、すべてのメールの添付ファイルをスキャンするように設定できます。添付ファイル被害を防ぐことで、セキュリティ対策となります。

1 [アプリ] をクリックし、 **2** [Google Workspace] をクリックして、

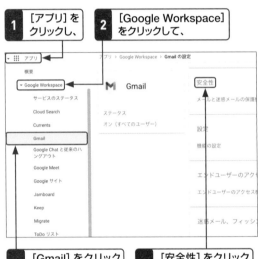

3 [Gmail] をクリックしたら、 **4** [安全性] をクリックします。

5 「添付ファイル」にマウスポインターを合わせ、

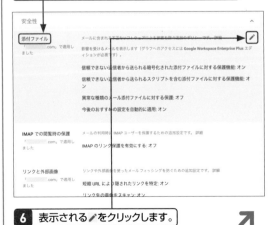

6 表示される ✎ をクリックします。

7 [異常な種類のメール添付ファイルに対する保護] をオンにし、

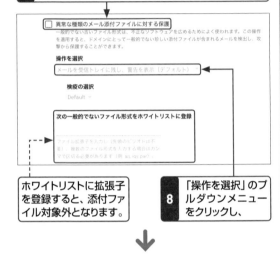

ホワイトリストに拡張子を登録すると、添付ファイル対象外となります。

「操作を選択」のプルダウンメニューをクリックし、 **8**

9 [メールを受信トレイに残し、警告を表示（デフォルト）] [メールを迷惑メールに移動] [検疫] のいずれかをクリックします。

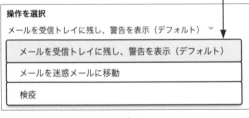

[今後のおすすめの設定を自動的に適用] をオンにすると、セキュリティ設定が新たに追加されたときに設定が自動的に有効となります。

10 [保存]をクリックします。

Q 430 ▶

◆セキュリティ強化・認証の便利機能◆

Gmailのなりすましや未認証メールによるフィッシング攻撃を抑えたい！

A 未認証メールによるフィッシングを防ぐことができます。

管理者は、未認証メールによるフィッシング攻撃を防ぐことができます。セキュリティ対策の1つとしてフィッシング対策をしましょう。

1 Q.429手順**5**の画面を表示します。

2 「なりすましと認証」にマウスポインターを合わせ、

3 表示される✎をクリックします。

↓

4 ［類似したドメイン名に基づくドメインのなりすましに対する保護機能］［従業員名のなりすましに対する保護機能］［受信メールによるドメインのなりすましに対する保護機能］をオンにし、

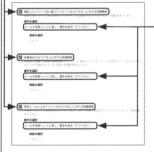

5 Q.429手順**8**〜**9**を参考に「操作を選択」を設定して、

↓

［今後のおすすめの設定を自動的に適用］をオンにすると、セキュリティ設定が新たに追加されたときに設定が自動的に有効となります。

6 ［保存］をクリックします。

Q 431 ▶

◆セキュリティ強化・認証の便利機能◆

Gmailの外部リンクや画像を使ったメールフィッシングを防ぎたい！

A URL先をスキャンし、フィッシングを防ぐことができます。

メール本文にある短縮URLなどにより隠されたリンクを特定し、リンク先の画像に悪質なコンテンツが含まれていないかスキャンします。信頼されないドメインへのリンクをクリックしたときには、警告を表示します。外部リンクからの被害を防ぐことで、セキュリティ対策となります。

1 Q.429手順**5**の画面を表示します。

2 「リンクと外部画像」にマウスポインターを合わせ、

3 表示される✎をクリックします。

↓

4 ［短縮URLにより隠されたリンクを特定］［リンク先の画像をスキャン］［信頼できないドメインへのリンクをクリックした場合に警告メッセージを表示］をオンにし、

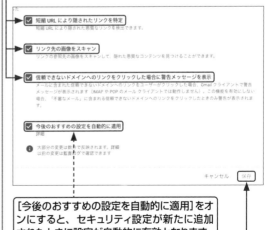

［今後のおすすめの設定を自動的に適用］をオンにすると、セキュリティ設定が新たに追加されたときに設定が自動的に有効となります。

5 ［保存］をクリックします。

基礎知識 1
メール 2
ビデオ会議 3
チャットツール 4
タスク管理ツール 5
スケジュール管理 6
データ保存 7
文書作成 8
表計算 9
プレゼンテーション 10
アンケート 11
管理者設定 12
セキュリティ強化 13
そのほか 14

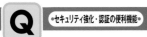

Q ●セキュリティ強化・認証の便利機能●

432 ▶ Google Meetへの参加を制限したい!

A 管理者は、Google Meetへの参加をユーザーまたは会議へそれぞれ制限をかけることができます。

管理者は、Google Meetへの参加をユーザーまたは会議にそれぞれ制限をかけることができます。会議運営を安全に進めるための制限として役に立ちます。

組織で作成された会議へ参加を許可するユーザーを制限する

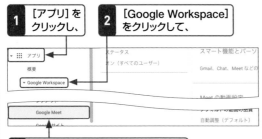

1 [アプリ]をクリックし、

2 [Google Workspace]をクリックして、

3 [Google Meet]をクリックします。

4 [Meetの安全設定]をクリックし、

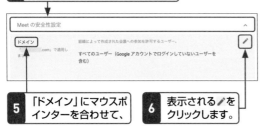

5 「ドメイン」にマウスポインターを合わせて、

6 表示される🖉をクリックします。

7 ユーザーへの参加制限を設定し、

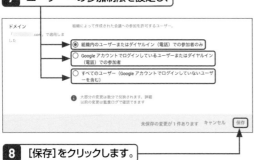

8 [保存]をクリックします。

組織内のユーザーに会議参加の許可を制限する

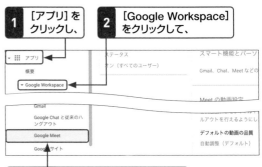

1 [アプリ]をクリックし、

2 [Google Workspace]をクリックして、

3 [Google Meet]をクリックします。

4 [Meetの安全性設定]をクリックし、

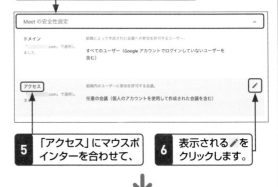

5 「アクセス」にマウスポインターを合わせて、

6 表示される🖉をクリックします。

7 会議への参加制限を設定し、

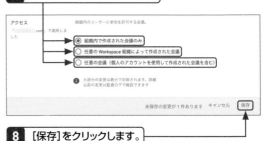

8 [保存]をクリックします。

●セキュリティ強化・認証の便利機能●

433 ▶ Google Chatのメッセージを制限したい！

 管理者は、Google Chatのメッセージへ制限をかけることができます。

管理者は、Google Chat のメッセージに制限をかけることができます。制限可能なメッセージは同一組織内のもののみです。制限をかけることで情報漏洩を防ぐことができます。

外部へのメッセージを送信前に警告を表示させる

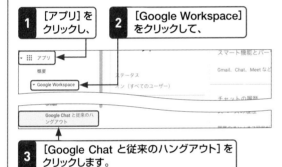

1 [アプリ]をクリックし、 **2** [Google Workspace]をクリックして、

3 [Google Chat と従来のハングアウト]をクリックします。

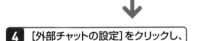

4 [外部チャットの設定]をクリックし、

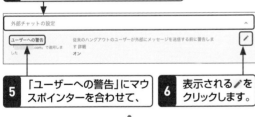

5 「ユーザーへの警告」にマウスポインターを合わせて、 **6** 表示される✎をクリックします。

7 [オン]をオンにし、

8 [保存]をクリックします。

外部へのメッセージを制限する

1 [アプリ]をクリックし、 **2** [Google Workspace]をクリックして、

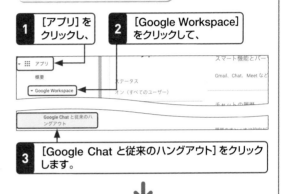

3 [Google Chat と従来のハングアウト]をクリックします。

4 [外部チャットの設定]をクリックし、

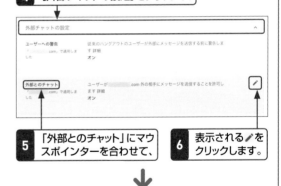

5 「外部とのチャット」にマウスポインターを合わせて、 **6** 表示される✎をクリックします。

7 [オン]をオンにし、

8 [保存]をクリックします。

基礎知識 1
メール 2
ビデオ会議 3
チャットツール 4
タスク管理ツール 5
スケジュール管理 6
データ保存 7
文書作成 8
表計算 9
プレゼンテーション 10
アンケート 11
管理者設定 12
セキュリティ強化 13
そのほか 14

309

基礎知識 1
メール 2
ビデオ会議 3
チャットツール 4
タスク管理ツール 5
スケジュール管理 6
データ保存 7
文書作成 8
表計算 9
プレゼンテーション 10
アンケート 11
管理者設定 12
セキュリティ強化 13
そのほか 14

Q ●セキュリティ強化・認証の便利機能●

434 ▶ GDPR対応について知りたい！

A GoogleのページからGDPR対応について知ることができます。

GDPR（General Data Protection Regulation）とは、EUの一般データ保護規則のことです。GoogleではGDPRの対応について専用ページを用意しており、そこからGDPRについて知ることができます。また、GDPRに準拠するため、データ保護オフィサーとEU担当代理人の詳細情報をGoogle管理コンソールで登録することができます。

GDPRの対応についての専用ページを見る

1 「Google Workspaceの法とコンプライアンス」（https://support.google.com/a/answer/10209882）にアクセスし、

2 [GDPRとGoogle Cloud]をクリックすると、

3 GDPRの対応について専用ページが表示されます。

ブラウザーがGoogle Chromeの場合、Google Translateで翻訳が可能です。

データ保護オフィサー、EU担当代理人の詳細情報を登録する

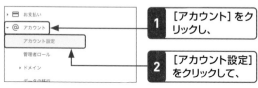

1 [アカウント]をクリックし、

2 [アカウント設定]をクリックして、

3 [法とコンプライアンス]をクリックします。

4 「EU担当代理人の詳細」にマウスポインターを合わせ、

5 表示される✎をクリックします。

6 データ保護担当者の[氏名]や[住所][電話番号][メール]を入力し、

7 [保存]をクリックします。

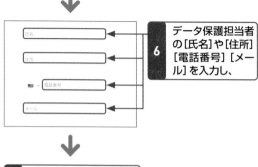

Q 435 ▶ セキュリティとプライバシーの保護について知りたい！

〈セキュリティ強化・認証の便利機能〉

A ヘルプページから確認できます。

Googleはセキュリティとプライバシーを非常に重視しており、データの取り扱いを管理するためのツールと情報を用意しています。

セキュリティについて確認をする

「https://support.google.com/googlecloud/answer/6056693」にアクセスすると、Googleの取り組みについて確認できます。

プライバシーについて確認をする

「https://support.google.com/googlecloud/answer/6056650」にアクセスすると、Googleの取り組みについて確認できます。

セキュリティを実装しているかレポートで確認する

1 [レポート]をクリックし、

2 [レポート]をクリックして、

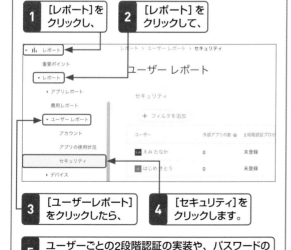

3 [ユーザーレポート]をクリックしたら、

4 [セキュリティ]をクリックします。

5 ユーザーごとの2段階認証の実装や、パスワードの長さの準拠など確認ができます。

Q 436 ▶ ユーザーのデバイスを管理したい！

〈セキュリティ強化・認証の便利機能〉

A ユーザーがアクセスするパソコンを一元管理できます。

ユーザーがアクセスするパソコンを一元管理することができます。パソコンのアクセス管理をすることで、不正アクセスを防ぐことができます。

ユーザーの接続を切断する

1 [デバイス]をクリックし、

2 [概要]をクリックして、

3 [エンドポイント]をクリックします。

4 管理したいデバイスをクリックし、

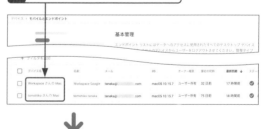

5 [その他]をクリックして、

6 [ユーザーをログアウト]をクリックしたら、

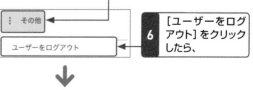

7 [ユーザーをログアウト]をクリックします。

基礎知識 1
メール 2
ビデオ会議 3
チャットツール タスク管理ツール 4
スケジュール管理 5
データ保存 6
文書作成 7
表計算 8
プレゼンテーション 9
アンケート 10
管理者設定 11
セキュリティ強化 12
そのほか 13
14

Q 437 ▶ ●セキュリティ強化・認証の便利機能●
モバイルからの アクセスを管理したい！

A ユーザーがアクセスするスマート フォンを一元管理できます。

ユーザーがアクセスするスマートフォンを一覧で管理することができます。デバイス管理をすることで、不正アクセスを防ぐことができます。

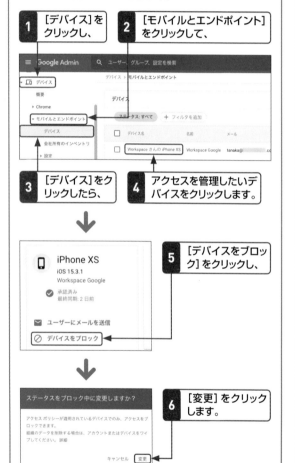

1 [デバイス]を クリックし、

2 [モバイルとエンドポイント] をクリックして、

3 [デバイス]をク リックしたら、

4 アクセスを管理したいデ バイスをクリックします。

5 [デバイスをブロッ ク]をクリックし、

6 [変更]をクリック します。

Memo ▶ ブロックを解除する

ブロックを解除するには、手順**5**の画面で[ブロックを解除]→[デバイスのブロックを解除]の順にクリックします。

Q 438 ▶ ●セキュリティ強化・認証の便利機能●
Google ドライブユーザー の共有権限を設定したい！

A 管理者は、ドライブのファイルの共有 方法を制御できます。

管理者は、Google ドライブのファイルとフォルダの共有方法を制御することができます。対象は、Google ドキュメント、Google スプレッドシート、Google スライド、マイマップ、フォルダの各アイテム、ドライブに保存されているそのほかすべてのファイルです。

外部と共有を制限する

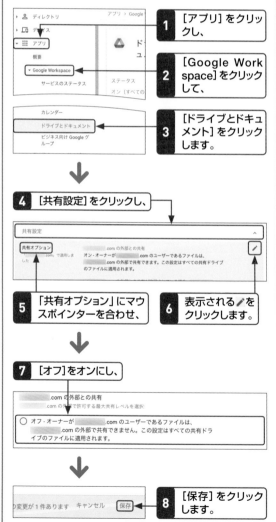

1 [アプリ]をクリッ クし、

2 [Google Work space]をクリック して、

3 [ドライブとドキュ メント]をクリック します。

4 [共有設定]をクリックし、

5 「共有オプション」にマウ スポインターを合わせ、

6 表示される🖉を クリックします。

7 [オフ]をオンにし、

8 [保存]をクリック します。

439 ▶ Google Workspace の安全基準を知りたい！

A 安全基準については、公式サイトで 確認できます。

Google Workspaceに限らず、Googleは自社サービス に対するセキュリティの安全基準を定めています。

人的資源

セキュリティ各分野のエキスパートにて、情報セキュ リティチームを編成し安全基準を作成しています。

プロセス

Googleのアプリケーションはセキュリティを念頭に 置いて構築されています。

テクノロジー

Google Workspace のデータは断片的に分割され、構 成がわからないように複数のサーバーやディスクに分 散されているため人間が解読することができません。

Google が受けているセキュリティ認証

ISO 27001、ISO 27017、ISO 27018、SOC 2、SOC 3、 FedRAMP、PCI DSS

> セキュリティ認証は、「https://www.g-workspace. jp/security/」で確認できます。

> また、「Google Workspaceセキュリティホワイト ペーパー」(https://services.google.com/fh/files/ misc/gws_security_whitepaper_ja.pdf) でも確認 できます。

---

440 ▶ 削除したユーザーのデータ を保管しておきたい！

A 削除したユーザーのデータの保管 は、ユーザー削除のときに行います。

削除するユーザーのデータを保管したい場合は、デー タを保管するための専用ユーザーとしてあらかじめ作 成したユーザーにデータを移行します。このようにす れば、運用中のユーザーとこの専用ユーザーを区別す ることができ、データのアーカイブを行うことができ ます。

1 Q.420手順**3**の画面を表示します。

2 任意のユーザーにマウ スポインターを合わせ、

3 [その他のオプショ ン]をクリックして、

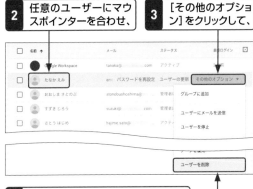

4 [ユーザーを削除]をクリックします。

5 「他のアプリの データ」の[移行 する]をオンにし、

6 [ユーザーを検索]をク リックして保管専用の ユーザーを設定して、

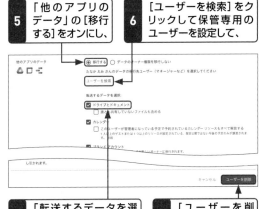

7 「転送するデータを選 択」の[ドライブとドキュ メント]をオンにしたら、

8 [ユーザーを削 除]→[OK]の順 にクリックします。

基礎知識 1
メール 2
ビデオ会議 3
チャットツール 4
タスク管理ツール 5
スケジュール管理 6
データ保存 7
文書作成 8
表計算 9
プレゼンテーション 10
アンケート 11
管理者設定 12
セキュリティ強化 13
そのほか 14

Memo ▶ 高度な保護機能プログラム

高度な保護機能プログラムとは、Google Workspaceの機能の1つで、機密性の高い情報を保持し、オンライン攻撃の標的となるリスクが高いユーザーを守る機能です。

高度な保護機能プログラムを検討したほうがよいユーザー
貴重なファイルや機密情報を保存しているユーザーで、とくにジャーナリスト、活動家、企業の経営幹部、選挙管理に携わっている方などは高度な保護機能プログラムの導入を検討してください。

高度な保護機能プログラム登録のプロセス
1.ユーザーを指定し高度な保護機能プログラムへ登録する
2.セキュリティキーを用意する
　Googleが指定するUSBのTitan Security Keyを購入します。
3.信頼できるアプリへのアクセスを管理する
　ユーザーが取り扱いのできるアプリを制限します。信頼できるアプリはGoogleネイティブアプリ以外に、Googleが指定したサードアプリがあります。
4.2段階認証プロセスによるアクセスを設定する

高度な保護機能プログラム登録は組織内のユーザー自ら登録することもできます。

Titan Security Key

Memo ▶ 管理者アカウントのセキュリティを強化する

Google Workspace管理者アカウントのセキュリティ強化に役立つおすすめの方法をご紹介します。

管理者アカウントでの 2 段階認証プロセスを必須にする
第三者が管理者パスワードを入手し、不正なアクセスからアカウントを保護するために設定します。

2段階認証プロセスにセキュリティ キーを使用する
セキュリティキーにはGoogleからのメッセージ、Google認証システム、バックアップ コードなど複数の方法があります。

管理者アカウントをユーザー間で共有しない
複数のユーザーで 1つの管理者アカウントを使用せず、各管理者に、それぞれを識別できる管理者アカウントを付与します。

日常業務に管理者アカウントを使用しない
日常業務ではそれぞれのユーザーアカウントを使用し、必要なときにのみ管理アカウントを使用します。

管理者アカウントでログインしたままにしない
管理業務を行わない間ログインしたままにしておくと、フィッシング攻撃の増加を招く可能性があるため、管理業務を終えたらログアウトするようにしてください。

管理コンソールの監査ログをチェックする
監査ログでは、Google 管理コンソールで行われたすべてのタスクの履歴を確認できます(管理者、日付、ログインしたIPアドレスなど)。

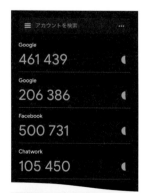

Google Authenticator

そのほかのツール
の活用技！

基礎知識 1

メール 2

ビデオ会議 チャットツール 3

タスク管理ツール 4

スケジュール管理 5

データ保存 6

文書作成 7

表計算 8

プレゼンテーション 9

アンケート 10

管理者設定 11

セキュリティ強化 12

13

そのほか 14

Q

441 ▶ Google Keepを使ってみたい!

A 直感的に使える操作性の
メモ帳です。

Google Keep は Google が提供する無料のメモツールです。機能は最小限となっているため、操作上も直感的に扱えます。また、Google アカウントがあれば、さまざまな端末からメモを編集できる点が魅力のツールとなっています。

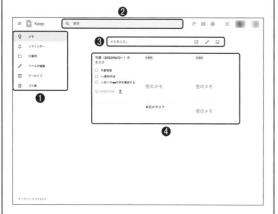

名称	機能
❶ メニュー	主に登録済みのメモを絞り込むようなメニューとなっています。
❷ 検索	登録済みのメモを検索する場合、ここを利用します。
❸ メモを入力	メモを登録したい場合はここから登録します。
❹ メモの一覧表示	メモの一覧表示です。メニューでメモを絞り込むことで、ここのメモ一覧も条件にマッチしたメモが表示されます。

Memo ▶ Google KeepとOneNote

Google Keepは簡潔に言うと「メモ帳」ですが、ToDo管理や図形などの保存もでき、従来のテキストベースのメモ帳とは大きく異なる「高性能なメモ帳」と言えます。こういった高機能のメモ帳ですが、Google Keep以外にも存在します。代替や機能比較でよく挙げられるツールとしては、Microsoft OneNoteがあります。Google KeepとMicrosoft OneNoteのそれぞれの類似点、異なる点はどこにあるでしょうか。Google KeepとMicrosoft OneNoteはそれぞれメモ帳機能があり、テキストベースのメモ、図形、画像の保存などがともに利用できますが、それぞれの特色としてどのような違いがあるのでしょうか?

Microsoft OneNote

テキストに装飾を加えることができ、文字の大きさ、太字、色などの変更が可能で、Wordのインターフェースに近い作りになっています。このため、短文で残すメモ帳というよりは文章を書く、残すといった場合に向いていると言えます。

Microsoft OneNote

Google Keep

Google Keepは、OneNoteにある文字周りの装飾機能はないものの、軽量・快適に動作し、ブラウザーさえあればよいという動作環境にあまり依存しない利点があります。また、ほかのGoogleサービスであるGmail、カレンダー、ドキュメントなどのサービスとシームレスな連携ができます。利用サービスによりますが、別画面を開かずとも同一画面内でメモの閲覧・編集ができるので、非常に柔軟な対応が可能なことに加え、Googleの豊富なサービスを横断して利用できます。

Q · Google Keep ·

442 ▶ Google Keepでリストを作りたい！

A ☑（[新しいリスト]）をクリックします。
日々のやることなどをリストとして管理したいときに使えます。

日常で発生している業務上のやること（タスク）や、プライベートで忘れたくないタスクなどを管理したいときに便利なのが、チェックリストです。登録したやること（タスク）が完了したら、リストのチェックマークを付けるという非常にシンプルな機能です。

1 Google Workspaceにログインした状態で、Google検索ページ（https://www.google.co.jp/）へアクセスし、

2 ページ右上にある ⋮⋮⋮（[Google アプリ]）をクリックして、

3 [Keep] をクリックすると、

4 Keepのトップページが開きます。

5 ☑（[新しいリスト]）をクリックすると、

6 リスト作成画面が表示されます。

7 リストのタイトルを入力し、

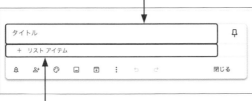

8 [リストアイテム]をクリックしてタスクを入力します。

タスクは複数入力可能なので、必要に応じて入力を続けます。

☐（[画像を追加]）をクリックすると、リストに画像を追加することができます。

9 [閉じる]をクリックします。

10 リストのメモが作成されます。

11 タスクが完了したら、□をオンにすると、

12 タスクに打消し線が引かれます。

Memo ▶ タスクの編集やリストを削除する

手順**10**の画面でリストをクリックすると、タスクの修正や追加、削除ができます。また、リストにマウスポインターを合わせ、表示される ⋮（[その他のアクション]）→[メモを削除]の順にクリックすると、リストを削除できます。

基礎知識 1
メール 2
ビデオ会議 3
チャットツール 4
タスク管理ツール 5
スケジュール管理 6
データ保存 7
文書作成 8
表計算 9
プレゼンテーション 10
アンケート 11
管理者設定 12
セキュリティ強化 13
そのほか 14

基礎知識 1
メール 2
ビデオ会議 チャットツール 3
タスク管理ツール 4
スケジュール管理 5
データ保存 6
文書作成 7
表計算 8
プレゼンテーション 9
アンケート 10
管理者設定 11
セキュリティ強化 12
そのほか 13
14

Q ・ Google Keep ・

443 ▶ Google Keepで図形を作りたい！

 A ✎（［図形描画付き新規メモ］）をクリックします。

Keepはテキストベースのメモやリスト作成だけではなく、簡易的な図形の作成もできます。何かのアイデアが浮かんだときの図形をメモすることや、自身の今後のネタ帳として図形を保存することが可能です。

1 ✎（［図形描画付き新規メモ］）をクリックすると、

↓

2 図形が描画できる画面が表示されます。

↑

3 マウスの左ボタンを押しながらドラッグすると、

↓

4 線が描かれます。

5 線の色や太さを変更したい場合、画面上部の ✎ ▾ をクリックし、

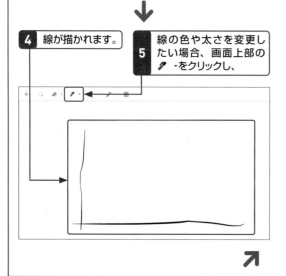

↗

6 利用したい色や線の太さをクリックします。

↓

7 描いた図形をそのままPNG画像へとエクスポートするには ⋮ をクリックし、

8 ［画像としてエクスポート］をクリックします。

↰をクリックすると、1つ前の動作に戻ります。

↓

9 Keepのトップページに戻るには画面左上の←をクリックし、

↓

10 描画した図形のタイトルを入力して、

11 ［閉じる］をクリックします。

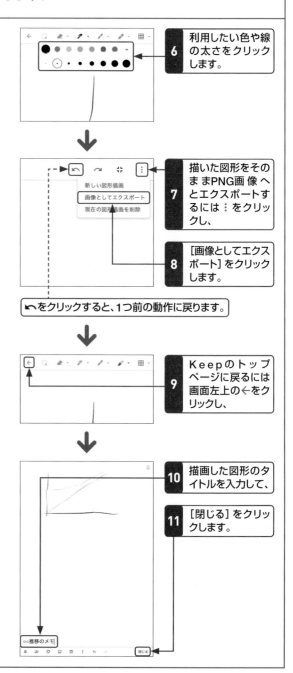

444 ▶ Google Keepをラベルで分類したい!

A ∶([その他のアクション])→[ラベルを追加] の順にクリックします。

複数のメモを作成すると、画面上に多数のメモが表示されていくため、管理が煩雑となり、必要としているメモを探すのも時間がかかってしまうこともあります。メモはラベルで分類すると、管理しやすくなります。仕事用やプライベート用など分類しておくことで、作成済みメモから探す時間を短縮できます。

ラベルを作成する

1 メモにマウスポインターを合わせ、

2 表示される∶([その他のアクション])をクリックして、

3 [ラベルを追加] をクリックします。

⬇

4 ラベル名を入力し、

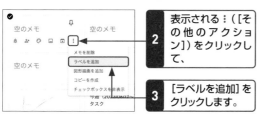

5 [「〇〇」を作成]をクリックすると、

⬇

6 ラベルが作成され、メモに追加されます。

メモに作成済みラベルを追加する

1 作成済みラベルを追加したいメモにマウスポインターを合わせ、

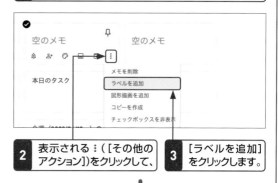

2 表示される∶([その他のアクション])をクリックして、

3 [ラベルを追加] をクリックします。

⬇

4 追加したいラベルをオンにします。

ラベルを追加したメモを確認する

1 画面左のラベル名をクリックすると、

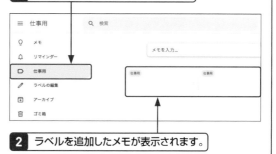

2 ラベルを追加したメモが表示されます。

基礎知識 1
メール 2
ビデオ会議 3
チャットツール 4
タスク管理ツール 5
スケジュール管理 6
データ保存 7
文書作成 8
表計算 9
プレゼンテーション 10
アンケート 11
管理者設定 12
セキュリティ強化 13
そのほか 14

基礎知識 1
メール 2
ビデオ会議 3
チャットツール 4
タスク管理ツール 5
スケジュール管理 6
データ保存 7
文書作成 8
表計算 9
プレゼンテーション 10
アンケート 11
管理者設定 12
セキュリティ強化 13
そのほか 14

Q ▸ Google Keep

445 ▸ Google Keepの メモに色を付けたい！

A 🎨（［背景オプション］）を クリックして、色を選択します。

複数のメモを作成し、ラベルで管理していてもメモが多数存在していると、必要情報や重要なメモが探しにくくなることがあります。この場合、メモに色を付けておくと、視覚的に分類がしやすくなります。

1 色を付けたいメモをクリックし、

↓

2 🎨（［背景オプション］）をクリックして、

3 希望の背景色をクリックしたら、　**4** ［OK］をクリックします。

↓

5 メモに色が付きます。

Q ▸ Google Keep

446 ▸ Google Keepを 固定表示したい！

A 📌（［メモを固定］）をクリックします。

ラベルに名前や色を付けることはできますが、メモが増え過ぎてしまうと、目的のメモを探すためにスクロールする手間がかかります。重要なメモや直近で必要となるメモなどは固定表示機能を使って固定しておくと、探しやすくなります。

1 固定表示したいメモにマウスポインターを合わせ、

2 表示される📌（［メモを固定］）をクリックすると、

↓

3 メモが一覧画面の上部に固定化されます。

複数の固定メモがある場合、ドラッグをすることで「固定済み」内での移動が可能です。

Q

● Google Keep ●

447 ▶ Google Keepのメモを アーカイブしたい！

A ：（[その他のアクション]）→ [メモを削除]の順にクリックします。

用件が済んだメモをそのままにしていくと、メモが増えてしまい使いづらくなります。不要になったメモはアーカイブして、定期的に整理するようにしましょう。

1 アーカイブしたいメモにマウスポインターを合わせ、

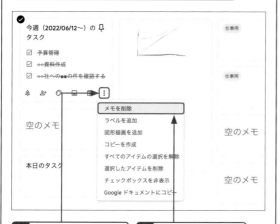

2 表示される：（[その他のアクション]）をクリックして、

3 [メモを削除]をクリックします。

↓

4 対象のメモがアーカイブ（削除）されます。アーカイブ化は即時削除ではなく、ゴミ箱へと移動します。画面左の[ゴミ箱]をクリックすると、アーカイブしたメモが残っており、ゴミ箱からメモ一覧へと復元も可能です。

Memo ▶ Google Lensでスマホ OCR化

GoogleにはLensというツールがあります。これは写真や画像から関連する情報を表示してくれる検索アプリです。本来は画像内に含まれるテキストから検索するといった機能ですが、これを使いOCR化することができ、画像内に含まれるテキストを読み込み、情報をKeepへ登録することができます。これにはスマートフォンに「Google」アプリ、「Google Keep」アプリのインストールが必要です。

1 「Google」アプリを起動し、検索フィールドにある◎をタップします。

↓

2 Google レンズが起動します。「カメラで検索」の下にある[テキスト]をタップします。

↓

3 読み込みたい対象をカメラ内におさめ、◎をタップします。

↓

4 画像内のテキストを検知します。[すべて選択]のボタンをタップします。ボタンの表示が切り替わるので、[コピー]をタップします。

↓

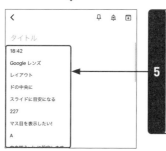

5 「Google Keep」アプリを起動し、新規メモを追加します。新規メモ内にペーストすると、Google レンズで読み取った文字がペーストされます。

基礎知識 1
メール 2
ビデオ会議 チャットツール 3
4
タスク管理ツール スケジュール管理 5
6
データ保存 7
文書作成 8
表計算 9
プレゼンテーション アンケート 10
11
管理者設定 12
セキュリティ強化 13
そのほか 14

基礎知識 1
メール 2
ビデオ会議 3
チャットツール 4
タスク管理ツール 5
スケジュール管理 6
データ保存 7
文書作成 8
表計算 9
プレゼンテーション 10
アンケート 11
管理者設定 12
セキュリティ強化 13
そのほか 14

Q ● Google Keep ●

448 ▶ Google Keepのメモでリマインダーを設定したい!

A 🔔([リマインダーを追加/編集])をクリックして、通知する日時を設定します。

メモには定刻になったら何かの作業を開始するといったケースも存在します。そういった場合にリマインダー機能を使います。用途例としては「○○時になったら△△△の作業開始。作業内容はリストを参照する」といった活用も可能です。また、打ち合わせの事前メモとして保存し、定刻になった際にリマインダーとして使うこともできます。

1 リマインダー機能を使いたいメモをクリックすると、

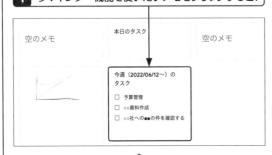

2 メモの編集画面が表示されます。

3 🔔([リマインダーを追加/編集])をクリックし、

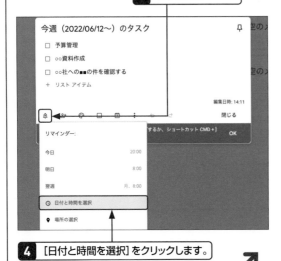

4 [日付と時間を選択]をクリックします。

5 日時や繰り返しなどを設定し、

6 [保存]をクリックして、

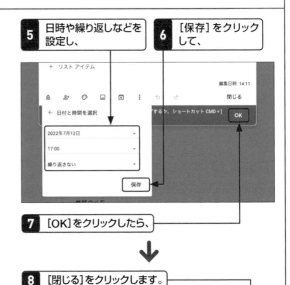

7 [OK]をクリックしたら、

8 [閉じる]をクリックします。

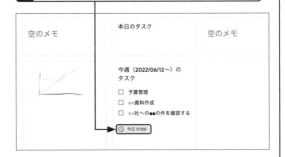

9 リマインダーが設定され、設定した日時に通知がされます。

基礎知識 1
メール 2
ビデオ会議 3
チャットツール 4
タスク管理ツール 5
スケジュール管理 6
データ保存 7
文書作成 8
表計算 9
プレゼンテーション 10
アンケート 11
管理者設定 12
セキュリティ強化 13
そのほか 14

Q ・ Google Keep ・

449 ▶ Google Keepのメモを共同編集したい！

A 👤+（[共同編集者]）をクリックして、共同編集するユーザーのメールアドレスを入力します。

メモには共同で編集できる機能が付いています。特定のユーザーを招待してグループ内で同じものを編集することができ、打ち合わせ前の事前メモやリストを共同で編集するといったことが可能になります。

1 共同編集したいメモをクリックすると、

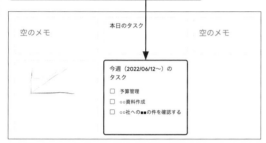

2 メモの編集画面が表示されます。

3 👤+（[共同編集者]）をクリックし、

4 共同で編集したい人のメールアドレスを入力して、

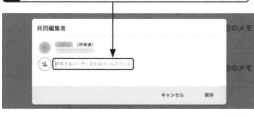

↗

5 [保存]をクリックすると、

6 メモに招待したユーザーのアイコンが表示され、共同編集が可能になります。

7 [閉じる]をクリックします。

8 招待したユーザーはメモの編集が可能となり、メールによる通知が届きます。

基礎知識 1
メール 2
ビデオ会議 3
チャットツール 4
タスク管理ツール 5
スケジュール管理 6
データ保存 7
文書作成 8
表計算 9
プレゼンテーション 10
アンケート 11
管理者設定 12
セキュリティ強化 13
そのほか 14

Q ● Google サイト ●

450 ▶ Google Workspaceでウェブサイトを作りたい！

A Google サイトを使えば、ウェブサイトがかんたんに作成できます。

Google サイトはウェブサイトが作成できるツールです。ウェブサイトの作成に専門知識は必要なく、Google スライドのような感覚で直感的に作成ができます。また、ほかのGoogle とのツールとの親和性も高く、ページ内に動画やスライド、カレンダーなどを挿入することもできます。

1 Google Workspaceにログインした状態で、Google検索ページ（https://www.google.co.jp/）へアクセスし、

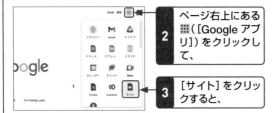

2 ページ右上にある ▦（[Google アプリ]）をクリックして、

3 [サイト] をクリックすると、

4 Google サイトのトップページが開きます。

5 [テンプレートギャラリー]をクリックし、

ページに掲載したい内容が固まっている場合には[空白]をクリックして最初から作成することもできます。基本的な操作はテンプレートでの操作と同様です。

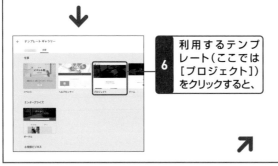

6 利用するテンプレート（ここでは[プロジェクト]）をクリックすると、

7 サイトの編集画面が表示されます。

8 テキスト部分をクリックして、内容を変更します。

テキストはGoogle ドキュメントと同じ操作で文字の大きさなどの変更ができます。

9 画像をクリックし、

10 ⋮（[その他の編集オプション]）→[画像を置換]→[アップロード]の順にクリックして画像を挿入します。

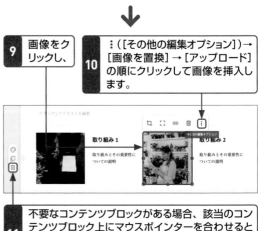

11 不要なコンテンツブロックがある場合、該当のコンテンツブロック上にマウスポインターを合わせるとコンテンツブロックの左側にアイコンが並び、その中の 🗑（[セクションを削除]）をクリックします。

12 ⬚（[プレビュー]）をクリックすると、プレビューが確認できます。

13 [公開]をクリックします（公開設定についてはQ.457を参照）。

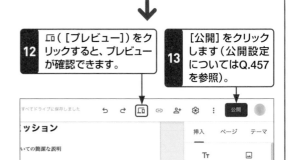

Q ● Google サイト ●

451 ▶ Google サイトでスライドやスプレッドシートを 配置したい！

A [挿入]タブで［スライド］や［スプレッドシート］を選択します。

Google サイトは、ほかのGoogle Workspace内のサービスとの親和性が高く、作成したスライドやスプレッドシートの挿入が容易です。このため、ウェブサイトでよく見かける「Google スライドで説明図作成、専門デザイナーに依頼」「作成完了」というフローが簡略化でき、公開までの時間が一気に短縮できます。

1 スライド（またはスプレッドシート）を挿入したいサイトをクリックすると、

2 サイトの編集画面が表示されます。　**3** 画面右側に［挿入］タブが開きます。

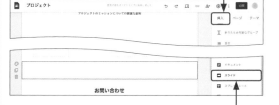

4 ［スライド］をクリックすると、

5 挿入できるスライドの候補（Googleのアカウントに紐づいたスライドファイル）が表示されます。

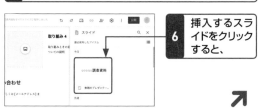

6 挿入するスライドをクリックすると、

7 スライドが挿入されます。　**8** スライドをドラッグすると、

9 スライドが移動されます。

10 スライドをクリックし、

11 表示される青いポイントをドラッグすると、拡大／縮小できます。

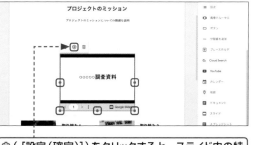

⚙（［設定（確定）]）をクリックすると、スライド内の特定のページからの表示や、自動再生の設定ができます。

基礎知識　1
メール　2
ビデオ会議　3
チャットツール　4
タスク管理ツール　5
スケジュール管理　6
データ保存　7
文書作成　8
表計算　9
プレゼンテーション　10
アンケート　11
管理者設定　12
セキュリティ強化　13
そのほか　14

325

Q ● Google サイト ●

452 ▶ Google サイトでカレンダーを公開したい！

A [挿入]タブで [カレンダー]を選択します。

Google サイトで作成したページに、Google カレンダーを表示させることができます。自社や営業店舗の営業日の状況を公開したり、稼働状況を公開したりといった利用ができます。

1 スライド（またはスプレッドシート）を挿入したいサイトをクリックすると、

2 サイトの編集画面が表示され、　**3** 画面右側に [挿入] タブが開きます。

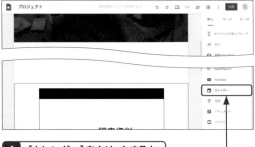

4 [カレンダー]をクリックすると、

5 挿入できるカレンダーの候補が表示されます。

6 公開したいカレンダーをダブルクリックすると、

7 カレンダーが挿入されます。

8 カレンダーをドラッグすると、

9 カレンダーが移動されます。

10 スライドをクリックし、

11 表示される青いポイントをドラッグすると、拡大／縮小できます。

⚙（[設定（確定）]）をクリックすると、カレンダーの表示形式（予定済みのものから週や月へ表示）の変更や、ナビゲーションの有無などの変更が設定できます。

453 ▶ Google サイトに追加できるコンテンツを知りたい！

A Google サイトには動画などさまざまなコンテンツが追加できます。

Google サイトで作成したページにはスライドやカレンダー以外にも作成したコンテンツを公開することができます。自社の活動内容や、部門の活動を公開することで、閲覧者へのアピールができます。

1 コンテンツを挿入したいサイトをクリックすると、

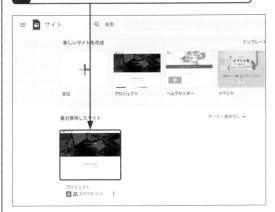

2 サイトの編集画面が表示されます。

3 画面右側の[挿入]タブを下方向にスクロールすると、

4 挿入できるコンテンツの一覧が表示されます。

挿入できるコンテンツ

挿入できるコンテンツは以下の表のとおりです。

折りたたみ可能なグループ	プルダウン状の折りたたみ形式の見せ方です。
目次	メディアサイトなどで見かける目次形式です。
画像カルーセル	複数の画像を登録し、コンテンツ幅の領域内に複数の画像を表示できます。
ボタン	ほかのページや同一ページへの遷移するボタンです。
分離線を追加	コンテンツとコンテンツを区切るような線です。
プレースホルダ	まだ何を配置するか決まっていないが、領域として確保しておく用途です。あとで差し替えが可能です。
Cloud Search	サイト内検索です。
YouTube	動画をページへと埋め込み可能です。自身のアップロードした動画のほか、ほかのクリエイターの動画の埋め込みもできます。
カレンダー	Google カレンダーが表示可能です。
地図	自社などの地図の埋め込みができます。
ドキュメント	Google ドキュメントで作成した文書を公開できます。
スライド	Google スライドで作成したスライドを公開できます。
スプレッドシート	Google スプレッドシートで作成したスプレッドシートを公開できます。
フォーム	別途作成した Google フォームの埋め込みができます。
グラフ	別途スプレッドシートで作成したグラフの埋め込みができます。

基礎知識 1
メール 2
ビデオ会議 3
チャットツール 4
タスク管理ツール 5
スケジュール管理 6
データ保存 7
文書作成 8
表計算 9
プレゼンテーション 10
アンケート 11
管理者設定 12
セキュリティ強化 13
そのほか 14

Q • Google サイト •

454 ▶ Google サイトのページを追加したい！

A ＋にマウスポインターを合わせます。

ページを作成していくと、コンテンツ内容的にページを分割したほうがよいケースもあります。Google サイトでは、かんたんな操作で新規ページが追加できます。

1 ページを追加したいサイトをクリックすると、

2 サイトの編集画面が表示されます。

3 画面左下の＋にマウスポインターを合わせ、

4 ⎘（[新しいページ]）をクリックします。

5 追加したいページの名前を入力し、

6 [完了]をクリックします。

7 新規のページが追加され、画面に入力したページの名称が表示されます。

コンテンツグループから掲載したいページの構成を追加し、また必要なテキストや画像を配置してページを作成します。

Memo ▶ ページを削除する

複数ページを作成していくと、不要となってしまったページが発生するケースもありますが、この場合は画面右にある[ページ]タブを開きます。削除対象のページにマウスポインターを合わせ、表示される⋮をクリックし、[削除]をクリックします。

Q 455 ▶ Google サイトの テーマを変更したい！

• Google サイト

A [テーマ]タブから変更できます。

ページを作成していくと、自社の規定となっている
ベースのカラーと合わせたり、全体の背景色の変更が
必要になることがあります。そのような場合は、テーマ
から変更することができます。

1 テーマを変更したいサイトをクリックすると、

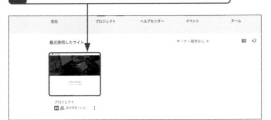

2 サイトの編集画面 が表示されます。

3 [テーマ] タブをク リックし、

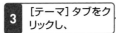

4 適用したいテーマ をクリックします。

テーマに合わせた文字の大 きさや背景色が変わります。

Memo ▶ テーマをカスタムする

自身でテーマ作成をする場合は、テーマ一覧の「カスタム」か
ら＋をクリックします。カスタムのテーマは難しい設定はなく、
色や文字の種類などの決定をウィザード形式で作成になるの
で、自社サイト構築の場合はこちらがおすすめです。

Q 456 ▶ Google サイトをGoogle アナリティクスで分析したい！

• Google サイト

A ⚙（[設定]）→ [アナリティクス]の 順にクリックします。

ページの公開後、ページがどの程度閲覧されているか
効果測定を確認が必要となることがあります。計測に
は、Google アナリティクスの利用が可能です（別途ア
カウント開設が必要）。設定はエンジニアに頼ることな
く即反映できるので、効果を計測したい場合は導入す
ることを推奨します。

1 Google アナリティクスで計測をしたいサイトをク リックすると、

2 サイトの編集画面 が表示されます。

3 ⚙（[設定]）をク リックし、

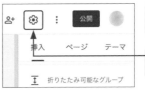

4 [アナリティクス] をクリックして、

5 Google アナリティク スのトラッキングIDを 入力したら、

6 [アナリティクスを有効にする]をオンにします。

1 基礎知識
2 メール
3 ビデオ会議
4 チャットツール
5 タスク管理ツール
6 スケジュール管理
7 データ保存
8 文書作成
9 表計算
10 プレゼンテーション
11 アンケート
12 管理者設定
13 セキュリティ強化
14 そのほか

Q 457 ▶ Google サイト

Google サイトをイントラネットとして活用したい！（組織公開）

A ページは世界全体と組織内とで公開を変更することが可能です。

ページの公開は、組織内のみ公開のイントラネット用なのか、全世界公開なのかを分けることが可能です。組織内のみの公開は、社内報などで活用できます。

1 公開の設定をしたいサイトをクリックすると、

2 サイトの編集画面が表示されます。

3 [公開] をクリックし、

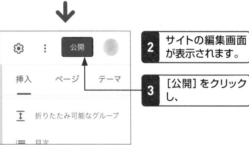

4 [管理] をクリックします。

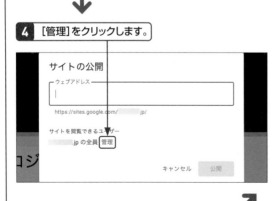

5 少数（2〜3人）の人数であればメールアドレスの入力となりますが、これを超える場合は、下段の「一般的なアクセス」で設定します。

6 「公開済みサイト」のプルダウンをクリックし、

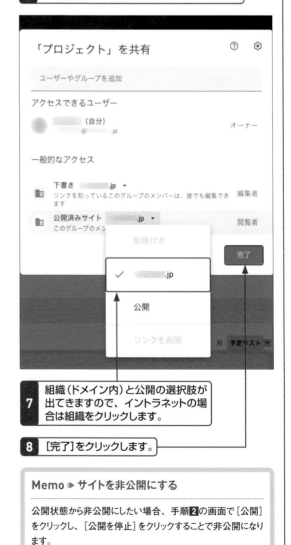

7 組織（ドメイン内）と公開の選択肢が出てきますので、イントラネットの場合は組織をクリックします。

8 [完了] をクリックします。

Memo ▶ サイトを非公開にする

公開状態から非公開にしたい場合、手順**2**の画面で [公開] をクリックし、[公開を停止] をクリックすることで非公開になります。

基礎知識 1
メール 2
ビデオ会議 3
チャットツール 4
タスク管理ツール 5
スケジュール管理 6
データ保存 7
文書作成 8
表計算 9
プレゼンテーション 10
アンケート 11
管理者設定 12
セキュリティ強化 13
そのほか 14

Q

458 ▶ Google サイトをイントラネットとして活用したい！（共同編集）

A ページは共同編集ができます。

公開時には10ページ未満でも、そのあとの更新により、ページ数が増えていくと1人での作業には限界が生じます。Google サイトでは、Google ドキュメントなどと同様に共同作業ができます。また対象となるページもGoolge側で管理しているため、共同作業で起こる先祖返りなどの発生を抑えることができます。

1 Q.457手順**2**の画面で👤+（[他のユーザーと共有]）をクリックすると、

2 招待用画面が表示されます。

3 共同編集するユーザーのメールアドレスを入力し、

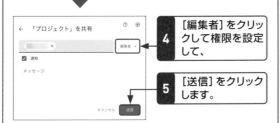

4 [編集者]をクリックして権限を設定して、

5 [送信]をクリックします。

招待されたユーザーには、メールによる通知が届きます。

Q

459 ▶ Google サイトをGoogle マイビジネスに登録したい！

A Google サイトはGoogle マイビジネスに登録できます。

Google サイトで作成したページは、Google マイビジネスに登録が可能です。Google マイビジネスは、飲食店や実店舗での販売など地域用のものだけでなく、会社が実在しているという証明にもなります。このほか分析データなども見えるため、広告を打つ際の参考データにもなります。

1 すでにGoogle マップに自社が掲載しているか確認します。

2 Google マップに掲載している場合、登録内容を確認し、修正が必要な場合は、修正確認コードの取得申請を行います。Google マップに掲載していない場合は、Google マイビジネスの新規登録と確認コードの取得申請を行います。

3 確認コードが届いたら、Google マイビジネス上でGoogle サイトで作ったページのURLやそのほかの情報を入力、また確認コードを入力します。

詳細は、Google マイビジネスサイト（https://www.google.com/intl/ja_jp/business/）を参照してください。

基礎知識 1
メール 2
ビデオ会議 3
チャットツール 4
タスク管理ツール 5
スケジュール管理 6
データ保存 7
文書作成 8
表計算 9
プレゼンテーション 10
アンケート 11
管理者設定 12
セキュリティ強化 13
そのほか 14

Q • Google Workspaceを便利に •

460 ▶ そのほかのGoogle サービスについて知りたい!

A Googleはさまざまなサービスを 提供しています。

Googleは一般的に知名度が高い検索やマップ、YouTubeのようなサービスのほかにもさまざまなサービスを展開しています。そのため、サービスどうしの親和性が高く、ほかのツールで作成したデータを横展開できるといったメリットがあります。本書で紹介した以外にも多くのサービスを提供しています。その中でも主なものは以下のとおりです。

Googleサービス	説明
Google Apps Script	かんたんなプログラミングで複雑な処理の自動化が行えます。
Cloud Search	Google Workspace 内の情報を横断的に検索できます。
AdMob	アプリ用の広告サービスツールです。
AdSense	ウェブサイトから収益を得たいときのサービスツールです。
Google広告	広告出稿サービスです。
Optimize	主にウェブサイト対象のA/B テストを行うツールです。
Search Console	インターネット検索の分析ツールです。
Google アナリティクス	無料のアクセス解析ツールです。
Google タグマネージャー	ウェブサイトやアプリの計測タグや広告タグを管理するツールです。
データポータル	クラウド型のダッシュボード閲覧・作成ツールです。
Google トレンド	Googleが提供するキーワードの検索回数の推移がわかるツールです。
ビジネスプロフィール	ビジネスオーナー向けの情報管理ツールです。
YouTube	動画共有サービスです。
Google Finance	証券の株価、チャート、金融ニュースを閲覧できるサービスです。
Google フォト	写真や動画を保存できるクラウド型サービスです。
Google マップ	地図情報提供サービスです。

Q • Google Workspaceを便利に •

461 ▶ Google以外の サービスを連携させたい!

A アドオンをインストールすると、 連携ができます。

Googleのサービスは、はかのサービスとも連携できます。Google カレンダーと連携させたり、他社の通話サービスと連携させたり、他社のサービスからGoogleドライブにあるファイルの閲覧・編集したりすることができます。連携内容は他社のサービスによってさまざまなので、希望する内容で選ぶことができます。

Google Workspace Marketplace（https://workspace.google.com/marketplace）でGoogle以外のサービスを検索すると、連携できるアドオンを見つけることができます。

Memo ▶ アドオンの開発

Google Workspace Marketplaceでは、便利なアドオンが多数用意されていますが、自分でアドオンを開発することもできます。詳細はGoogle Workspace for Developers（https://developers.google.com/workspace）を参照してください。

・Google Workspaceを便利に・

462 ▶ そのほかのGoogleサービスを管理したい！

・・

A 管理コンソールでサービスの一括管理ができます。

Googleはさまざまなサービスを提供していますが、組織の管理上で特定のツールを利用する・しないということがあります。組織の管理上の都合により、特定のツール利用を制限するといった機能も存在します。

1 Google Workspaceにログインした状態で、Google検索ページ（https://www.google.co.jp/）へアクセスし、

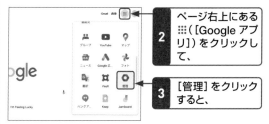

2 ページ右上にある ⠿（[Google アプリ]）をクリックして、

3 [管理] をクリックすると、

↓

4 管理コンソールのトップページが表示されます。

5 ⠿（[アプリ]）をクリックし、

↓

6 [その他のGoogleサービス]をクリックすると、

7 Googleのサービス一覧が表示されます。

8 管理したいサービスをオンにし、

↓

9 サービスを利用できるようにする場合は [オン]、利用できないようにする場合は [オフ] をクリックします。ここでは [オフ] をクリックし、

↓

10 [無効にする]をクリックします。

手順**8**で [オン] をクリックした場合は [有効にする] をクリックします。

基礎知識 1
メール 2
ビデオ会議 3
チャットツール 4
タスク管理ツール 5
スケジュール管理 6
データ保存 7
文書作成 8
表計算 9
プレゼンテーション 10
アンケート 11
管理者設定 12
セキュリティ強化 13
そのほか 14

Q ・Google Workspaceを便利に

463▶アドオンを使って機能拡張したい！

A アドオンを取得して、便利な機能を拡張できます。

プレゼンテーションに機能を拡張できるアドオンは、数多く配布されています。追加のテーマや、便利機能など数え切れないほどのアドオンが存在します。インストールしたアドオンは、メニューバーの［アドオン］の中に追加されます。アドオンをアンインストールする場合も、かんたんに行えます。

1 メニューバーの［アドオン］をクリックし、

2 ［アドオンを取得］をクリックします。

Google Workspace Marketplaceが開きます。

3 フィールドにアドオン名を入力し、キーボードの Enter を押すと、

4 アドオンが検索できます。

5 インストールしたいアドオンをクリックし、

6 ［個別インストール］→［続行］の順にクリックして、

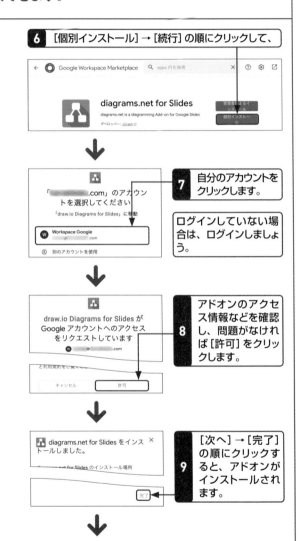

7 自分のアカウントをクリックします。

ログインしていない場合は、ログインしましょう。

8 アドオンのアクセス情報などを確認し、問題がなければ［許可］をクリックします。

9 ［次へ］→［完了］の順にクリックすると、アドオンがインストールされます。

10 インストールしたアドオンは、メニューバーの［アドオン］に追加されます。

基礎知識 1
メール 2
ビデオ会議 3
チャットツール 4
タスク管理ツール 5
スケジュール管理 6
データ保存 7
文書作成 8
表計算 9
プレゼンテーション 10
アンケート 11
管理者設定 12
セキュリティ強化 13
そのほか 14

 Q ● Google Workspaceを便利に

464▶GoogleとZoomを連携させたい！

A 「Zoom for Google Workspace」のアドオンをインストールします。

ビデオ会議で利用率が高いZoomを、Googleと連携させることができます。連携のメリットとして、ZoomのアプリからGoogleカレンダーの予定が作成でき、Googleカレンダーからも予定作成時にZoomミーティングを設定することが可能になり、ZoomとGoogleの画面を行ったり来たりすることなく、1画面で操作を済ませることができます。

1 Googke Marketplcace（https://workspace.google.com/marketplace）を表示します。

2 検索フィールドに「zoom」と入力してキーボードの Enter を押し、

3 ［Zoom for Google Workspace］のアドオンをクリックして、

↓

4 ［インストール］をクリックします。

↗

5 インストール完了後、Googleカレンダーを開きます。

6 サイドパネルの◻（［Zoom for Google Workspace］）→［アクセスを承認］→［Sign in］の順にクリックし、Zoomにログインします。

↓

7 ［Allow］をクリックすると、

↓

8 Googleカレンダーの予定登録時にMeetやZoomの選択項目が表示されるようになります。ビデオ会議時はここから選択ができます。

335

1 基礎知識
2 メール
3 ビデオ会議
4 チャットツール タスク管理ツール スケジュール管理
5
6
7 データ保存
8 文書作成
9 表計算
10 プレゼンテーション
11 アンケート
12 管理者設定
13 セキュリティ強化
14 そのほか

Q ・Google Workspaceを便利に・

465 ▶ スプレッドシートでプロジェクト管理をしたい！

A 「ProjectSheet planning」のアドオンをインストールします。

大小問わず、1つのプロジェクトを進行する上でプロジェクト管理は必要です。プロジェクト管理ツールは高機能のツールは存在していますが、他社製のアドオンとスプレッドシートでも可能です。また無料で利用できるというメリットもあります。

1 あらかじめQ.463を参考に、「ProjectSheet planning」のアドオンをインストールします。

2 メニューバーの[拡張機能]をクリックし、

3 [ProjectSheet planning]をクリックして、

4 [Add ProjectSheet] → [Close dialog] の順にクリックします。

5 「Task Schedule」のシートにプロジェクトに関するタスク名と日付を入力していきます。

6 日付を記入すると、自動でセルに色が付きます。

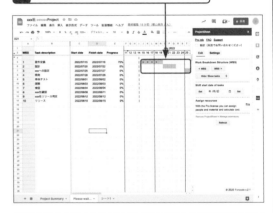

7 シート上にある「Progress」は現在の進捗状況を入力するものとなっており、ここを入力することで進捗状況を把握することができます。

8 手順**7**を入力することで、「Project Summary」のシートへも自動で反映されます。この進捗状況については、入力したユーザーの申告となるため、確実な状況の把握をした上で入力する必要があります。

Q 466 ▶ Google Workspace Marketplaceの アドオンを管理したい!

A 管理コンソールでアドオンの一括管理ができます。

Google Workspace Marketplace からアドオンのインストールはかんたんに行えます。組織内で利用を制限したいアドオン、逆に組織全体で利用させたいアドオンがある場合は、管理コンソールから一括管理することができます。

組織全体でアドオンの利用を制限する

1 Q.462手順6の画面を表示します。

2 [Google Workspace Marketplaceアプリ]を クリックし、

3 [アプリのリスト] をクリックします。

4 現在利用しているアドオンの一覧が表示されます。

5 インストール済みのアドオンをアンインストールする場合、対象のアドオンをクリックします。

6 アプリの詳細画面が表示されます。

7 [アプリをアンインストール]をクリックします。

組織全体でアドオンを利用する

1 左の手順4の画面で[アプリをインストール]をクリックし、

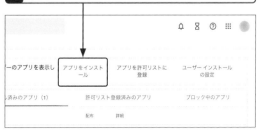

2 Google Workspace Marketplaceが開くので、 アドオンをします。

3 [管理者によるインストール]をクリックします。

Slides Toolbox
Lets you to cut the clicks on repeated tasks and brings features for organizing and unifying data in Google Slides.

デベロッパー: Digital Thoughts
リスト更新日: 2022年4月26日

管理者によるインストール

個別インストール

対応デバイス: ★★★★☆ 512 ⓘ ↓ 3,655,161

Q 467 ▶ Microsoft 365から移行したい！

A Microsoft 365から Google Workspaceへ移行ができます。

Microsoft 365から、Google Workspaceへの移行も可能です。ただし、根本的なシステム仕様は異なるため、完全移行、完全互換は担保できません。MicrosoftとGoogleの代表的なサービス対応は下記表のとおりです。代表的なMicrosoft 365サービスであれば、それらと対応するGoogle Workspaceサービスが存在しているので、移行への障壁は最小限に留めることができるはずです。また、Microsoft製品を利用しているとよく発生するWindowsのみ対応という縛りも、Google Workspaceでは緩和されます。Microsoft 365からの移行先を探している場合は、Google Workspaceは有力な候補になるはずです。

Microsoft ／ Google サービス対照表

Microsoft	Google
Outlook	Gmail
Outlook	Google カレンダー
Word	Google ドキュメント
Excel	Google スプレッドシート
PowerPoint	Google スライド
OneDrive	Google ドライブ
Skype for Business	Google Meet
SharePoint	Google Workspace
Microsoft Teams	Google Workspace
Microsoft OneNote	Google Workspace

「Microsoft からの移行ガイド」
https://support.google.com/a/users/answer/9247553

Q 468 ▶ サポートサービスに問い合わせをしたい！

A ヘルプアシスタントから 問い合わせができます。

Google Workspace の障害やエラー・不具合に関して、ヘルプアシスタントからGoogle Workspaceのサポートに問い合わせることができます。

1 Q.462手順 4 を表示します。

2 ⑦をクリックすると

3 [ヘルプアシスタント]ダイアログが表示されます。

4 [サポートに問い合わせる]をクリックし、

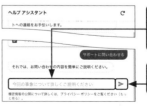

5 入力フォームにサポートしてほしい内容を入力して、

6 ➤をクリックします。

7 入力内容に応じて自動で返信が届きます。

解決しない場合、[解決していません。サポートに連絡します]をクリックします。

Q 469 ▶ もっとGoogle Workspaceを学びたい！

A 「Google Workspace ラーニングセンター」で自己学習ができます。

Google Workspace はさまざまなサービスがあり、機能の把握は1日で終わるというものではありません。このためGoogleでは公式の学習プログラムを用意しています。機能を把握するドキュメントのほか、利用する上でのヒントのサジェストもあり、はじめて使う場合は必読です。

1 Google検索ページを開きます。

2 検索フィールドに「Google Workspace ラーニングセンター」と入力し、

3 [I'm Feeling Lucky]をクリックします。

ブラウザーにより [I'm Feeling Lucky] が表示されない場合は、「https://support.google.com/a/users/」にアクセスします。

4 「Google Workspace ラーニングセンター」が表示されます。

5 検索をして必要な内容を探したり、チュートリアルを利用したりして学習します。

Q 470 ▶ Google Workspaceの最新情報を知りたい！

A 公式ページで最新情報を随時公開しています。

Google Workspace では、ひんぱんにアップデートが実施されています。UIの変更など見た目の変化が大きいアップデートはわかりやすいですが、機能向上など見た目に変化がないと気づきにくいものです。Googleでは最新情報を公開していますので、定期的にチェックして、今後の対応に役立てるとよいでしょう。

1 Google検索ページを開きます。

2 検索フィールドに「Google Workspace 最新情報」と入力し、

3 [I'm Feeling Lucky]をクリックします。

ブラウザーにより [I'm Feeling Lucky] が表示されない場合は、「https://support.google.com/a/table/7314896」にアクセスします。

4 公式サイトが表示されるので、最新情報を確認します。

5 記事の右側に「Google Workspace の今後のリリース」があるので、リリース予定を見たい場合はここから確認します。

Google Workspace ショートカットキー一覧

■ Gmail（第2章）

メールを書く	
作成	C
送信	Ctrl（Mac の 場 合 は ⌘）＋ Enter

メールを読む	
開いているスレッド内の前のメールに移動	P
既読にする	Shift ＋ I
スレッド全体を展開する	;
開いているスレッド内の次のメールに移動 *	N
未読にする	Shift ＋ U

テキストの書式設定	
太字	Ctrl（Mac の場合は ⌘）＋ B
下線	Ctrl（Mac の場合は ⌘）＋ U
斜体	Ctrl（Mac の場合は ⌘）＋ I
書式設定をクリアする	Ctrl（Mac の場合は ⌘）＋ ＼

メールでの各種操作	
スレッドを選択	X
アーカイブ	E
返信	R
全員に返信	A
転送	F

メールの分類	
重要マークを付ける	＋（Mac の場合は ＝）
重要マークを外す	－
ラベルメニューを開く	L
スター付きのスレッドを選択	＊ ＋ S

受信トレイ内の移動	
受信トレイに移動	G ＋ I
送信済みに移動	G ＋ T
下書きに移動	G ＋ D
すべてのメールに移動	G ＋ A

■ Google Meet（第3章）

字幕を表示または非表示にする	C
カメラをオンまたはオフにする	Ctrl（Mac の場合は ⌘）＋ E
マイクをオフまたはオンする	Ctrl（Mac の場合は ⌘）＋ D
参加者を表示するタイルの数を増やす	Ctrl ＋ Alt ＋ K（Mac の 場 合 は Ctrl ＋ ⌘ ＋ K）
参加者を表示するタイルの数を減らす	Ctrl ＋ Alt ＋ J（Mac の場合は Ctrl ＋ ⌘ ＋ J）
会議のチャットウィンドウを表示または非表示にする	Ctrl ＋ Alt ＋ C（Mac の場合は Ctrl ＋ ⌘ ＋ C）
参加者を表示または非表示にする	Ctrl ＋ Alt ＋ P（Mac の場合は Ctrl ＋ ⌘ ＋ P）
挙手する、挙手をやめる	Ctrl ＋ Alt ＋ H（Mac の場合は Ctrl ＋ ⌘ ＋ H）
動画フィードを最小化、または拡大する	Ctrl ＋ Alt ＋ M（Mac の場合は Ctrl ＋ ⌘ ＋ M）

■ Google カレンダー（第6章）

カレンダーの操作	
カレンダーのビューを次の日付範囲に変更する	J または N
現在の日付に移動する	T
カレンダーを更新する	Ctrl（Mac の場合は ⌘）＋ R

カレンダービューの変更	
「日」ビュー	1 または D
「週」ビュー	2 または W
「月」ビュー	3 または M
「予定リスト」ビュー	5 または A

予定の作成、編集	
新しい予定を作成する	C
予定の詳細を表示する	E
予定を削除する	Delete
もとに戻す	Z
（予定の詳細ページから）予定を保存する	Ctrl（Mac の場合は ⌘）＋ S
予定の詳細ページからカレンダーグリッドに戻る	Esc

■ Google ドライブ（第7章）

フォルダとファイルの作成	
フォルダ	Shift ＋ F
ドキュメント	Shift ＋ T
プレゼンテーション	Shift ＋ P
スプレッドシート	Shift ＋ S
フォーム	Shift ＋ O

アイテムでの操作	
選択したアイテムを開く	Enter ＋ O
選択したアイテムの名前を変更	N
選択したアイテムを共有	.
選択したアイテムを新しいフォルダに移動	Z

選択したアイテムにスターを付ける、またはスターを外す	S
直前の操作をもとに戻す	Ctrl（Macの場合は⌘）＋ Z

メニューを開く	
[作成] メニュー	C
[その他の操作] メニュー	A
[並べ替えオプション] メニュー	R
[設定] メニュー	T

ドライブの操作	
ナビゲーションパネル（フォルダのリスト）に移動	G ＋ N 、または G ＋ F
詳細ウィンドウに移動	G ＋ D
詳細ウィンドウの表示、非表示	D
履歴ウィンドウの表示、非表示	I

■Google ドキュメント（第8章）

一般的な操作	
書式なしで貼り付け	Ctrl（Macの場合は⌘）＋ Shift ＋ V
もとに戻す	Ctrl（Macの場合は⌘）＋ Z
やり直す	Ctrl（Macの場合は⌘）＋ Shift ＋ Z
リンクを挿入、編集	Ctrl（Macの場合は⌘）＋ K
検索	Ctrl（Macの場合は⌘）＋ F

テキストの書式設定	
取り消し線	Alt ＋ Shift ＋ 5 （Macの場合は Option ＋ Shift ＋ 5 ）
上付き文字	Ctrl（Macの場合は⌘）＋ .
文字書式をコピー	Ctrl（Macの場合は⌘）＋ Alt ＋ C

段落の書式設定	
段落のインデント増	Ctrl（Macの場合は⌘）＋]
段落のインデント減	Ctrl（Macの場合は⌘）＋ [
番号付きリスト	Ctrl（Macの場合は⌘）＋ Shift ＋ 7
右揃え	Ctrl（Macの場合は⌘）＋ Shift ＋ R
左揃え	Ctrl（Macの場合は⌘）＋ Shift ＋ L
箇条書きリスト	Ctrl（Macの場合は⌘）＋ Shift ＋ 8

■Google スプレッドシート（第9章）

一般的な操作	
列を選択	Ctrl（Macの場合は⌘）＋ Space
行を選択	Shift ＋ Space

	Shift ＋ F11
新しいシートを挿入	Shift ＋ F11

セルの書式設定	
上枠線を適用	Alt （Macの場合は Option ）＋ Shift ＋ 1
右枠線を適用	Alt （Macの場合は Option ）＋ Shift ＋ 2
下枠線を適用	Alt （Macの場合は Option ）＋ Shift ＋ 3
左枠線を適用	Alt （Macの場合は Option ）＋ Shift ＋ 4
書式をクリア	Ctrl（Macの場合は⌘）＋ \

行と列の変更	
行を非表示	Ctrl（Macの場合は⌘）＋ Alt （Macの場合は Option ）＋ 9
行を再表示	Ctrl（Macの場合は⌘）＋ Shift ＋ 9
行または列をグループ化	Alt （Macの場合は Option ）＋ Shift ＋ →
行または列のグループ化を解除	Alt （Macの場合は Option ）＋ Shift ＋ ←

■Google スライド（第10章）

一般的な操作	
新しいスライド	Ctrl ＋ M
すべて選択	Ctrl（Macの場合は⌘）＋ A
リンクを開く	Alt ＋ Enter （Macの場合は Option ＋ return ）
選択を解除	Ctrl（Macの場合は⌘）＋ Shift ＋ A
リンクを挿入、編集	Ctrl（Macの場合は⌘）＋ K

テキストの書式設定	
フォントサイズを拡大	Ctrl（Macの場合は⌘）＋ Shift ＋ >
フォントサイズを縮小	Ctrl（Macの場合は⌘）＋ Shift ＋ <

オブジェクトのグループ化と選択	
グループ化	Ctrl ＋ Alt ＋ G （Macの場合は⌘＋ Option ＋ G ）
グループ化解除	Ctrl ＋ Alt ＋ Shift ＋ G （Macの場合は⌘＋ Option ＋ Shift ＋ G ）
次の図形を選択	Tab
前の図形を選択	Shift ＋ Tab

スライドの切り替え	
前のスライドに移動	Page Up 、または ↑
次のスライドに移動	Page Down 、または ↓

プレゼンテーションの操作	
スピーカーノートパネルを開く	Ctrl ＋ Alt ＋ Shift ＋ S （Macの場合は S ）
アニメーションパネルを開く	Ctrl ＋ Alt ＋ Shift ＋ B （Macの場合は⌘＋ Option ＋ Shift ＋ B ）

※Google フォームのショートカットキーはP.254参照

用語集

◆ 2段階認証

アカウントのセキュリティを強化することを目的に、ログインする際にもう1つの確認手段を用意することです。Google Workspaceでは、ログインパスワードの入力に加えて、スマートフォンにアクセスコードを送付し、それを入力しないと認証されないようになっています。

参考▶Q 418

◆ Bcc

ブラインドカーボンコピー（Blind Carbon Copy）の略で、基本的な使い方はCcと同じです。不特定多数の相手に送信するなど、送信するメールアドレスをほかの人に知られないようにしたい場合は、こちらを指定します。

参考▶Q 029

◆ Cc

カーボンコピー（Carbon Copy）の略で、本来送信する相手（To）のほかに、参照だけしてもらいたい場合や、返信してもらう必要のない場合は、こちらを指定します。

参考▶Q 028

◆ Cookie

ウェブサービスを利用したい際に、訪れたユーザーの情報や入力データ、利用環境などを記録したデータのことです。訪問するユーザーを特定する場合などに利用されます。

参考▶Q 420

◆ Gmail

Googleが提供しているメールサービスです。本書では第2章で解説しています。

参考▶Q 010

◆ Google App Script（GAS）

Google Workspaceを自動化、拡張することが可能な、Javascriptをベースに作成されたプログラミング言語です。　**参考▶Q 369**

◆ Google Keep

Googleが提供しているメモサービスです。本書では第14章で解説しています。

参考▶Q 441

◆ Google Meet

Googleが提供しているビデオ会議サービスです。本書では第3章で解説しています。

参考▶Q 085

◆ Google サイト

Googleが提供しているウェブサイト作成サービスです。本書では第14章で解説しています。

参考▶Q 450

◆ Google スプレッドシート

Googleが提供している表計算作成サービスです。本書では第9章で解説しています。

参考▶Q 235

◆ Google スライド

Googleが提供しているプレゼンテーション作成サービスです。本書では第10章で解説しています。

参考▶Q 282

◆ Google ドキュメント

Googleが提供している文書作成サービスです。本書では第8章で解説しています。　**参考▶Q 196**

◆ Google ドライブ

Googleが提供しているオンラインストレージサービスです。本書では第7章で解説しています。

参考▶Q 174

◆ Google フォーム

Googleが提供しているアンケートシステム作成サービスです。本書では第11章で解説しています。

参考▶Q 325

HTMLメール

ウェブページを作るための言語であるHTMLで構成されるメールのことです。文字のフォントや色、大きさなど変えたり、メールの中に画像や動画を入れたりすることができ、見た目がリッチなメールにすることができます。

参考▶Q 030, Q 032

IMAP

メールの受信プロトコルの1つです。メールと添付ファイルはタブレットやスマートフォンなどのデバイスで開かれたあともメールサーバーに保持されます。いつでもどのデバイスからでもアクセスできるようにメールをサーバーに残しておきたい場合は、この方式を使用します。

参考▶Q 021, Q 077, Q 414

OCR

印刷された文字や手書きの文字をスキャナーなどで読み取り、メールや文書などのソフトで利用できる文字データに変換する技術のことです。

参考▶Q 211

OneDrive

マイクロソフトが提供しているオンラインストレージサービスです。無料版では標準で5GB、有償版では標準で1TBの容量が利用できます。

参考▶Q 467

PDFファイル

アドビシステムズによって開発された電子文書の規格の1つです。レイアウトや書式、画像などがそのまま維持されるので、パソコンの環境に依存せず、同じ見た目で文書を表示することができます。

参考▶Q 210, Q 255, Q 304

POP3

メールの受信プロトコルの1つです。メールと添付ファイルはデバイスで開かれたあとにメールサーバーから削除されます。サーバーから削除されたメールにほかのデバイスからアクセスすることはできません。ダウンロード後はメールをサーバーから削除したい場合は、この方式を使用します。

参考▶Q 021

ToDoリスト

Googleが提供しているスケジュール管理サービスです。本書では第5章で解説しています。

参考▶Q 129

アーカイブ

一般的にはアーカイブは公文書、保存記録などの意味で使われます。メールにおけるアーカイブは、すぐに使う必要はないが、今後のことを考えて残しておきたいメールを安全に保存することを指します。

参考▶Q 057

アイコン

プログラムやデータの内容を、図や絵にしてわかりやすく表現したものです。アイコンをダブルクリックすることにより、プログラムの実行やファイルを開くなど、直観的な操作ができます。

アカウント

本来の意味はソフトやサービスを利用するための権限のことで、ユーザーアカウントはIDと同様の意味でユーザーを識別するための文字列のことです。一般的にはパスワードとセットで使用します。

アクセス解析

ウェブサイトを訪れたユーザーについてのデータをもとに、その後のウェブサイトの改善などを目的に分析することです。分析するためのデータとして、検索キーワードや流出経路、ウェブサイトにおける行動履歴があります。

参考▶Q 276

アップデート

ソフトウェアを最新版に更新することです。不具合の修正や追加機能、セキュリティ対策ソフ

トで最新のウイルスなどに対抗するための新しいデータを取得するときなどに行われます。

参考▶Q 470

✏ アップロード

ローカルのパソコンにあるファイルやプログラムを、インターネット上のオンラインストレージなどに保存することです。　　**参考▶Q 177**

✏ アドオン

当初用意されている機能以外に追加する機能のことです。Google Workspaceでは、Google Workspace Marketplaceというアドオンを集めたストアが用意されています。

参考▶Q 084, Q 461, Q 463, Q 466

✏ 印刷プレビュー

印刷結果のイメージを画面で確認する機能です。実際に印刷する前に印刷プレビューで確認することで、印刷ミスを防ぐことができます。

参考▶Q 165

✏ インデント

文章の左端(もしくは右端)から先頭文字(もしくは最後尾の文字を内側に移動すること、またはその幅を指します。「字下げ」とも呼びます。

参考▶Q 202

✏ イントラネット

会社や団体など、特定の組織内で閉じられたネットワークのことです。インターネットで使用される技術と同様のもので構成されているため、外部へ接続しているインターネットの対比として使用されることが多い用語です。

参考▶Q 457, Q 458

✏ インポート

既存のほかのソフトのファイルを使用中のソフトで読み込めるように変換することです。Google Workspaceでは、Microsoft WordからGoogleドキュメント、Microsoft Excelからスプレッドシートへの変換に対応しています。

参考▶Q 208, Q 253, Q 302

✏ エクスポート

データをほかのソフトが読み込める形式に変換することです。Google Workspaceでは、GoogleドキュメントからMicrosoft Word、スプレッドシートからMicrosoft Excelへの変換に対応しています。　　**参考▶Q 209, Q 254, Q 303**

✏ オフィススイート

文書作成ソフト、表計算ソフト、メールクライアント、プレゼンテーションソフトなどがセットになったソフトウェア群のことです。主な製品・サービスとしてMicrosoft Office、Google Workspace、Microsoft 365などがあります。

参考▶Q 001

✏ オンラインストレージ

インターネット上に配置されているデータの保管場所のことです。ユーザーはインターネットに接続することで、ほかのユーザーと同じファイルを共有することができます。また自動保存や自動同期などの機能によって、ローカルにあるファイルのバックアップなどを行うことも可能です。

✏ カーソル

文字の入力位置や操作の対象となる場所を示すマークのことで、「文字カーソル」ともいいます。なお、マウスポインターのことを「マウスカーソル」と呼ぶこともあります。

✏ 拡張子

ファイル名の後半部分に、「.」(ピリオド)に続けて付加される文字列のことです。ファイルを作成したアプリやファイルのデータ形式ごとに個別の拡張子が付きます。Google Workspaceでは、ドキュメントは「.gdoc」、スプレッドシートは「.gsheet」などの拡張子がありますが、通常は表示されません。

◆ 関数

特定の計算を実行するためにあらかじめ用意された機能のことです。スプレッドシートのセル内で計算を行う場合などで利用します。

参考▶Q 272

◆ ガントチャート

スケジュール管理やプロジェクト管理などで用いられる表のことです。個別のタスクについてその開始日や終了日、ほかのタスクとの関連性などが一目がわかりやすくなっていることが特徴です。

参考▶Q 275

◆ 共有

同じファイルを複数のユーザーで同時に編集したり、閲覧したりする機能のことです。ファイルをGoogle ドライブに保存すると、インターネット経由で共有することができます。　**参考▶Q 194**

◆ クラウド

ネットワーク上に存在するサーバーが提供するサービスを、その所在や時間、場所を意識することなく利用できる形態を表す言葉です。

◆ コメント

文書を作成する際に気付いた点を書き留めたり、文書を共有する際に意見や感想など、ほかの人に伝えたいことを書き留めたりする文章のことです。

参考▶Q 229, Q 278, Q 312

◆ サブドメイン

ドメイン内の構造をわかりやすくするための名前です。主にサービスなどをわかりやすくするために使用されます。たとえば、mail.google.comはメールサービス、www.google.comはウェブサービスなどです。

◆ サムネイル

ファイルの内容を縮小表示した画像のことをいいます。起動中のウィンドウの内容をタスクバー上から表示したり、スライドをフォルダーウィンドウに並べて表示したりすることができます。

◆ ショートカットキー

キーボードの特定のキーを押すことで、操作を実行する機能です。本書では、P.340にGoogle Workspaceで使用する主なショートカットキーを掲載しています。

◆ 書式

文字や図、表、グラフなどの見せ方を設定するものです。文字サイズや文字色、フォントなどを設定する文字書式、箇条書きや行間、文字配置などを設定する段落書式など、さまざまな書式が設定できます。

参考▶Q 200〜204, Q 239〜240, Q 287〜290

◆ 署名

メールを送信する人の名前や電話番号などを数行にまとめたものです。一般的にはメールの最後に記載します。英語では「シグネチャ」といいます。

参考▶Q 040, Q 042

◆ 透かし

ドキュメントの背景に特定の画像や文字を繰り返し表示させる機能のことです。たとえば会社のロゴや著作権マーク、「社外秘」などのメッセージなどで使用します。

参考▶Q 213

◆ スペース

Googleが提供している複数人で利用可能なチャットサービスです。本書では第4章で解説しています。　**参考▶Q 111**

◆ スレッド

受信したメールやそれに対する返信メールなど、あるメールに関するやりとりを1つの流れにまとめたものです。Gmailの初期設定では、この

スレッド表示になっています。

参考▶Q 019

ダウンロード

インターネット上で提供されているファイルやプログラムを、ローカルのパソコンのハードディスクなどに保存することです。

参考▶Q 178

タブ

複数のウェブページを切り替えて表示するために利用される目印のことです。

参考▶Q 014

チェックボックス

チェックが付いた状態をオン、付いていない状態をオフとして、それを切り替えることでステータスを表す操作画面のことです。

参考▶Q 249

チャット

複数の人が文字を介して会話を行うことです。Google Workspaceにはスペースがあります。

参考▶Q 111

テキストメール

文字だけで構成されたメールのことです。HTMLメールと異なり、文字の大きさや色などを変えることはできませんが、シンプルな分、メールサイズがコンパクトになり、簡潔なやりとりを行うことができます。

参考▶Q 030, Q 032

テンプレート

新しい文書ファイルやプレゼンテーションなどを作成する際のひな形となるファイルのことです。テンプレートを利用すれば、見栄えのよいファイルがイチから作るよりもかんたんに作成することができます。

参考▶Q 198, Q.237, Q.284, Q.328, Q.450

ドメイン

インターネット上の特定の物理IPアドレスに関連付けられ、人が認識しやすいように付けられた名前のことです。google.comやgoogle.co.jpなどの名前によって、そのサイトがGoogleのものであるということがわかります。

参考▶Q 009, Q 012

パスワード

正規のユーザーであることを証明するために入力する文字列のことです。

参考▶Q 387, Q.421, Q.425, Q.428

バックアップ

通常保存している場所以外に、外付けハードディスクやオンラインストレージなど、ほかの場所に同じファイルを保存しておくことです。通常使用している場所が何らかの原因で壊れてしまったときに備えて行います。

参考▶Q 180

バックアップコード

スマートフォンを紛失した場合や、SMS、通話、Google認証システムのいずれでもコードを受け取れない場合に、Googleアカウントにログインできるようにするためのコードです。

参考▶Q 427

ビデオ会議

距離的に離れた複数の場所をネットワークでつないで、映像と音声を介して行う会議のことです。使用する主なツールとしてZoomやMicrosoft Teamsなどがあり、Google WorkspaceにはMeetがあります。

参考▶Q 086

ヒートマップ

ページ内におけるユーザーの行動履歴などを濃い色、薄い色などの濃淡を付けて表現する手法のことです。

参考▶Q 270

◆ フォルダ

ファイルを分類して整理するための場所のことです。フォルダーの中にフォルダーを作ってファイルを管理することもできます。

参考▶Q 187

◆ フッター

文書のページ下部の余白に設定される情報、もしくはスペースのことです。一般的にはページ番号や会社名、作成名などを挿入します。

参考▶Q 215

◆ プルダウン

pull(引っ張る)、down(下へ)がもともとの意味で、複数の選択肢をあらかじめ用意し、その一覧から適切な値や文字を選択できるようにした操作画面のことです。ドロップダウンと呼ばれることもあります。

参考▶Q 342

◆ 変更履歴

ファイルを共有する際に、書式の変更や文字の挿入／削除など、どこを変更したのかがわかるように記録・表示される機能です。間違いなどがあった場合は、それが入り込んだ時点まで戻ることもできます。

参考▶Q 189

◆ 保護

ファイルの内容が第三者に改ざんされないように、ファイルの編集、印刷などの機能を制限できるようにすることです。

参考▶Q 267

◆ メーリングリスト

メンバーを登録し、そのメーリングリスト宛てにメールを送ると、登録メンバーに同じメールが送信されるしくみのことです。Google Workspaceでは、Googleグループで実現することが可能です。

参考▶Q 020

◆ メールアラート

注意や警戒を促すためにユーザーに送付されるメールのことです。Google Workspaceでいつもと異なる端末からログインした場合などに送信されるメールも、このメールアラートの一種です。

参考▶Q 398

◆ メールクライアント

メールを受信したり、送信したりするために使用するソフトです。Google WorkspaceではGmailがそれにあたります。

参考▶Q 011

◆ メールヘッダー

メールの送信者や受信者、受信日時など、そのメールに関する情報を記述したものです。通常は表示されていませんが、メニューから確認することができます。

参考▶Q 018

◆ ラジオボタン

いくつかの選択項目を提示し、その中から1つだけ選択可能にする操作画面のことです。複数選択可能にする場合は、チェックボックスなどにします。

参考▶Q 342

◆ リマインダー

予定やタスクを忘れないように、指定時刻になったら通知を送る機能のことです。

参考▶Q 170, Q 448

◆ ログイン

ユーザーとパスワードで本人確認を行い、サービスや機能を利用可能にすることです。「ログオン」「サインイン」とも呼ばれることがあります。

参考▶Q 360, Q 406

た行

な・は行

著者略歴

●田中 友尋（たなか ともひこ）
昭和40（1965）年10月8日生まれ。愛知県小牧出身。平成2年中部大学経営情報学部卒業後、事業用不動産会社に就職。1993年独学でサイト制作を始め、2000年にハマ企画へ入社し代表取締役となる。 ウェブ解析、広告運用、アクセシビリティチェックが得意。デジタル好きで新サービスへのアンテナも高い。

●栂安 賢吾（つがやす けんご）
昭和48（1973）年12月3日生まれ。千葉県我孫子市出身。専門学校卒業後、KIOSK端末やゲーム、雑誌・広告、TVCM、Webサイトと様々な制作を経験。専門学校の講師を経て、クラウドファンディングサイトの立ち上げ、制作・運用など多岐にわたる業務を担当し、東証マザーズ上場を達成。現在フリーランスとして活動中。

●横山 倫洋（よこやま ともひろ）
昭和53（1978）年1月生まれ。埼玉県出身。専門学校在籍中にHTMLを独学で学び、卒業後はウェブ制作会社に就職。デザイン、コーディング、ディレクションと幅広い業務経験を経てウェブアナリストに。2021年7月からフリーランスとなる。現在は、Googleアナリティクス、HubSpotを中心に業務支援を行っている。

今すぐ使えるかんたん
Google Workspace
完全ガイドブック 困った解決&便利技

2022年9月27日 初版 第1刷発行

著　者●田中 友尋、栂安 賢吾、横山 倫洋
発行者●片岡 巌
発行所●株式会社 技術評論社
　　　　東京都新宿区市谷左内町 21-13
　　　　電話 03-3513-6150 販売促進部
　　　　　　 03-3513-6160 書籍編集部
カバーデザイン●志岐デザイン事務所（岡崎 善保）
本文デザイン／DTP●リンクアップ
編集●リンクアップ
担当●春原 正彦
製本／印刷●大日本印刷株式会社
写真提供●ピクスタ

定価はカバーに表示してあります。

ISBN978-4-297-13008-4 C3055
Printed in Japan

お問い合わせについて

本書に関するご質問については、本書に記載されている内容に関するもののみとさせていただきます。本書の内容と関係のないご質問につきましては、一切お答えできませんので、あらかじめご了承ください。また、電話でのご質問は受け付けておりませんので、必ずFAXか書面にて下記までお送りください。

■お問い合わせの例

FAX

1 お名前
　技術 太郎

2 返信先の住所またはFAX番号
　03-XXXX-XXXX

3 書名
　今すぐ使えるかんたん
　Google Workspace
　完全ガイドブック
　困った解決&便利技

4 本書の該当ページ
　66ページ、Q.061

5 ご使用のOSのバージョンとブラウザーの種類
　Windows 11
　Google Chrome

6 ご質問内容
　手順3の画面が
　表示されない

質問の際にお送り頂いた個人情報は、質問の回答に関わる作業にのみ利用します。回答が済み次第、情報は速やかに破棄させて頂きます。

なお、お送りいただいたご質問には、できる限り迅速にお答えできるよう努力いたしておりますが、場合によってはお答えするまでに時間がかかることがあります。また、回答の期日をご指定なさっても、ご希望にお応えできるとは限りません。あらかじめご了承くださいますよう、お願いいたします。

問い合わせ先

〒162-0846
東京都新宿区市谷左内町 21-13
株式会社技術評論社　書籍編集部
「今すぐ使えるかんたん　Google Workspace
完全ガイドブック 困った解決&便利技」質問係
FAX番号 03-3513-6167
URL：https://book.gihyo.jp/116